Ich mache mich selbständig

Norbert Winistörfer

Ich mache mich selbständig

Von der Geschäftsidee zur erfolgreichen Firmengründung

Ein Ratgeber aus der Beobachter-Praxis

Beobachter
Ratgeber

Der Autor

Norbert Winistörfer ist Professor an der Hochschule für Wirtschaft der Fachhochschule Nordwestschweiz in Olten. Zuvor arbeitete der studierte Betriebsökonom als Wirtschaftsredaktor bei verschiedenen Schweizer Medien, zuletzt beim Beobachter.

Überarbeitung der 11. Auflage

Projektleitung und Redaktion für die vollständig neu erarbeitete 11. Auflage: Alpha Media AG, Winterthur, Üsé Meyer und Reto Westermann; Mitarbeit: Thomas Rabara

CD-ROM

Zu diesem Ratgeber gehört eine CD-ROM mit Checklisten, Mustern, Vorlagen, Infoblättern und weiterführenden Links, dazu das Beobachter-Exklusivangebot für eine speziell für Schweizer KMU konzipierte Business-Software.

Dank

Folgende Personen und Institutionen haben bei der Erarbeitung dieser Auflage mitgeholfen: Hans Schoch, Inhaber STT Schoch Treuhand Team AG, Feldmeilen; Prof. Dr. Rolf Meyer, Leiter Gründerzentrum Fachhochschule Nordwestschweiz (FHNW), Olten; Stefan Thurnherr und Patrick Graf, VZ Insurance Services AG, Zürich; Irmtraud Bräunlich, Laurence Eigenmann und Karin von Flüe, Beobachter-Beratungszentrum; Thomas Eyer, Eidgenössische Steuerverwaltung, Bern; Peter Hayoz, Bundesamt für Migration, Bern; Roland Tschudin, Melchior Caduff und Eric Meier, Institut für Geistiges Eigentum, Bern; Engelbert Giakoumis, Europa3000 AG, Nidergösgen; Bettina Fritschi, Association of Management Consultants Switzerland (ASCO), Zürich; Roberto A. Busin, IBM Global Business Services, Zürich; Rita Baldegger und Claudia Zwygart, Staatssekretariat für Wirtschaft seco, Bern; Hans Ott, update AG, Zürich; Manfred Küng, Rechtsanwalt und Notar, Zürich und Gossau (SG); Christoph Wildhaber, Schweizer Franchise Verband, Zürich; Donato Ponzio, Leiter Fachstelle für Selbständigerwerbende, Amt für Wirtschaft und Arbeit, Zürich; Paul Cadotsch, Bundesamt für Sozialversicherungen, Bern; Florian Zihler, Eidgenössisches Amt für das Handelsregister, Bern

Beobachter-Buchverlag

11., vollständig neu erarbeitete Auflage 2008

www.beobachter.ch

Herausgeber: Der Schweizerische Beobachter, Zürich
Lektorat: Käthi Zeugin
Cover: Krisztina Faller (Grafik), Tres Camenzind (Bild)
Satz: Focus Grafik GmbH

ISBN 978 3 85569 391 7

Dieses Buch wurde auf chlor- und säurefreiem Papier gedruckt.

Inhalt

6. Die Geschäftsstrategie 113

7. Die Rechtsform 153

Wertvolle Hilfe für die Unternehmensgründung
Auf der hinteren Umschlagseite finden Sie die CD-ROM zum Buch. Diese enthält rund 60 Checklisten, Muster, Infoblätter und Vorlagen, die Sie auf Ihren Computer laden und dort direkt bearbeiten können. So erstellen Sie Schritt für Schritt Ihren Businessplan.
Die elektronische Ergänzung zum Ratgeber bietet Ihnen auch eine Fülle von weiterführenden Adressen mit direkten Links auf die dazugehörenden Webseiten. Ob Steuerbehörden, Sozialversicherungen, wichtige Verbände oder KMU-Portale – über die CD-ROM kommen Sie direkt zu den Ansprechpartnern für Fragen im Zusammenhang mit Ihrer Unternehmensgründung. Zusätzlich wird Ihnen «Easy Business» von Europa3000 vorgestellt. Mit dem Originalgutschein im Booklet zur CD-ROM profitieren Sie vom Beobachter-Exklusivangebot und können die speziell für Schweizer KMU konzipierte Business-Software kostenlos beziehen.

Vorwort

Sie wollen den Schritt in die berufliche Selbständigkeit wagen? Ich gratuliere Ihnen ganz herzlich dazu. Als Unternehmer oder Unternehmerin zählen Sie künftig zur treibenden Kraft der Schweizer Wirtschaft. Und Sie sind privilegiert dabei: Sie können gezielt Ihre Talente einsetzen, Ihr Berufsleben selbst gestalten und Ihre Ideen verwirklichen.

Dieser praxisorientierte Ratgeber will Sie davor bewahren, sich blauäugig in die Selbständigkeit zu stürzen. Denn es braucht mehr, als eine clevere Geschäftsidee zu haben, die Rechtsform der Firma zu bestimmen und dann loszulegen. Das Buch hilft Ihnen, Ihre unternehmerischen Visionen zu realisieren. Es liefert Ihnen das notwendige Wissen und konkrete Tipps, damit Sie Ihr eigenes Unternehmen gründen und im Markt erfolgreich etablieren können.

Nach rund 120 000 verkauften Büchern liegt nun die 11. Auflage vor. Sie wurde mit der Hilfe von kompetenten, engagierten Fachautoren komplett überarbeitet und mit einer neu entwickelten CD-ROM ergänzt. Dieses Arbeitsinstrument hilft Ihnen, Ihren eigenen professionellen Businessplan zu erstellen – den Grundstein jeder erfolgreichen unternehmerischen Tätigkeit.

Für den Aufbau Ihrer eigenen Unternehmung wünsche ich Ihnen viel Energie, Erfolg und das Glück des Tüchtigen.

Norbert Winistörfer
Olten, im März 2008

Die Ausgangslage

Eine Firma gründen und damit das grosse Geld verdienen – davon träumen viele. Beispiele erfolgreicher Neuunternehmer dienen als Vorbild und motivieren zu diesem Schritt. Doch der Weg zum Glück ist oft steinig, braucht viel Energie, Ausdauer und finanzielle Reserven.

1

Unternehmensgründungen in der Schweiz

Die Schweiz ist das Land der kleinen und mittleren Unternehmen, oft auch einfach KMU genannt. Gegen 300 000 von ihnen bilden die Basis unserer Wirtschaft. Sie bieten zusammen mehr als zwei Millionen Arbeitsplätze an – doppelt so viele wie alle Grossfirmen zusammen.

Die meisten KMU sind sogenannte Mikrounternehmen und kleine Firmen: Rund 88 Prozent der KMU beschäftigen zwischen 1 und 9 Mitarbeiter. Nur 10 Prozent beschäftigen zwischen 10 und 49 Angestellte.

Boom bei den Neugründungen

Die wenigsten der 600 000 Selbständigerwerbenden in der Schweiz würden sich wieder anstellen lassen. Sie loben die positiven Seiten ihrer Tätigkeit: Befriedigung, Selbstverwirklichung, Sinn und Freude an der Arbeit. So erstaunt es nicht, dass in der Schweiz in den letzten Jahren immer mehr Firmen gegründet wurden, obwohl auch die Zahl der Konkurse und Firmenaufgaben ständig zunahm. Unterdessen hält sich die Zahl der neu gegründeten und der gescheiterten Unternehmen fast die Waage.

Marktwirtschaftliche Unternehmen in der Schweiz

Unternehmensgrösse (Anzahl Vollzeitstellen)	Anzahl Unternehmen		Anzahl Beschäftigte	
	in Zahlen	in %	in Zahlen	in %
Mikrounternehmen (bis 9)	261 582	87.6	839 362	26.3
Kleine Unternehmen (10 bis 49)	30 638	10.3	692 285	21.7
Mittlere Unternehmen (50 bis 249)	5 472	1.8	618 532	19.4
Alle KMU (bis 249)	297 692	99.7	2 150 179	67.5
Grosse Unternehmen (250 und mehr)	1 028	0.3	1 035 353	32.5

Quelle: Betriebszählung 2005, Bundesamt für Statistik

Unternehmensgründungen 2001 bis 2005

	2001	2002	2003	2004	2005
Sekundärsektor (Industrie- und Gewerbebereich)	2 052	1 729	1 846	2 167	2 148
Tertiärsektor (Dienstleistungsbereich)	9 298	8 459	9 318	9 621	8 926
Total	11 350	10 188	11 164	11 788	11 074

Quelle: Bundesamt für Statistik 2005

Die Neugründungsquote – das ist die Zahl der neu gegründeten Unternehmen bezogen auf die bestehenden Unternehmen – lag in der Schweiz in den letzten Jahren zwischen sechs und acht Prozent. Im internationalen Vergleich ist das nach wie vor ein tiefer Wert: In Europa und in den USA beträgt die Neugründungsquote rund zehn Prozent.

Die Mehrheit aller neuen Unternehmen entstand in den letzten Jahren im Dienstleistungsbereich. Danach folgen die Bereiche Handel und Gastgewerbe. Im industriellen und gewerblichen Sektor ist die Zahl der Neugründungen relativ bescheiden. Das widerspiegelt den laufenden Strukturwandel in der Schweizer Wirtschaft.

Hinter jeder dritten Neugründung in der Schweiz stehen ausländische Unternehmer. Die Nase vorn haben die Deutschen, gefolgt von den Italienern und Firmengründern aus Ex-Jugoslawien. Letztere gründen vor allem Einzelfirmen, Deutsche bevorzugen Aktiengesellschaften und GmbHs.

Schattenseiten des Unternehmertums

Endlich keinen Chef mehr haben, der einen schikaniert. Endlich selber Chefin sein und Befehle erteilen. Ohne Stempeluhr oder Blockzeiten arbeiten. Golf oder Tennis spielen, während andere im Büro oder in der Werkstatt auf den Feierabend warten. Und innert kürzester Zeit das grosse Geld verdienen. So macht das Arbeiten und Leben Spass!

Der Alltag als Firmenbesitzerin oder Selbständigerwerbender sieht allerdings meist anders aus:

- Unternehmer arbeiten härter und länger als Angestellte – im Schnitt wöchentlich rund zehn Stunden mehr. In der Startphase sind Firmengründer nicht selten 60 bis 80 Stunden pro Woche an der Arbeit. Freizeit und Ferien bleiben dann Wunschträume. Fehlt jedoch die Zeit für das Privatleben, sind Selbständigerwerbende bald sozial isoliert. Besonders betroffen sind Unternehmer in Einpersonenfirmen; sie leiden nicht selten unter Einsamkeit im Berufsalltag.
- Selbständigerwerbende verdienen vor allem in der Aufbauphase weniger als Angestellte. Aber auch danach gehören sie nicht zwingend zu den Grossverdienern. Gemäss Statistiken verdienen Selbständigerwerbende im Schnitt pro Monat rund 5500 Franken. Darin sind die Einkünfte aller im gleichen Haushalt lebenden Familienmitglieder mit eingerechnet. Jeder fünfte Selbständigerwerbende verdient monatlich gar nur 3000 Franken, ein Einkommen, das für eine Einzelperson knapp ausreicht. Wer damit eine Familie ernähren muss, zählt zu den «Working Poor» – zu den arbeitenden Armen ohne existenzsicherndes Einkommen. Zum Vergleich: Arbeitnehmerinnen und Arbeitnehmer in leitender Position haben ein durchschnittliches Monatseinkommen von rund 7700 Franken.
- Firmengründer sind selten Senkrechtstarter: Bis eine neue Firma etabliert ist, vergehen in aller Regel mehrere Jahre. Nur wer auf ein bestehendes Kunden- oder ein intaktes Beziehungsnetz aufbauen kann, wird seine Position im Markt schneller finden und erfolgreich verteidigen können.
- Die Überlebenschancen von neu gegründeten Unternehmen sind nicht rosig: Drei von zehn verschwinden innerhalb der ersten zwei Jahre vom Markt. Die Hälfte aller neuen Firmen wird nicht älter als fünf Jahre, grössere überleben eher als kleinere. Die Erfolgschancen hängen auch von der Branche ab: Befindet sich diese in einem tief greifenden Strukturwandel, kämpft sie mit Überkapazitäten und ist einem harten Konkurrenzkampf ausgesetzt, können sich neue Firmen nicht leicht etablieren. Problembranchen lassen sich aufgrund der Geschäftsaufgaben und Konkurse

eruieren. Die entsprechenden Zahlen publiziert der Schweizerische Verband Creditreform SVC (www.creditreform.ch).

— Die grosse Freiheit des Unternehmers ist ein Märchen: Selbständigerwerbende können ihre Arbeit nur bedingt frei einteilen, denn sie müssen sich nach den Wünschen der Kundschaft richten. Sie haben so viele Chefs, wie sie Kunden bedienen.
— Die wirtschaftliche Unabhängigkeit der Selbständigerwerbenden ist in der Regel ein Trugschluss: Wer nicht das nötige Eigenkapital besitzt, ist von Geldgebern und Kunden abhängig.
— Selbständigerwerbende gehen hohe finanzielle Risiken ein. Sie haben kein regelmässiges Einkommen und müssen für ihre soziale Sicherheit selbst aufkommen (siehe Seite 180 und 190). Zudem haben sie weder bezahlte Feiertage noch bezahlte Ferien.
— Die viel gerühmte unternehmerische Entscheidungsfreiheit ist zwar ein positiver Aspekt der Selbständigkeit. Allein entscheiden zu müssen kann jedoch auch zur Belastung werden. Denn wer entscheidet, ist auch für seine Fehler verantwortlich und muss die Konsequenzen tragen.

Lassen Sie sich von verherrlichenden Aussagen über das freie Unternehmertum, die angeblich erfolgreiche Selbständige Ihnen gegenüber machen, den Blick nicht vernebeln. Auch Erfolgsgeschichten von Jungunternehmern, die in der Presse zu lesen oder im Fernsehen zu sehen sind, sollten Sie mit Vorsicht geniessen.

Profil der Unternehmensgründer

Gemäss einer umfangreichen Studie der Fachhochschule Nordwestschweiz weisen Unternehmensgründer und -gründerinnen folgendes Profil auf:

Geschlecht: Fast 85 Prozent der neuen Unternehmen werden von Männern gegründet. Die Zahl der Firmengründerinnen hat zwar in den letzten Jahren kontinuierlich zugenommen; inzwischen gehen rund zwölf Prozent aller beschäftigten Frauen einer selbständigen Erwerbstätigkeit nach. Dennoch machen die Frauen unter den selbständigerwerbenden Personen in der Schweiz nur einen Drittel aus. Viele arbeiten zudem nur in einem Teilpensum.

Alter: Neuunternehmer gründen ihre Firma im Durchschnitt im Alter von 38 Jahren. Knapp die Hälfte der heutigen Selbständigerwerbenden ist zwischen 25 und 40 Jahre, ein Drittel zwischen 40 und 50 Jahre alt.

Zivilstand: Über 80 Prozent der Neuunternehmer ist verheiratet oder lebt in einer festen Partnerschaft. Mehr als die Hälfte hat entweder keine oder bereits erwachsene Kinder.

Schulbildung: Die Ausbildung der Neuunternehmer und Firmengründerinnen ist überdurchschnittlich gut. Ein Drittel hat ein Hochschulstudium abgeschlossen, knapp ein Fünftel besitzt ein eidgenössisch anerkanntes Fachdiplom. Auf der anderen Seite gibt es aber durchaus Unternehmensgründer, die nach der obligatorischen Schulzeit keine Berufsausbildung absolviert haben.

Berufserfahrung: Mehr als 95 Prozent der Neuunternehmer verfügten über eine durchschnittliche Berufserfahrung von fast 18 Jahren, bevor sie ihren Betrieb gründeten.

Branchenerfahrung: Neuunternehmer sammelten vor der Firmengründung im Durchschnitt über zehn Jahre Erfahrung in der Branche, in der sie sich verselbständigten. Die meisten kommen aus dem Dienstleistungssektor.

Führungserfahrung: Über ein Drittel der Firmengründer und Neuunternehmerinnen gehörte vor dem Schritt in die Selbständigkeit dem oberen, knapp ein Drittel dem mittleren Kader an.

Gründungsvorbereitung: Neuunternehmer sind offenbar entscheidungsfreudig. Vom Zeitpunkt der ersten, noch vagen Ideen bis zum definitiven Entschluss zur Selbständigkeit vergingen im Durchschnitt lediglich dreizehn Monate. Über die Hälfte der Neuunternehmer benötigten sogar weniger als ein halbes Jahr, um sich für eine selbständige Erwerbstätigkeit zu entscheiden.

Der Schritt in die Selbständigkeit ist auch mit wenig Geld möglich. Mehr als die Hälfte der neu gegründeten Firmen startet mit weniger als 50 000 Franken Eigenkapital. Vor allem im Beratungs- und IT-Business lässt sich von zu Hause aus mit der bereits vorhandenen Infrastruktur (Computer, Telefon, Auto) eine Firma aufbauen – oft sogar parallel zu einer noch bestehenden Anstellung und damit ohne allzu grosses Risiko.

Frauen haben schwierigere Startbedingungen

Schützenverein, Feuerwehr oder Fussballklub – Männer sind oft in Organisationen ausserhalb des Berufs- und Familienlebens eingebunden. Solche Beziehungsnetze vereinfachen den Weg in die Selbständigkeit. Die Kumpel vom Stammtisch oder aus dem Fussballklub sind nicht selten potenzielle Kunden der neuen Firma. Frauen hingegen pflegen viel seltener eine Vereinsmitgliedschaft oder ein weitreichendes Beziehungsnetz, das ihnen bei der Firmengründung behilflich sein könnte. Kommt dazu, dass es Frauen gemäss Untersuchungen schwerer haben, Kreditgeber von ihren Ideen zu überzeugen.
Als Handicap erweist sich auch die familiäre Situation: Frauen müssen häufig Erwerbsleben und Familie unter einen Hut bringen oder starten ihr eigenes Business nach einer langen Auszeit, in der sie sich um Kinder und Haushalt kümmerten. Das erschwert den Start.

Überlebenschancen neuer Firmen

Welche Faktoren für den Erfolg oder das Scheitern neu gegründeter Unternehmen mitverantwortlich sind, hat die Fachhochschule Nordwestschweiz ebenfalls untersucht:

Erfolgsfaktoren

- Geschlecht: Gründen Frauen eine Firma, ist die Überlebenswahrscheinlichkeit höher als bei Männern. Gründe dafür sind das stärkere Streben nach Unabhängigkeit und Selbstverwirklichung.
- Alter: Je älter der Gründer oder die Gründerin, desto grösser die Überlebenschance. Denn mit höherem Alter besitzt man mehr Berufserfahrung und ein grösseres Beziehungsnetz.
- Rechtsform: Gründer von Aktiengesellschaften und GmbHs scheitern deutlich öfter als Gründer von Einzel- oder Kollektivfirmen, die mit ihrem persönlichen Vermögen haften.
- Innovation: Unternehmen, die neue oder stark verbesserte Produkte auf den Markt bringen, sind erfolgreicher als solche, die auf Bewährtes setzen.
- Fremdkapital: Firmen, die von Banken unterstützt werden, überleben häufiger als solche, die nur privates Kapital einsetzen.

Misserfolgsfaktoren

— Bildung: Zu viel oder zu wenig Bildung sind oft für den Misserfolg mitverantwortlich: Wer nur die obligatorische Schulzeit absolviert hat oder über einen Hochschulabschluss verfügt, scheitert statistisch gesehen am häufigsten.
— Haushalt: Wer direkt vor der Firmengründung hauptsächlich mit dem eigenen Haushalt und der Kinderbetreuung beschäftigt war, hat eine kleinere Überlebenswahrscheinlichkeit.

Die Untersuchung zeigt aber auch, dass Faktoren, die man schnell einmal für den Erfolg oder Misserfolg eines neu gegründeten Unternehmens heranziehen würde, wenig relevant sind. Dazu gehören etwa die Nationalität der Gründer, der Erwerbsstatus vor der Firmengründung, die Branche oder die Höhe des Kapitaleinsatzes.

Jobmaschine Neuunternehmen

Knapp fünf Prozent aller Erwerbstätigen in der Schweiz, das sind rund 177 000 Personen, arbeiten heute in einer Firma, die weniger als fünf Jahre alt ist. Allerdings sind viele der neu geschaffenen Stellen alles andere als sicher: Von den 82 000 Firmen, die zwischen 2000 und 2004 gegründet wurden, verschwanden 28 000 wieder vom Markt – und mit ihnen rund 70 000 Stellen.

Persönliche Standortbestimmung

Heute angestellt, morgen selbständig – und übermorgen Konkurs. Damit es nicht so weit kommt, sollten Sie zuerst abklären, ob Sie die nötigen Voraussetzungen und das Rüstzeug für die anforderungsreiche Aufgabe mitbringen. Nicht jede Person ist für bestimmte Arten der Selbständigkeit gleich gut geeignet.

Mit der eigenen Standortbestimmung erhalten Sie Klarheit über Ihre gegenwärtige Situation, werden sich Ihrer Stärken und Schwächen bewusst und entdecken Ihre Wünsche, Ziele und Handlungsmotive. Die Standortbestimmung soll Ihnen Illusionen nehmen, Realitäten aufzeigen und Sie zum Nachdenken animieren. Nur so können Sie die richtigen Entscheide für die Zukunft treffen.

Als Gedankenstützen und Impulsgeber auf diesem «Weg zu sich selbst» helfen Ihnen die Checklisten auf der CD-ROM. Nehmen Sie sich genügend Zeit, um die Fragen auf den Checklisten zu beantworten. Seien Sie dabei ehrlich mit sich selbst. Diskutieren Sie Ihre Antworten, Pläne und Ideen mit Ihrem Partner, Ihrer Partnerin und mit Freunden, die Ihnen offen und kritisch ihre Meinung sagen.

Lebensgefühl und Charakter: die persönliche Ausgangslage

Vielen Menschen fällt es schwer, ihr Lebensgefühl, ihre Persönlichkeit und ihre Lebenssituation in Worte zu fassen. Man fühlt sich entweder zufrieden – oder eben nicht. Woran das liegt, ist oft nicht klar.

Die Checkliste «Mein Lebensgefühl» auf der CD-ROM verhilft Ihnen zu einer Übersicht über Ihre aktuellen Freuden und Sorgen sowie Ihre Wünsche und Ziele für die Zukunft. Sie zwingt Sie dazu, sich über Veränderungsmöglichkeiten Gedanken zu machen, Entscheidungen zu treffen und dabei Prioritäten zu setzen.

Typische Charakterzüge von Unternehmern Der ideale Unternehmertyp existiert nicht. Zu verschieden sind die Anforderungen, die Branchen, Märkte, Produkte, Dienstleistungen und Kunden an Firmeninhaber stellen. So ist die selbständige Dachdeckerin mit ganz anderen Problemen konfrontiert als der weltweit tätige Wirtschaftsberater oder die Freundinnen, die nebenbei ein Nagelstudio betreiben. Dennoch gibt es Schlüsselqualifikationen, charakterliche Eigenschaften oder Persönlichkeitsmerkmale, die für alle Unternehmer wichtig und entscheidend sind, um im Markt Erfolg zu haben.

Die Checkliste «Mein Charakter» auf der CD-ROM zeigt Ihnen, wie viele der notwendigen unternehmerischen Kernkompetenzen Sie besitzen.

Fachkenntnisse und Finanzen: das nötige Fundament

Erfolgreiche Unternehmer müssen in ihrem Beruf überdurchschnittlich gut qualifiziert sein. Sie sollten in einem bestimmten Spezialgebiet jahrelange Berufserfahrung und neustes Fachwissen mitbringen, das sie mit regelmässiger Aus- und Weiterbildung erworben haben. Für den Unternehmenserfolg reicht das alleine aber noch nicht aus: Selbständig Erwerbstätige müssen auch ein solides kaufmännisches Grundwissen besitzen sowie administrative Arbeiten kompetent und effizient erledigen können.

Überprüfen Sie Ihre Fachkompetenz mithilfe der Checkliste «Meine Fachkenntnisse» auf der CD-ROM.

Die Finanzverhältnisse klären Selbständigerwerbende verdienen insbesondere in der Start- und Aufbauphase ihres Unternehmens in der Regel bedeutend weniger als früher – auch wenn sie volle Auftragsbücher haben (siehe Seite 18). Der Grund liegt unter anderem in den zusätzlichen Kosten, für die sie selber aufkommen müssen. Dazu zählen die je nach Geschäftstätigkeit hohen Fixkosten (zum Beispiel Raummiete, Versicherungsprämien, Leasingraten, Zinsen für das Fremdkapital) sowie die Ausgaben für den Sozialversicherungsschutz (Krankheit, Unfall, Tod, Altersvorsorge). Hinzu kommt die finanzielle Überbrückung von flauen Geschäftszeiten, in denen nur Kosten entstehen, aber keine Einnahmen erzielt werden. Das drückt das durchschnittliche Monatseinkommen schnell auf ein tiefes Niveau.

Umso wichtiger ist es für künftige Selbständigerwerbende, zu wissen, wie viel Geld sie bis anhin monatlich wofür ausgegeben haben. Eine Aufstellung der bisherigen Aufwendungen zeigt, welche Ausgaben effektiv zum Leben notwendig sind und welche sich reduzieren oder gar ganz vermeiden lassen. Wenn Sie Ihre Lebenshaltungskosten kennen, können Sie ausrechnen, welche Einnahmen Sie als Unternehmer erzielen müssen, um die lebensnotwendigen Ausgaben decken bzw. den gewünschten Lebensstil aufrechterhalten zu können.

Haben Sie als durchschnittlich verdienender Arbeitnehmer mit dreizehn Monatslöhnen, bezahlten Ferien und vielleicht sogar einer zusätzlichen Gratifikation oder einem Jahresbonus Mühe, den Lebensunterhalt zu bestreiten, sollten Sie die Idee einer selbständigen Erwerbstätigkeit fallen lassen. Mit grosser Wahrscheinlichkeit werden Sie – mindestens zu Beginn – Ihren Lebensstandard nicht halten können.

Welche Einnahmen- und Ausgabenposten in einem solchen Budget zu berücksichtigen sind, zeigt Ihnen die Vorlage «Haushaltsbudget» auf der CD-ROM.

Familie: die Stütze im Hintergrund

Wer ein eigenes Geschäft aufbauen möchte, denkt dabei oft zu wenig an die Konsequenzen in Bezug auf die Familie oder das Privatleben. Jede selbständige Tätigkeit belastet die Familie mehr oder weniger stark – besonders in der Aufbauphase: Ehe- oder Lebenspartner und Kinder müssen auf vieles verzichten, höchst flexibel sein, viel Verständnis haben, Geduld aufbringen – und dabei gleichzeitig unablässig unterstützen, motivieren, mittragen, mithelfen. Die Einstellung des Partners, der Partnerin trägt wesentlich zum Erfolg oder Misserfolg einer Firma bei. Nicht von ungefähr heisst es: Ein Firmengründer ist nur so gut wie die Lebenspartnerin an seiner Seite.

Ob und wie weit Ihre Familie, Ihr Partner den Weg zur Selbständigkeit mit Ihnen gehen kann und will, finden Sie anhand der Checkliste «Meine Familie» heraus.

Motivationsgründe: der innere Antrieb

Welches sind Ihre Beweggründe, um eine Firma aufzubauen? Welche Kräfte treiben Sie an? Spüren Sie schon seit Langem einen inneren Drang, diesen Schritt zu wagen, ein Lebensziel zu verwirklichen? Oder sind es eher äussere Zwänge, die Sie an eine selbständige Erwerbstätigkeit denken lassen? Etwa der Verlust Ihrer Stelle, Frustration am Arbeitsplatz oder eine Krise im Privatleben?

Je nachdem können Ihre Chancen für eine erfolgreiche Selbständigkeit grösser oder kleiner sein. Was natürlich nicht zwingend bedeuten muss, dass aus eher unvorteilhaften Motiven keine blühenden Unternehmen entstehen können.

Ergründen Sie Ihre Motivation für eine selbständige Erwerbstätigkeit mithilfe der Checkliste «Meine Motive» auf der CD-ROM.

Das Wichtigste beim Schritt in die Selbständigkeit: Sie müssen einen grossen Enthusiasmus haben, in Aufbruchstimmung sein und die Lust verspüren, Ihr Arbeitsleben in die eigene Hand zu nehmen. Ignorieren Sie die gut gemeinten, meist zur Vorsicht mahnenden Einwände Ihrer Freunde und Bekannten aber auf keinen Fall. Berücksichtigen Sie deren Argumente bei Ihren Entscheidungen – aber lassen Sie sich keinesfalls von pauschalen Aussagen entmutigen. Immerhin stehen Ihnen im Gegenzug zu den mit Sicherheit auftretenden Problemen und Unternehmersorgen einige der spannendsten, intensivsten und befriedigendsten Momente Ihres Lebens bevor.

Arbeiten mit dem Ratgeber

Sie haben eine clevere Geschäftsidee, kennen jemanden, der eine Geschäftspartnerin sucht, können Ihrem Patron die Firma abkaufen, haben eine geniale Erfindung gemacht, wollen ein neues Produkt exklusiv in der Schweiz vertreiben. Oder Sie haben einfach die Nase voll von den unerfüllbaren Umsatzvorgaben Ihres Chefs und wollen Ihre eigenen Ideen verwirklichen.

Wie auch immer sich Ihre Situation präsentiert: Mit dem Schritt in die Selbständigkeit betreten Sie wahrscheinlich Neuland. Als Angestellter blieben Ihnen wohl viele Bereiche des Unternehmertums verborgen. Deshalb wird die Liste der offenen Fragen schnell einmal ziemlich lang: Muss ich meine Geschäftsidee patentieren? Wie soll das neue Unternehmen finanziert werden? Wie sieht es mit den

Marktchancen aus? Wie sichere ich mich gegen Risiken ab? Welche Rechtsform soll das Geschäft haben? Wie viele Steuern werde ich bezahlen müssen? Und was bleibt mir schliesslich als Lohn übrig?

Schritt für Schritt zum Businessplan

Dieser Ratgeber liefert Ihnen die Antworten auf alle wichtigen Fragen rund um die Gründung Ihrer eigenen Firma. Antworten, die ausschlaggebend für den Erfolg Ihres geplanten Unternehmens sind. Damit Sie Ihre Firma nicht auf Sand, sondern auf einem soliden Fundament aufbauen, benötigen Sie einen Geschäfts- oder Businessplan (siehe Seite 103). Einfach ausgedrückt handelt es sich dabei um ein Werkzeug, das Sie dazu zwingt, Ihre Ziele, Strategien und Konzepte klar und verständlich aufs Papier zu bringen – für sich selbst und für Dritte, etwa Ihre Geldgeber oder Geschäftspartner.

Der Aufbau dieses Ratgebers entspricht der standardmässigen Gliederung eines Businessplans. Stehen Sie am Anfang Ihrer Unternehmensgründung, können Sie das Buch einfach Kapitel für Kapitel durcharbeiten und parallel dazu schrittweise Ihren Businessplan erstellen. Ist Ihre Unternehmensgründung schon weiter fortgeschritten und haben Sie Teile des Businessplans bereits erarbeit, picken Sie sich einfach jene Informationen aus dem Ratgeber heraus, die Sie benötigen, um die noch offenen Fragen zu klären und den Businessplan zu vervollständigen.

Wichtige Unterstützung bei der Gründung Ihres Unternehmens bietet die beiliegende CD-ROM. Darauf finden Sie:

- eine Vorlage für Ihren Businessplan sowie ein Muster
- Checklisten
- Musterbriefe und Musterverträge
- Adressen mit direkten Links ins Internet
- Beobachter-Exklusivangebot für Schweizer Business-Software

Sie können die Dokumente direkt am Bildschirm ausfüllen oder an Ihre Bedürfnisse anpassen und danach ausdrucken. Das vereinfacht Ihre Arbeit in der hektischen Zeit vor dem Firmenstart und spart Ihnen viel Zeit.

Die Möglichkeiten

Es gibt nicht nur viele Wege nach Rom, sondern auch in die Selbständigkeit. Jeder dieser Wege beinhaltet gewisse Vor- und Nachteile, Chancen und Risiken, die Neuunternehmer und Firmengründerinnen bei ihren Überlegungen mitberücksichtigen sollten.

2

Wege in die Selbständigkeit

Eine zündende Idee haben, eine Marktlücke entdecken, eine Firma gründen – und los geht's. In der Praxis läuft das allerdings meist anders ab.

Da ist die Fachspezialistin, die nach reiflicher Überlegung als Selbständige Marktchancen ergreifen möchte. Die Kadermitarbeiterin, die lieber mit ihren Arbeitskollegen die Firma übernimmt, als auf der Strasse zu stehen. Der Teilzeitangestellte, der in kleinen Schritten den Übergang in die Selbständigkeit vorbereitet. Der langjährige Angestellte, der die Gelegenheit erhält, den Kleinbetrieb seines pensionierten Patrons zu kaufen. Die Wiedereinsteigerin, die sich neben Kinderbetreuung und Haushalt als Franchisenehmerin eine eigene Existenz aufbauen möchte. Oder der Arbeitslose, der in absehbarer Zeit ausgesteuert sein wird und in der selbständigen Erwerbstätigkeit die letzte Rettung sieht.

Aus welcher Situation heraus Sie eine Firma gründen, spielt letztlich keine Rolle. Zentral ist jedoch die Frage, ob Sie den Schritt in die Selbständigkeit allein oder mit einem Partner tun wollen. Zudem müssen Sie sich darüber klar werden, welche finanziellen, personellen oder strukturellen Abhängigkeiten Sie eingehen wollen und welche unternehmerischen Freiheiten Sie möchten. Je nachdem drängen sich gewisse Formen der Selbständigkeit auf – oder sind ausgeschlossen.

Allein oder mit Geschäftspartnern

«Geteilte Freude ist doppelte Freude, geteiltes Leid ist halbes Leid», heisst es. In der Tat sprechen viele Vorteile dafür, ein Unternehmen nicht allein, sondern gemeinsam mit einem Partner oder einer Partnerin zu gründen: Die Verantwortung und die Aufgaben werden aufgeteilt, die Vertretung ist sichergestellt, die Kundenkontakte und das Know-how vervielfachen sich. Besonders sinnvoll ist eine gemeinsame Geschäftsgründung, wenn sich zwei Partner mit unterschiedlichen Fähigkeiten und Kenntnissen zusammentun.

Unter Umständen können auch Spezialisten im gleichen Fachgebiet ein erfolgreiches Team bilden, sich in ihrer täglichen Arbeit beflügeln und gegenseitig zu Höchstleistungen anspornen. Allerdings müssen sie dann dafür sorgen, dass ihre fehlenden Fachkenntnisse in einem relevanten Geschäftsbereich oder ihre unternehmerischen Schwächen – etwa in der Administration, Akquisition oder Kommunikation – von weiteren internen oder externen Fachkräfte abgedeckt werden.

Tragfähige Basis der Partnerschaft Das fehlende Eigenkapital sollte nie das ausschlaggebende Argument für eine Geschäftspartnerschaft sein. Das ist keine tragfähige Basis für eine auf lange Frist angelegte Zusammenarbeit. Dagegen braucht es ausgeprägte Fähigkeiten für gutes Teamwork. Unerlässlich ist es zudem, ein gemeinsames Ziel vor Augen zu haben – und die gleichen Ideen, Ideale und Vorstellungen, wie dieses erreicht werden soll. Auch sollten die Lebens- und Arbeitsphilosophie sowie die Einstellung zu Themen wie Nachhaltigkeit und Geschäftsethik der Beteiligten mehrheitlich übereinstimmen. Ob dies zutrifft, zeigt sich unter anderem in der Unternehmensstrategie (siehe Seite 114).

Um auch bei offensichtlich gleichen Vorstellungen spätere Streitigkeiten zu vermeiden und zu verhindern, dass sich ein Geschäftspartner benachteiligt fühlt, sollten Sie die gegenseitigen Rechte und Pflichten in einem fairen Gesellschaftsvertrag und allenfalls in einem Aktionärsbindungsvertrag festhalten (mehr dazu ab Seite 161).

Auf der CD-ROM finden Sie die Checkliste «Gesellschaftsvertrag» und das Muster eines Vertrags für eine einfache Gesellschaft. Die Checkliste «Geschäftspartner» enthält alle Punkte, die Sie bei der Wahl Ihrer Partner beachten sollten.

Andere Formen der Kooperation Ist eine gemeinsame Firma keine optimale Lösung, können Sie auch mit anderen Unternehmern kurz- oder längerfristig zusammenarbeiten und dadurch Synergien erzielen. Kooperationen sind überall dort sinnvoll, wo gemeinsame Interessen überwiegen und kein Partner die anderen direkt konkurrenziert.

Selbständig mit Geschäftspartnern

Vorteile

+ Spezialisierung und Arbeitsteilung steigern die Unternehmereffizienz und führen zu Synergien.
+ Der Neuunternehmer benötigt weniger Kapital. Risiko und Verantwortung lasten auf mehreren Schultern.

Nachteile

– Gefahr von zwischenmenschlichen Konflikten
– Unterschiedliche Ideen und Ziele können wichtige Energien absorbieren.
– Steigt ein Partner aus, kann dies den Betrieb existenziell gefährden.

Teilzeit-Selbständigkeit

Wer den Weg in die Selbständigkeit behutsam angehen und sich nicht gleich den vollen Risiken aussetzen will, kann unter Umständen aus einer Teilzeitbeschäftigung heraus ein Unternehmen aufbauen. In diesem Fall profitieren Sie im Rahmen der Teilzeitstelle einerseits von den Vorteilen des Arbeitsrechts und geniessen andererseits die Freiheiten eines Unternehmers.

Rahmenbedingungen Grundsätzlich sollten Sie bei einer Teilzeit-Selbständigkeit darauf achten, dass Ihre feste Anstellung die Lebenshaltungskosten deckt. Dadurch können Sie sich mehr Fehler erlauben und haben die Möglichkeit, erste Markterfahrungen zu sammeln und Ihre Unternehmensstrategie anzupassen, bevor Sie alles auf eine Karte setzen – und womöglich falsch liegen. Nach der erfolgreichen Startphase können Sie dann Ihr Arbeitspensum sukzessive reduzieren oder die Stelle mit dem Fixlohn ganz aufgeben.

Wer eine Teilzeitstelle als Angestellter hat und die übrige Zeit als Unternehmer tätig ist, benötigt einen kulanten Arbeitgeber, sonst dürfte es schnell einmal Probleme geben. Rein rechtlich müssen Sie darauf achten, dass Sie mit der Aufnahme einer selbständigen Erwerbstätigkeit nicht gegen eine Bestimmung in Ihrem Arbeitsvertrag verstossen. Am besten informieren Sie Ihren Arbeitgeber offen über Ihre Pläne. Dieser sollte in der Regel nichts dagegen haben, wenn Sie ihn mit Ihrem Business nicht konkurrenzieren und ihm garantieren können, dass er nach wie vor auf Ihre volle Arbeitsleistung und Ihren Einsatz zählen kann.

Ob eine Selbständigkeit im Nebenerwerb eine ideale Lösung ist, hängt unter anderem stark von der Branche, Ihrem Arbeitgeber, Ihrer Stelle, Ihrem Arbeitsinhalt und von Ihrer Person ab. Die Gefahr besteht allerdings, dass Sie sich mit zwei gleichzeitig ausgeführten Jobs zerreissen und schliesslich mit keiner Arbeit Erfolg haben. Das könnte sich insbesondere in der Anfangsphase eines Unternehmens fatal auswirken. In dieser Zeit ist nicht nur überdurchschnittlicher Einsatz gefordert. Je nach Produkt oder Dienstleistung müssen Sie für Ihre Kunden auch ständig ansprechbar sein. Ein Teilzeitjob kann dies verunmöglichen. Die Praxis zeigt, dass ein halbherziger, zögernder Geschäftsstart selten zum Erfolg führt.

Versicherungsschutz Bei den Sozialversicherungen sollte ein Teilzeitjob mit gleichzeitiger Selbständigkeit keine Probleme verursachen. Auf dem Einkommen aus der unselbständigen Erwerbstätigkeit werden Ihnen nach wie vor die Beiträge an die AHV/IV, die

Selbständig in der virtuellen Welt

Die Verbreitung des Internets hat auch für Teilzeitunternehmer neue Geschäftsmöglichkeiten geschaffen. Sie können ihr virtuelles Business mit einem Computer im Heimbüro mit wenig Startkapital beginnen und nach Feierabend betreiben. Sie benötigen keinen Laden, kein Büro und kein Firmenauto. Manch ein Profiverkäufer (Powerseller) bei einer Auktionsplattform arbeitet beispielsweise so. Die angebotenen Produkte lagern im Keller oder in der Garage oder werden erst vom Zwischenhändler bezogen, wenn Bestellungen vorliegen. Auch viele Onlineshops werden nicht als Vollzeit-, sondern als Teilzeittätigkeit betrieben.

Der Vorteil des Firmenstarts im Internet liegt nicht nur in den meist geringen Kosten und im niedrigen finanziellen Risiko, sondern auch in der Möglichkeit, auf einfache Art ein Geschäft aufzubauen, wertvolle Erfahrungen zu sammeln und es jederzeit wieder aufzugeben, wenn dabei nichts herausschaut.

Arbeitslosenversicherung und die Pensionskasse abgezogen. Auf dem Einkommen aus der selbständigen Erwerbstätigkeit bezahlen Sie die etwas höheren AHV/IV-Beiträge für Selbständigerwerbende und allenfalls Beiträge an eine Pensionskasse – falls Sie als Selbständigerwerbender einer solchen freiwillig beitreten. Allerdings kommen durch die Aufteilung des Gesamteinkommens der BVG-Koordinationsabzug sowie das nötige Mindesteinkommen auch zweimal zur Anwendung. Ohne spezielle Vereinbarung sind damit gar keine oder deutlich kleinere Leistungen versichert. Verhindern lässt sich dies über die Stiftung Auffangeinrichtung BVG oder bei der Vorsorgeeinrichtung Ihres Berufsverbands (mehr dazu auf Seite 195).

Sicherstellen müssen Sie auch den Versicherungsschutz bei Unfall und Krankheit. Als Arbeitnehmer sind Sie obligatorisch gegen Betriebsunfall und – sofern Sie mindestens acht Stunden pro Woche beim selben Arbeitgeber tätig sind – auch gegen Nichtbetriebsunfall versichert. Bei Krankheit ist Ihr Lohnausfall als Angestellter für eine bestimmte Zeit gewährleistet: über die Lohnfortzahlungspflicht des Arbeitgebers, die von der Dauer Ihrer Betriebszugehörigkeit abhängt,

Selbständig mit Teilzeitpensum als Arbeitnehmer

Vorteile

+ Ermöglicht einen sanften Einstieg in die Selbständigkeit mit vermindertem Risiko.
+ Das gesicherte Grundeinkommen hilft, Existenzängste zu reduzieren.
+ Teilzeitangestellte profitieren im Rahmen der Anstellung von arbeitsrechtlichen Vorteilen (bezahlte Feiertage, Ferien, Lohn bei Krankheitsabsenzen, Schutz gegen Nichtberufsunfälle, Kündigungsschutz).

Nachteile

- Kann zu Friktionen mit dem Arbeitgeber führen.
- Mögliche Nachteile in der beruflichen Vorsorge gemäss BVG
- Grosse Gefahr von chronischer Arbeitsüberlastung
- Kein rascher Markteintritt möglich, je nach Produkt oder Dienstleistung ist dies aber nötig.
- Die persönliche Verfügbarkeit deckt sich nicht mit den Kundenbedürfnissen.

und über die Krankentaggeldversicherung, sofern Ihr Arbeitgeber eine solche abgeschlossen hat. Ihr Einkommen als Selbständigerwerbender müssen Sie hingegen selbst versichern (siehe Seite 190).

Steuerfragen Was die Steuern betrifft, so ist eine gleichzeitige Teilzeitarbeit und Selbständigkeit unproblematisch. Die Einkünfte aus der unselbständigen Erwerbstätigkeit versteuern Sie wie bis anhin als natürliche Person, die Einkünfte aus der selbständigen Erwerbstätigkeit je nach Rechtsform Ihres Unternehmens als natürliche oder juristische Person (mehr dazu auf Seite 235).

Selbständig aus der Arbeitslosigkeit

Wer seine Arbeit verloren hat und erfolglos eine neue Stelle sucht, dürfte sich spätestens vor der Aussteuerung überlegen, ob eine selbständige Erwerbstätigkeit ein Ausweg sein könnte. Studien zeigen, dass sich jeder fünfte Langzeitarbeitslose verselbständigt.

Erwerbslose können mit oder ohne Unterstützung der Arbeitslosenversicherung eine eigene Existenz aufbauen. Über die genauen Bedingungen sowie die Vor- und Nachteile informiert das regionale Arbeitsvermittlungszentrum (RAV) oder die kantonale Amtsstelle (Amt für Wirtschaft und Arbeit, KIGA oder kantonales Arbeitsamt genannt).

Ohne Unterstützung der Arbeitslosenversicherung Es ist jedem Arbeitslosen jederzeit freigestellt, sich bei der Arbeitslosenversicherung abzumelden und einer selbständigen Erwerbstätigkeit nachzugehen. Dieses Vorgehen empfiehlt sich aber nur, wenn jemand die nötige Vorbereitungs- und Planungsphase schon hinter sich hat und kurz vor der Geschäftsgründung steht.

Arbeitslose können auch weiterhin Taggelder beziehen und sich in ihrer Freizeit auf die Selbständigkeit vorbereiten. Voraussetzung ist allerdings, dass sie dabei ihren Kontrollpflichten nachkommen und vermittlungsfähig bleiben. Und hier liegt der Haken: Wer sich als Arbeitsloser mit dem Aufbau eines eigenen Unternehmens beschäftigt in der festen Absicht, eine dauernde selbständige Erwerbstätigkeit aufzunehmen, ist aufgrund der gesetzlichen Bestimmungen nicht mehr vermittlungsfähig und hat damit keinen Anspruch mehr auf Taggelder. Oder anders gesagt: Tätigen Sie im Hinblick auf eine selbständige Erwerbstätigkeit bedeutende Investitionen, die Sie persönlich, rechtlich oder zeitlich binden, wird die Arbeitslosenversicherung ihre Zahlungen einstellen. Das ist etwa der Fall, wenn Sie Fahrzeuge, Maschinen oder Werkzeuge kaufen, eine Werkstatt oder ein Büro mieten.

Zwar kennt die Arbeitslosenversicherung den sogenannten Zwischenverdienst. Damit ist eine Voll- oder Teilzeitbeschäftigung gemeint, bei der das Einkommen tiefer ist als das ausbezahlte Taggeld. Auch eine selbständige Erwerbstätigkeit kann als Zwischenverdienst anerkannt werden. Es muss sich dann aber um eine vorübergehende Tätigkeit handeln, die jemand nur aufnimmt, weil er keine Stelle gefunden hat – und die er jederzeit zugunsten einer Anstellung wieder aufgeben würde. Nur so gilt man für die Arbeitslosenversicherung weiterhin als vermittlungsfähig.

Während einer selbständigen Beschäftigung im Rahmen eines Zwischenverdienstes dürfen Sie keine grösseren Investitionen tätigen und keine Verpflichtungen eingehen. Sonst erlischt Ihr Anspruch auf Arbeitslosenentschädigung.

Mit Unterstützung der Arbeitslosenversicherung Tragen Sie sich mit dem Gedanken, aus der Arbeitslosigkeit heraus ein eigenes Unternehmen aufzubauen, kann Ihnen die Arbeitslosenversicherung den Einstieg in die Selbständigkeit auf mehrere Arten erleichtern. Die folgenden Unterstützungen können Sie einzeln oder zusammen beanspruchen:

— Ausrichtung von Planungstaggeldern mit gleichzeitiger Befreiung von den Kontrollpflichten
— Gewährung einer verlängerten Rahmenfrist als Auffangnetz für den Fall einer erfolglosen Geschäftstätigkeit
— Besuch von Kursen zur Unternehmensgründung und -führung

Planungstaggelder Für die Vorbereitung einer selbständigen Erwerbstätigkeit befreit Sie die Arbeitslosenversicherung maximal

90 Arbeitstage lang von den üblichen Pflichten. Das entspricht einer Planungsphase von achtzehn Wochen, da die Versicherung mit fünf Taggeld-Tagen pro Woche rechnet. Während dieser Zeit müssen Sie keine zumutbare Arbeit annehmen, keine Stellen suchen, den Kontrollvorschriften nicht nachkommen – und Sie erhalten trotzdem Taggelder.

In den Genuss der Planungstaggelder kommen nur Arbeitslose, die mindestens zwanzig Jahre alt sind und ein Projekt für eine wirtschaftlich tragfähige, dauerhafte selbständige Erwerbstätigkeit vorweisen können. Zudem dürfen sie die bisherige Stelle nicht durch eigenes Verschulden verloren haben. Der Gesetzgeber will damit vermeiden, dass angehende Unternehmer die Arbeitslosenversicherung für ihre Selbständigkeitspläne missbrauchen. Doch auch wenn Sie selber gekündigt haben, können Sie versuchen, Planungstaggelder zu erhalten – etwa wenn Sie wegen unzumutbarer Arbeitsbedingungen kündigten oder wenn Sie bereits länger arbeitslos sind.

Am besten beantragen Sie die Planungsphase zu Beginn Ihrer Arbeitslosigkeit beim Amt für Wirtschaft und Arbeit (oder KIGA bzw. kantonalen Arbeitsamt). Dabei müssen Sie zwar keine Fristen einhalten, dennoch ist das richtige Timing entscheidend. Denn Arbeitslose erhalten innerhalb von zwei Jahren (Rahmenfrist für den Leistungsbezug) höchstens 400 Taggelder (über 55-Jährige und Invalide maximal 520). Darin sind die Taggelder für die Planung der Selbständigkeit mit eingerechnet. Beginnen Sie also erst nach 380 bezogenen Taggeldern Ihre Selbständigkeit zu planen, können Sie nicht mehr 90, sondern nur noch 20 Planungstaggelder beziehen. Hinzu kommt, dass die kantonalen Amtsstellen rund vier Wochen benötigen, um ein Gesuch zu prüfen.

Um vom maximalen Anspruch profitieren zu können, sollten Sie das Gesuch spätestens 19 Wochen vor Ablauf der zweijährigen Rahmenfrist einreichen.

Das Gesuch um Taggelder für die Planungsphase muss einen vollständigen Businessplan (siehe Seite 103) sowie Angaben zu Ihren beruflichen Kenntnissen enthalten. Dazu gehören Lebenslauf, Lehrabschlussprüfung, Berufsdiplome, Arbeitszeugnisse und Weiterbildungskurse. Diese Unterlagen sind zwar in der Regel bereits in Ihrem Personaldossier auf dem RAV vorhanden, doch die kantonale Amtsstelle hat darauf keinen Zugriff. Weiter müssen Sie Kenntnisse in der Geschäftsführung nachweisen. Fehlt Ihnen dieses Know-how, können Sie vor dem Einreichen des Gesuchs um Planungstaggelder beim RAV einen Weiterbildungskurs beantragen.

Die Amtsstelle interessiert zudem der Projektstand und der Zeitpunkt, an dem Sie die Selbständigkeit aufnehmen wollen. Darauf entscheidet sie, wie viele Taggelder Ihnen für die Planungsphase gewährt werden. Rechnen Sie aber nicht mit dem vollen Anspruch: Planungstaggelder erhalten Sie lediglich, um Ihr Büro, Ihren Laden oder Ihre Werkstatt einzurichten. Der Anspruch erlischt an dem Tag, an dem Sie Ihre selbständige Erwerbstätigkeit aufnehmen.

Auch das Maximum von 90 Taggeldern reicht nicht aus, um den Geschäftsstart seriös vorzubereiten. Planen Sie Ihre Selbständigkeit also schon vor Beginn der Planungsphase intensiv. In den meisten Kantonen können Sie vor dem Beantragen der Planungstaggelder einen Firmengründerkurs besuchen. Unterlagen dazu erhalten Sie beim RAV. In einigen Kantonen können Sie einen solchen Kurs nur besuchen, wenn Sie bereits Planungstaggelder erhalten.

Während der Vorbereitung Ihrer selbständigen Erwerbstätigkeit sollten Sie keine regelmässigen Einnahmen in der Grössenordnung eines gut laufenden Betriebs haben. Das würde bedeuten, dass Ihr Projekt bereits realisiert ist oder zumindest kurz vor dem Abschluss steht. Dann aber wäre aus Sicht der Versicherung eine weitere Ausrichtung von Taggeldern nicht mehr gerechtfertigt.

Dagegen wird ein kleines, in der Planung budgetiertes Einkommen nicht von den Taggeldern abgezogen. Diese voraussichtlichen Einkünfte müssen Sie beim Einreichen Ihres Gesuchs angeben. Das erlaubt der kantonalen Amtsstelle, die Zahl der Taggelder festzusetzen. Während der Planungsphase wird dann auf eine monatliche Abrechnung über Ihre Einkünfte verzichtet. Sind diese niedriger als angenommen, können Sie weitere Planungstaggelder beantragen. Mehr als das Maximum von 90 Tagen erhalten Sie jedoch nicht.

Teilselbständigkeit

Theoretisch besteht die Möglichkeit, neben der Arbeitslosigkeit teilzeitlich einer selbständigen Tätigkeit nachzugehen. Die Zeit dafür ist aber entweder auf maximal acht Stunden pro Woche und auf die Stunden ausserhalb der normalen Arbeitszeiten (Abend, Wochenende) beschränkt oder wird von den 42 Stunden pro Woche abgezogen, auf die sich das RAV für die Berechnung der Arbeitslosengelder abstützt.

Eine Teilselbständigkeit müssen Sie beim RAV speziell beantragen und die Zeitfenster exakt absprechen. Sie ist sinnvoll, wenn Sie eine teilzeitliche Selbständigkeit ausprobieren möchten – zum Beispiel medizinische Massagen, die Sie nach Arbeitsschluss anbieten, oder einen Marktstand, den Sie am Samstag führen –, daneben aber auf eine feste Anstellung angewiesen sind und auch danach suchen. Was im Detail möglich ist, müssen Sie unbedingt mit dem zuständigen RAV klären.

Nach Ablauf der Planungsphase müssen Sie der kantonalen Amtsstelle schriftlich mitteilen, ob Sie Ihr Projekt realisiert haben. Lassen Sie es aus nachvollziehbaren Gründen fallen, können Sie weiterhin die Ihnen noch zustehenden normalen Taggelder beziehen. Wer nach der Planungsphase keine konkreten Vorbereitungsarbeiten vorweisen kann, muss jedoch mit bis zu 25 Einstelltagen rechnen, bis die restlichen Taggelder ausbezahlt werden.

Verlängerung der Rahmenfrist Wichtiger als die Taggelder für die Planungsphase ist die verlängerte Rahmenfrist, die Arbeitslose beim Start in die Selbständigkeit erhalten: Sobald Sie der kantonalen Amtsstelle mitgeteilt haben, dass Sie die selbständige Erwerbstätigkeit definitiv aufnehmen, wird Ihre Rahmenfrist für den Leistungsbezug um zwei Jahre verlängert. Ihnen stehen damit zwar nicht mehr Taggelder zu, jedoch eine längere Frist, in der Sie diese beziehen können.

Sollten Sie mit Ihrem Unternehmen scheitern, können Sie sich innerhalb der verlängerten Rahmenfrist wieder bei der Arbeitslosenversicherung anmelden und während der Suche nach einer neuen Stelle die Ihnen noch zustehenden Taggelder in der bisherigen Höhe

Beteiligung an einer Bürgschaft

Theoretisch könnten Arbeitslose auch den Antrag stellen, dass sich die Arbeitslosenversicherung am Verlustrisiko einer Bürgschaft beteiligt (zur Bürgschaft siehe Seite 292). Die Realität zeigt jedoch, dass die Hürden zum Erlangen einer Bürgschaft extrem hoch sind. Denn nur mit einer von einer Bank mitfinanzierten Geschäftsidee kann man überhaupt eine Bürgschaft beantragen. Aus diesem Grund haben in der Vergangenheit nur wenige Arbeitslose einen Antrag auf Beteiligung der Arbeitslosenversicherung am Verlustrisiko gestellt.

beziehen. Damit haben Sie eine Art Rückversicherung für den schlimmsten Fall. In der Regel genügen die zwei zusätzlichen Jahre Rahmenfrist, um die Erfolgschancen eines Unternehmens zu beurteilen.

Der Weg aus der Arbeitslosigkeit in die Selbständigkeit ist nicht risikolos – vor allem, wenn Sie mit Ihrer neu gegründeten Firma scheitern. Je nach der Rechtsform der Firma, der Anzahl bereits bezogener Taggelder, der Dauer der Selbständigkeit und Ihrem versicherungsrechtlichen Status erhalten Sie bei erneuter Arbeitslosigkeit unter Umständen weniger oder gar keine Leistungen der Arbeitslosenversicherung. Dann bleibt nur noch die Sozialhilfe.

Selbständig aus der Arbeitslosigkeit

Vorteile

+ Beratende und moralische Unterstützung durch die betreuende Amtsstelle, Weiterbildungsmöglichkeiten
+ Bezahlte Planungszeit beim Bezug von Planungstaggeldern
+ Verlängerung der Rahmenfrist um zwei Jahre als Rückversicherung

Nachteile

– Knapp bemessene Planungszeit
– Gefahr, dass die Selbständigkeit nur aufgrund einer Notsituation und ohne fachliche oder persönliche Eignung aufgenommen wird
– Risiko, nach dem Scheitern keine oder nur noch eine reduzierte Zahl von Taggeldern beziehen zu können

Formen der Selbständigkeit

Unabhängig davon, ob Sie Ihr Unternehmen allein oder mit Geschäftspartnern, in Teilzeit oder von Anfang an mit voller Kraft aufbauen – es gibt verschiedene Formen der Selbständigkeit.

Eine Firma aus dem Nichts heraus aufzubauen ist wohl die anspruchsvollste Herausforderung. Unter Umständen haben Sie aber auch die Möglichkeit, einen bestehenden Betrieb zu kaufen und zu neuer Blüte zu führen. Oder Sie werden als Franchisenehmer mit einem bestehenden Unternehmenskonzept selbständig oder vertreiben als Agent oder Alleinvertreter Produkte von Dritten.

Selbständig als Firmengründer

Wer ein Unternehmen neu aufbaut, hat volle Gestaltungsfreiheit – eine rundum befriedigende Aufgabe. Niemand heisst Sie jedoch willkommen. Sie müssen sich Ihren Platz im Markt erst mühsam erkämpfen, Beziehungen zu Lieferanten aufbauen, das Vertrauen der Kunden gewinnen – und das immer wieder von Neuem.

Diese Aufgabe ist nur erfolgreich zu bewältigen, wenn die entscheidenden Faktoren vorhanden sind: eine zündende Idee, eine klare Marktlücke, genug Kapital, hervorragende unternehmerische Fähigkeiten, überdurchschnittlicher Einsatz – und nicht zuletzt auch ein wenig Glück des Tüchtigen. Eine Neugründung birgt jedoch nicht nur Gefahren, auch wenn dies angesichts der Firmenkonkurse so wirken mag. Sie bietet Ihnen die ausserordentliche Chance, Ihre Ideen ohne Rücksicht auf Bestehendes realisieren zu können.

Der richtige Zeitpunkt Oft stellen sich Neuunternehmer die Frage, wann der ideale Zeitpunkt einer Firmengründung sei. Die Antwort ist einfach: Es gibt ihn nicht! Massgebend ist immer das Produkt oder die Dienstleistung, die Sie auf den Markt bringen wollen. Entspricht die angebotene Leistung einem echten Kundenbedürfnis – was sie in jedem Fall sollte –, spielt das richtige Timing eine untergeordnete Rolle.

Selbständig durch Firmenneugründung

Vorteile
+ Beste Möglichkeit, eigene Ideen zu verwirklichen
+ Keine Rücksichtnahme auf alte Strukturen
+ Keine Übernahme von Firmenaltlasten oder Benachteiligung durch schlechtes Firmenimage
+ Profitiert vom Bonus des «Neuen»

Nachteile
- Risikoreichste Variante der Selbständigkeit
- Grosser organisatorischer und administrativer Aufwand
- Gefahr, sich bei den anstehenden Aufgaben zu übernehmen
- Gefahr, in der Euphorie den Markt falsch einzuschätzen

Natürlich gibt es manchmal spezielle Situationen, die den Start erleichtern können. Schliesst etwa der einzige Treuhänder und Steuerberater im Ort altershalber sein Geschäft, kann die Eröffnung eines Treuhandbüros auf diesen Zeitpunkt hin ein guter Schachzug sein. Das Gleiche gilt, wenn Sie eine Erwerbstätigkeit aufnehmen, die an eine bestimmte Saison gebunden ist. Die Eröffnung eines Sauna- und Solariumbetriebs ist sicher sinnvoller im Herbst als im Hochsommer.

Vorsicht ist geboten, wenn ein Unternehmen wegen Konkurs dichtmacht – obwohl es vielleicht sogar eine Monopolstellung in der Region innehatte, etwa die einzige Papeterie im Umkreis von zwölf Kilometern war. Wer allein das Verschwinden eines Konkurrenten zum Anlass einer Firmenneugründung nimmt, wird auf die Nase fallen, wenn nicht die Marktanalyse klar aufzeigt, dass für die geplante Leistung ein genügend grosser Markt besteht.

Selbständig als Firmenkäufer

Für Neuunternehmer mit ausgezeichneten Fach- und Branchenkenntnissen, die keine Pionierarbeit leisten wollen, drängt sich unter Umständen der Kauf einer bestehenden Firma auf. Als Käufer oder Käuferin profitieren Sie im Idealfall von der geleisteten Vorarbeit, vom Know-how, von eingeführten Produkten und Dienstleistungen, von intakten Vertriebskanälen sowie einem bestehenden Händler- und Lieferantennetz. Sie erwerben einen Kundenstamm, eine funktionierende Infrastruktur und hoffentlich ein gutes Firmenimage.

Eine Firma zu kaufen bedeutet jedoch nicht, mit weniger Problemen konfrontiert zu sein als ein Firmengründer. Im Gegenteil: Eine bestehende Firma weiterzuführen erfordert fundierte Branchenkenntnisse und betriebswirtschaftliches Wissen. Das ist besonders bei heruntergewirtschafteten Unternehmen der Fall – von denen Sie grundsätzlich die Finger lassen sollten. Denn aus Ruinen erwacht in den seltensten Fällen wieder blühendes Leben. Auch eine etablierte, rentable und hervorragend geführte Firma erfolgreich weiterzuführen ist nicht leicht. Permanente Anstrengungen und unermüdlicher Einsatz des Unternehmers sind erforderlich, um nur schon den Umsatz und Gewinn zu halten. Ein Firmenkäufer sollte sich also nicht der Illusion hingeben, er könne sich in ein gemachtes Nest setzen und habe ein für allemal ausgesorgt.

Die Firma analysieren Bevor Sie sich auf die Suche nach einer geeigneten Firma machen, sollten Sie schriftlich festhalten, was Sie genau wollen. Denn ziel- und konzeptloses Suchen kostet nur Zeit und Geld. Gute Kaufangebote sind Mangelware, sie ausfindig zu machen ist schwierig. Mit grosser Wahrscheinlichkeit sind Perlen nicht in Chiffre-Inseraten in der Wirtschaftspresse zu finden – insbesondere dann nicht, wenn sie angeblich «in einem expandierenden Markt hohen Gewinn abwerfen». In Wirklichkeit weisen solche Angebote meist erhebliche Schwachstellen auf. Hilfreich bei der Suche nach geeigneten, zum Verkauf stehenden Firmen können Branchenverbände, Treuhandgesellschaften oder Banken sein.

Damit Sie keine Katze im Sack kaufen, müssen Sie die betreffende Firma gründlich analysieren und bewerten. Laien können dies kaum. Immerhin lässt sich der Zustand von Maschinen, Werkzeugen, Apparaten, die Qualität von Produkten und Dienstleistungen oder der Umfang und die Qualität einer Kundenkartei überprüfen. Bei den Kunden gilt es insbesondere, abzuklären, wie treu und solvent sie sind. Bei Produkten und Dienstleistungen ist herauszufinden, in welcher Phase des Produktlebenszyklus sie sich befinden.

Entscheidend ist jedoch, was in den Geschäftsbüchern steht: Wie hoch sind die stillen Reserven? Wie gross die Schulden? Wie rot oder schwarz die Zahlen? Noch wichtiger zu wissen ist, was sich nicht auf den ersten Blick zeigt: Welche langfristigen Verpflichtungen hat die Firma? An welche Verträge ist sie gebunden? Welche Aufwendungen sind in absehbarer Zeit zu erwarten? Und wie sieht die Marktentwicklung aus?

Der richtige Preis Neuunternehmer, die keine fundierten betriebswirtschaftlichen Kenntnisse besitzen, sind mit einer Unternehmensbewertung überfordert und auf die Hilfe von Spezialisten – einem Treuhänder oder einer Unternehmensberaterin – angewiesen. Diese sollten die Branche kennen und nicht zum ersten Mal eine Unternehmensbewertung vornehmen. Vielfach wird der Verkäufer Ihnen ein bereits erstelltes Gutachten vorzeigen. Damit sollten Sie sich auf keinen Fall zufriedengeben und selbst einen neutralen Gutachter beiziehen – auch wenn die vorgelegte Unternehmensbewertung von einer renommierten Beratungsgesellschaft stammt. Gutachten sind nie ganz objektiv. Dies macht den Entscheid über den angemessenen Preis auch so schwierig. Wichtige Hinweise auf den Wert einer Firma geben der Substanz- und der Ertragswert. Der Preis wird letztlich aber immer mit Verhandeln entschieden. Eine gute Vorbereitung auf das Verhandlungsgespräch ist deshalb wichtig.

Welche Aspekte es beim Firmenkauf zu berücksichtigen gilt, zeigen die Checkliste «Firmenkauf» und das Infoblatt «Unternehmensbewertung» auf der CD-ROM. Sie helfen, die Spreu vom Weizen zu trennen, und verhindern einen unüberlegten Impulskauf.

Den Kaufvertrag erstellen Um sich vor unliebsamen Überraschungen zu schützen, müssen Sie beim Kauf einer Firma dem Kaufvertrag besondere Beachtung schenken. Damit keine wesentlichen Punkte vergessen gehen, sollten Sie für das Abfassen eine Fachperson beiziehen. Der Kaufvertrag sollte mindestens folgende Punkte enthalten:

— Beschreibung des Kaufgegenstands
— Kaufpreis und Zahlungsmodalitäten

— Zeitpunkt des Vertragsbeginns
— Konkurrenzvereinbarungen und bestehende Vertragsverhältnisse der Firma
— Erklärung, dass weder Prozesse oder Klagen hängig sind, noch Steuer- oder andere Schulden bestehen
— Regelung der Haftung für Schulden aus früheren Jahren: Mit dem Kauf der Firma übernehmen Sie nicht nur die Aktiven (Vermögen), sondern auch sämtliche Passiven (Schulden). Für Firmenschulden aus dem übernommenen Geschäft oder Vermögen haften Sie solidarisch mit dem Verkäufer während zwei Jahren – auch wenn Ihnen diese Schulden gar nicht bekannt waren.

Wegen der Schuldenhaftung ist es ratsam, einen Teil des Kaufpreises auf ein Sperrkonto einzuzahlen. Dieser Betrag wird erst nach einer bestimmten Frist an den Verkäufer überwiesen – unter Abzug der von Ihnen bezahlten alten Schulden, die nicht bilanziert und im Kaufpreis nicht berücksichtigt waren.

Das Personal Erwerben Sie eine Firma, gehen die bestehenden Arbeitsverhältnisse von Gesetzes wegen auf Sie als Käufer über (Art. 333 OR). Sie haften für die geschuldeten und die künftigen Löhne.

Sprechen Sie als neuer Besitzer keine Kündigungen aus und übernehmen die Mitarbeiter, sollten Sie unbedingt deren Qualifikation prüfen. Gibt es in der Firma Schlüsselpersonen, müssen Sie sicherstellen, dass diese nicht plötzlich kündigen können.

Management-Buyout Eine besondere Art Firmenkauf ist das sogenannte Management-Buyout (MBO). Dabei kaufen ein oder mehrere Mitarbeitende eines Unternehmens die Firma dem Besitzer ab. Die neuen Besitzer führen das Unternehmen danach in der Regel als Hauptaktionäre unter dem gleichen Namen weiter. Dadurch bleibt die Eigenständigkeit eines Betriebs erhalten und die neuen Besitzer können von den vorhandenen Stärken profitieren. Häufigste Ursachen von MBOs sind wirtschaftliche Schwierigkeiten oder Nachfolgeprobleme des Firmenbesitzers. Zu empfehlen sind MBOs nur initiativen Mitarbeitenden, die sich zutrauen, mit der Übernahme frischen Wind in die Firma zu bringen, und ihr dank ihren fundierten Berufserfahrungen und Branchenkenntnissen zu einer neuen Blüte verhelfen können.

Bei MBOs speziell zu beachten ist die Zusammensetzung der neuen Geschäftsleitung bzw. der Beteiligten am Unternehmen. Der Geschäftserfolg wird sich nur einstellen, wenn das Team harmoniert und sich fachlich und menschlich ideal ergänzt. Wichtig ist, dass die Beteiligungsverhältnisse, Verantwortlichkeiten und Entschädigungszahlungen in einem Gesellschafts- oder Aktionärsbindungsvertrag klar geregelt sind (siehe Seite 171).

Spin-off / Outsourcing Unter Umständen ermöglicht ein Unternehmen dem bisherigen Management, eine bestimmte Abteilung, die nicht zum Kerngeschäft gehört, in Eigenregie als selbständige Firma weiterzuführen. Das ist ein Spin-off (entspinnen, entflechten) oder – aus der Sicht des Unternehmens – ein Outsourcing (auslagern einer Abteilung). Diese Politik verfolgen vor allem Betriebe, die Kosten einsparen wollen. Durch die Auslagerung bzw. die Schliessung eines bisher integrierten Bereichs reduzieren sich die Fixkosten für Personal, Infrastruktur und Produktionsmittel. Zudem entfallen alle Auslastungssorgen.

Der Vorteil eines Spin-offs: Die nun selbständige Firma ist dank der Aufträge des Mutterunternehmens schon von Anfang an mehr

Unfreiwillig selbständig

Outsourcing kann bisherige Arbeitnehmer in eine unfreiwillige Selbständigkeit zwingen. Dies ist zum Beispiel im Transportgewerbe der Fall: Viele Unternehmen beschäftigen heute einen Teil ihrer Chauffeure als sogenannte Subunternehmer mit Exklusiveinsatz. Diese dürfen nur für die entsprechende Firma fahren, erhalten jedoch keine Garantie für Aufträge – sehr wohl aber die Verantwortung dafür, dass die Ladung pünktlich am Bestimmungsort eintrifft.

Vielfach geben die Transportfirmen ihren Subunternehmern auch noch ein Darlehen für den Kauf eines Lastwagens. Dadurch sind die Fahrer gleich doppelt von der Firma abhängig: Sie schulden ihr Geld und sind auf ihre Aufträge angewiesen – eine Form moderner Sklaverei.

oder weniger ausgelastet, muss sich aber nicht mehr an dessen Unternehmenspolitik halten. Gleichzeitig ist sie jedoch gezwungen, sich auf dem freien Markt zu bewähren, um die Abhängigkeit von einem einzigen Auftraggeber sukzessive zu verkleinern.

Selbständigkeit durch ein Spin-off kann vor allem für Angehörige des höheren und mittleren Kaders interessant sein. Sie müssen dafür nicht nur fachliche Qualifikationen, sondern auch Marketing- und Verkaufserfahrung mitbringen sowie innovative Ideen besitzen, die dem Unternehmen klare Zukunftsperspektiven eröffnen. Wie bei jedem Firmenkauf kann es auch bei einem Spin-off für die neuen Besitzer schwierig sein, mit den bisherigen Mitarbeitern festgefahrene Strukturen und Arbeitsabläufe zu ändern.

Selbständig durch Firmenkauf

Vorteile	Nachteile
+ Der Firmenkäufer kann auf eine bestehende Infrastruktur, auf Tradition, Know-how, Image, Lieferanten- und Kundenbeziehungen aufbauen und muss nicht bei Null anfangen.	– Es besteht die Gefahr, dass der Käufer trotz fundierter Unternehmensanalyse zu viel bezahlt.
+ Ist das zu kaufende Unternehmen ertragreich und weist vielversprechende Perspektiven auf, lassen sich leichter Geldgeber finden (Banken, Investoren).	– Ein Imageverlust der Firma beim Wechsel des Patrons ist nicht auszuschliessen.
	– Firmenaltlasten behindern die künftige Unternehmensentwicklung (Strukturen, Mobilien, Personal); ihre Beseitigung kostet viel Geld.

Selbständig als Franchisenehmer

Die Liste von Firmen, die im Franchising geführt sind, wird immer länger: Unter anderen gehören dazu McDonald’s, Burger King und Mövenpick Marché (Gastronomie), The Body Shop (Kosmetik / Körperpflege), Remax (Immobilien), Kieser Training (Krafttraining), Schuler Weine / Weinkiste St. Jakob (Weinhandel), Portas (Türen) oder Esprit (Mode).

Und so funktioniert's: Ein Unternehmer (Franchisegeber) überlässt einem Dritten (Franchisenehmer) das zeitlich beschränkte Recht, eine auf dem Markt bekannte Handelsmarke und ein in Industrie und Handel getestetes Geschäftskonzept zu benutzen. In der Regel bezieht sich dieses Recht auf ein bestimmtes geografisches Gebiet. Dieses kann ein ganzes Land oder auch nur eine Region oder Stadt umfassen.

Rechtsstatus und Kosten Franchisenehmerinnen und Franchisenehmer sind rechtlich und wirtschaftlich selbständige Unternehmer. Sie eröffnen mit ihrem eigenen Geld einen Betrieb und tragen dabei die unternehmerischen Risiken. Franchisenehmer treten jedoch nie mit ihrem eigenen Namen auf, sondern immer mit dem Produkt, der Dienstleistung oder Marke des Franchisegebers.

Franchisenehmer erhalten vom Franchisegeber nicht nur die Erlaubnis, seine Marke und sein Know-how (Geschäftskonzept) zu gebrauchen. Sie bekommen von ihm auch die notwendige Unterstützung, um das Geschäft aufzubauen und erfolgreich zu führen. Der Franchisegeber liefert zum Beispiel Marktdaten, Testresultate, Kalkulationshilfen, berät bei organisatorischen und betriebswirtschaftlichen Fragen, ermöglicht günstigen Wareneinkauf, unterstützt oder

Master-Lizenz

Eine Sonderform ist die Übernahme einer Master-Lizenz, womit Sie zum Master-Franchisenehmer werden. Als solcher erwerben Sie vom Franchisegeber zum Beispiel das Recht zur Bearbeitung eines ganzen Landes und haben damit die Möglichkeit und die Pflicht, ein Netz von regionalen Standorten aufzubauen und zu betreuen.
Der Master verdient sein Geld also primär mit dem Verkauf von Franchise-Lizenzen für die einzelnen Geschäftsstellen in seinem Gebiet. Daneben ist er unter anderem verantwortlich für die überregionale Werbung, die Ausbildung und die Koordination unter den verschiedenen Franchisenehmern. Der Master ist sozusagen der verlängerte Arm des Franchisegebers, mit entsprechend höherer Eintrittsgebühr (Master-Lizenz) und grösserem Gewinnpotenzial durch die kumulierten Lizenzabgaben seiner Franchisenehmer.

übernimmt die Werbung und bietet Schulung an. Der Franchisegeber garantiert den Franchisenehmern auch einen gewissen Gebietsschutz: Er wird in ihrem Gebiet nicht selbst mit einer weiteren Filiale aktiv, darf dort aber seine Kunden bedienen.

Für diese Vorteile zahlen Sie als Franchisenehmer eine einmalige Eintritts- oder Lizenzgebühr. Diese hängt in der Regel von der Grösse des geschätzten Verkaufsgebiets und vom Bekanntheitsgrad des Systems, der Ware oder Dienstleistung ab. Lokale Franchiseverträge sind schon ab einigen tausend Franken zu haben. Neben dieser Eintrittsgebühr entrichten Sie in der Regel weitere Gebühren für einzelne Zusatzdienstleistungen und bezahlen dem Franchisegeber je nach Umfang des Franchisepakets eine jährliche Umsatzabgabe (Royaltys) in der Höhe von 3 bis 15 Prozent. Hinzu kommen Investitionen für die Geschäftseröffnung. Diese und die laufenden Unkosten müssen Sie selbst tragen.

All diese Bestimmungen sind in einem Franchisevertrag und im Franchisehandbuch festgehalten. Der Franchisevertrag ist in der Schweiz gesetzlich nicht geregelt. Er ist ein Zwischending aus Alleinvertriebsvertrag und Lizenzvertrag (siehe Seite 56 und 58). Es bleibt also den Parteien überlassen, was sie darin vereinbaren. Das Franchisehandbuch enthält konzeptspezifische Angaben: unter anderem zum Marktauftritt, zur Geschäftsführung, zur Betriebsmethode, zu Standort- und Ladengestaltungsgrundsätzen. Als Franchisenehmer dürfen Sie sich nur im oft engen Korsett des Franchisevertrags bewegen, der beiden Parteien Rechte und Pflichten verleiht.

Wichtig zu wissen: Sie können nicht einfach nach Lust und Laune aus einem Franchisevertrag aussteigen oder Vertragsbedingungen umgehen. Zudem sind Sie häufig zu vertraglich festgesetzten Mindestabgaben an den Franchisegeber verpflichtet. Auf der anderen Seite schuldet der Franchisegeber Ihnen in der Regel Schadenersatz, wenn sein Konzept nichts taugt. Dies muss allerdings vertraglich vereinbart sein.

Erfolgsaussichten Franchising garantiert keinen Unternehmenserfolg. Das bestechendste Konzept und der ausgeklügeltste Vertrag nützen nichts, wenn der Markt oder die Nachfrage für ein Produkt oder eine Dienstleistung zu klein ist. Die Erfahrungen mit Franchising in der Schweiz zeigen, dass der hiesige Markt aufgrund der geografischen Kleinräumigkeit zum Teil schon mit zehn Franchisepartnern gesättigt ist.

Interessieren Sie sich für Franchising, sollten Sie sich deshalb nicht von tollen Umsatz- und Gewinnversprechungen oder Schätzungen blenden lassen und in jedem Fall kritisch überprüfen, ob die vom Franchisegeber genannten Zahlen überhaupt erreichbar sind. Das lässt sich im Prinzip nur mit einer eigenen Marktabklärung herausfinden (siehe Seite 83). Zudem lohnt es sich, bei anderen Franchisenehmern des gleichen Anbieters nachzufragen, wie das Geschäft läuft und wie gut das Verhältnis zum Franchisegeber ist.

Die Gefahr eines Flops besteht insbesondere bei Franchisekonzepten, die sich erst im Ausland bewährten. Noch risikoreicher sind Konzepte, die unter dem Deckmantel Franchising verkauft werden, aber noch nicht einmal die Pilotphase hinter sich haben. In einem solchen Fall besteht absolut keine Gewähr, dass das Konzept in der Schweiz funktioniert.

Wollen Sie auf Nummer sicher gehen, wählen Sie einen Franchisegeber, der eine bestimmte Unternehmensgrösse hat und mindestens drei Jahre Markterfolg vorzeigen kann – davon ein Jahr mit einem vom Hauptsitz getrennten Geschäftsbetrieb, der Gewinn abwirft. Der Franchisegeber sollte zudem Mitglied eines anerkannten Franchiseverbands sein. In der Regel verpflichten sich die Mitglieder, einen Ehrenkodex einzuhalten – so auch beim Schweizer Franchise Verband. Dies kommt einem gewissen Gütesiegel gleich, garantiert aber selbstverständlich noch kein einträgliches Business.

Die wichtigsten Kriterien für die Wahl eines geeigneten Franchisepartners finden Sie in der Checkliste «Franchising» auf der CD-ROM, dazu den Link zum Schweizer Franchise Verband.

Der Franchisenehmer ist übrigens nicht mit einem Vertrags- oder Fachhändler zu verwechseln. Im Unterschied zum Vertragshändlersystem besteht beim Franchising zwischen den Partnern eine engere Bindung bezüglich Organisation, Marketing und

Betreuung. Franchising ist deshalb nichts für geltungssüchtige Individualisten, sondern eignet sich für teamfähige Neuunternehmer, die sich innerhalb eines Systems mit einer fremden Marke und nicht mit ihrem eigenen Namen profilieren wollen.

Selbständig als Franchisenehmer

Vorteile

+ Je nach Franchisegeber gut eingeführte Marke mit gutem Umsatzpotenzial
+ Vorgegebene Strukturen von der Corporate Identity bis zu den angebotenen Produkten
+ Schneller Start möglich
+ Unterstützung auch in administrativer Hinsicht durch Franchisegeber

Nachteile

- Eingeschränkte Handlungsfreiheit durch die Vorgaben des Franchisehandbuchs
- Abhängigkeit vom Franchisegeber
- Der erschaffene Mehrwert der Filiale oder der Master-Lizenz nach Ablauf des Vertrags (begrenzte Laufzeit, Einschränkungen für den Weiterverkauf an Dritte) kommt ausschliesslich dem Franchisegeber zugut.

Selbständig im Direktverkauf

Beim Direktverkauf vertreiben Verkäuferinnen und Verkäufer die unterschiedlichsten Waren auf eigene Rechnung. Bekanntestes Beispiel ist sicher Tupperware. Deren Schüsseln, Boxen und Accessoires aus Plastik verkaufen Direktverkäuferinnen an speziellen Partys im privaten Umfeld. Ähnliche Vertriebssysteme existieren auch für andere Produkte, etwa für Gewürze, Getränke, Haushalts- und Körperpflegemittel, Textilien, Kosmetika oder Spielwaren.

Auf den ersten Blick funktioniert der Direktvertrieb ähnlich wie der Strukturvertrieb. Während Strukturvertriebe aber oft zweifelhafte, kundenunfreundliche Methoden anwenden und Produkte vertreiben, deren Qualität nicht immer über jeden Zweifel erhaben ist, setzen Firmen, die ihre Produkte im Direktverkauf anbieten auf Qualität und faire Vertriebsmethoden. So müssen Verkäufer beim Direktvertrieb in der Regel keine Warenbestände einkaufen. Sie besitzen nur eine Musterkollektion für die Vorführung und geben die Bestellungen ihrer Kunden an den Hersteller oder Zwischenhändler zur Auslieferung weiter. So besteht kein Risiko, dass sie auf der Ware sitzen bleiben.

Qualitätsmerkmal Verbandszugehörigkeit Um sich klar von den Strukturvertrieben abzugrenzen, haben sich die Direktvertriebsfirmen im Schweizerischen Verband der Direktverkaufsfirmen (VDF) zusammengeschlossen (Adresse auf der CD-ROM). Die Mitglieder des VDF verpflichten sich zur Einhaltung eines Ehrenkodexes. So arbeiten Direktverkaufsfirmen unter anderem mit klar verständlichen Verkaufsunterlagen, garantieren den Kundinnen und Kunden ein Rücktrittsrecht, respektieren die Entscheide einer paritätischen Beschwerdestelle, werben ihre Mitarbeiter auf seriöse Art an, schulen sie und geben ihnen einen Verbandsausweis ab. Verbandsmitglieder, die gegen die Auflagen dieses Ehrenkodexes verstossen, müssen mit Sanktionen oder mit dem Verbandsausschluss rechnen.

Ein Problem bei Direktverkaufsfirmen – wie auch bei Strukturvertrieben – ist der AHV-rechtliche Status der Mitarbeitenden. Zwar werden diese in den Verträgen normalerweise als selbständige Berater oder Agenten bezeichnet. Für die AHV-Behörde sind sie jedoch nicht zwingend Selbständigerwerbende, da sie nur für einen einzigen Anbieter tätig sind. Der AHV-Status aber ist wichtig; er hat einen Einfluss auf die Beitragszahlungen an die AHV/IV, die Arbeitslosen- und Unfallversicherung sowie die berufliche Vorsorge (mehr dazu auf Seite 190). Klären Sie deshalb vor dem Abschluss eines Direktvertriebsvertrags bei der zuständigen AHV-Zweigstelle ab, welchen Status diese für den Job im Direktvertrieb vorsieht.

Vorsicht bei Strukturvertrieben Strukturvertriebsfirmen verherrlichen den Verkauf von Produkten – in der Regel direkt in der Stube potenzieller Kunden – als ideale Form einer selbständigen Erwerbstätigkeit. Die Realität sieht aber oft anders aus: Wer bei einem Strukturvertrieb einsteigt, muss meist obligatorisch Waren, Werbematerial, Drucksachen oder sonstige Repräsentationsgegenstände

Selbständig im Direktverkauf

Vorteile

+ Gute Verkaufsschulung (je nach Vertriebsorganisation mehr oder weniger intensiv)
+ Manche Produkte lassen sich gut an eine breite Käuferschicht verkaufen – speziell im privaten Umfeld.

Nachteile

- Relativ hoher Verkaufsdruck, wenn man auf den Verdienst angewiesen ist
- Meist nur als Nebenverdienst und nicht für eine hauptberufliche Selbständigkeit geeignet
- Kein Gebietsschutz
- Wird von den AHV-Behörden meist nicht als selbständige Erwerbstätigkeit betrachtet

beziehen und einiges an Geld investieren. Die Produkte vertreibt der Agent in der Regel auf eigene Rechnung und verdient bei jedem vermittelten oder selbst abgeschlossenen Geschäft Provisionen. Davon lässt sich jedoch in den wenigsten Fällen leben.

Der Agent ist deshalb gezwungen, so schnell wie möglich eigene Mitarbeiter anzuwerben, da er an deren Umsätzen mitverdient. Er muss zudem darauf bedacht sein, dass die Angeworbenen ebenfalls neue Mitarbeiter gewinnen, denn er erhält auch auf deren Umsätzen Provisionen. Aus diesem System – bei dem jeder von den unter ihm liegenden Hierarchiestufen profitiert – entsteht schliesslich in kürzester Zeit eine grosse Verkaufsorganisation mit hohem Umsatz.

Darin liegt gleichzeitig das Problem des Strukturvertriebs: Aufgrund der schnell wachsenden Zahl der Verkäufer und des oft fehlenden Gebietsschutzes ist der Markt in kurzer Zeit übersättigt. Erschöpft ist in der Regel auch nach wenigen Monaten das eigene Kundenpotenzial. So gehen Umsatz und Provisionen nach einem anfänglich steilen Anstieg bald stark zurück. Ein beachtlicher Teil des Einkommens wird zudem weggefressen von allgemeinen Unkosten und Spesen, die Agenten normalerweise selbst übernehmen müssen. Das ursprünglich versprochene Einkommen erweist sich deshalb in den meisten Fällen als reine Illusion.

Sogenannte Schneeballsysteme verstossen gegen das Lotteriegesetz, sind also illegal. Die Grenze zwischen einem legalen Strukturvertrieb und einem Schneeballsystem ist fliessend. Eine Firma funktioniert nach dem Schneeballprinzip, wenn der Hauptverdienst nicht durch den Verkauf eines Produkts oder einer Dienstleistung erzielt wird, sondern durch das Anwerben von weiteren Personen.

Selbständig als Agent

Agenten sind in der Regel selbständige Unternehmerinnen und Unternehmer (siehe Kasten) mit eigenem Betrieb, die auf eigenes Risiko arbeiten. Sie verpflichten sich, für eine oder mehrere Firmen (Auftraggeber) Geschäfte zu vermitteln oder in deren Namen und für deren Rechnung Geschäfte abzuschliessen. Im ersten Fall werden sie Vermittlungs-, im zweiten Abschlussagenten genannt.

Agenten leben von den vereinbarten Provisionen für vermittelte oder abgeschlossene Geschäfte. Sie können grundsätzlich in jeder Branche tätig sein und erhalten von ihren Auftraggebern in der Regel ein bestimmtes Verkaufsgebiet oder einen bestimmten Kundenkreis zugewiesen – am bekanntesten ist der unabhängige Versicherungsagent. Agenten werden hauptsächlich von Firmen eingesetzt, die gewisse Verkaufsrisiken an Dritte delegieren wollen und sich von ihnen mehr Umsatz erhoffen als von einem eigenen Aussendienst.

Rechte und Pflichten Die Rechtsbeziehung zwischen dem Agenten und seinem Auftraggeber regelt das Obligationenrecht (Agenturvertrag, Art. 418a bis 418v OR); in Ergänzung dazu wird üblicherweise ein detaillierter schriftlicher Vertrag aufgesetzt. Agenten und Auftraggeber haben gesetzlich klar umschriebene Rechte und Pflichten: Beispielsweise müssen Agenten für ihre Unkosten und Spesen selbst aufkommen. Dafür haben sie bei Krankheit Anspruch auf eine angemessene Entschädigung – sofern sie nicht gleichzeitig für einen anderen Auftraggeber tätig sind und das Agenturverhältnis mindestens ein Jahr gedauert hat. Das Gesetz gewährt Agenten zudem im ersten Vertragsjahr eine einmonatige Kündigungsfrist, anschliessend zwei Monate. Aus wichtigen Gründen lässt sich der Agenturvertrag jedoch jederzeit von beiden Parteien auflösen. Diese Rechte dürfen allerdings nicht darüber hinwegtäuschen, dass Agenten wirtschaftlich stark vom Auftraggeber abhängig sind und ihre unternehmerischen Freiheiten aufgrund des Agenturvertrags eingeschränkt sind.

Die Voraussetzungen, um als Agent erfolgreich selbständig zu sein, sind dieselben wie für jeden Unternehmer. Fundierte Branchenerfahrung und Verkaufstalent spielen dabei eine besonders wichtige Rolle. Der Erfolg oder Misserfolg hängt jedoch primär von den Produkten oder Dienstleistungen ab: Sie müssen sich verkaufen lassen.

Unterschied zum Handelsreisenden In der Praxis bereitet es oft Mühe, den Agenten vom Handelsreisenden (Art. 347 bis 350a OR) abzugrenzen. Im Gegensatz zu Agenten sind Handelsreisende jedoch nicht selbständig, sondern besitzen einen Arbeitsvertrag. Das entscheidende Kriterium für die Unterscheidung stellt das Mass an Selbständigkeit dar. Indizien für einen Agenturvertrag sind unter anderem: eigenes Geschäftsdomizil, eigene Werbung, Eintrag ins Handelsregister, keine Pflicht zum Rapport über Kundenbesuche, keine Weisungen, was Reiseroute oder Arbeitszeiten betrifft, eigene Buchhaltung. Agenten tragen im Weiteren ihre Spesen selbst, können

Selbständig oder angestellt?

Die AHV kennt klare Regeln, um zu beurteilen, ob ein Agent oder eine Agentin selbständigerwerbend ist. Folgende drei Punkte müssen erfüllt sein:

- Sie verfügen über eigene Geschäftsräumlichkeiten.
- Sie haben mindestens eine angestellte Mitarbeiterin oder einen Mitarbeiter.
- Sie tragen die Unkosten im Wesentlichen selbst.

Ist nur einer der drei Punkte nicht erfüllt, gelten Sie als Angestellter und Ihr Auftraggeber ist verpflichtet, die Sozialversicherungsbeiträge für Sie abzurechnen (mehr dazu auf Seite 180 und 190).

Selbständig als Agent

Vorteile	Nachteile
+ Beschränkter sozialer Schutz (bei Krankheit und Kündigung) + Nicht nur von einem einzigen Auftraggeber abhängig + Kein eigenes Produkt und keine eigene Dienstleistung nötig	– Risiko, dass sich das Produkt oder die Dienstleistung nicht vermarkten lässt (falsche Absatzprognosen) – Keine oder nur unzulängliche Unterstützung durch den Auftraggeber – Gefahr, dass der Agent durch einseitige Vertragsklauseln benachteiligt wird – Eingeschränkte unternehmerische Freiheiten, aber volles Geschäftsrisiko

nach freiem Ermessen Personal einstellen und gleichzeitig für mehrere Auftraggeber arbeiten. Sie erhalten kein Lohnfixum und werden von der AHV in der Regel als Selbständigerwerbende anerkannt (siehe Kasten auf Seite 55).

Selbständig als Alleinvertreter

Alleinvertreter sind selbständige Unternehmerinnen und Unternehmer, die einem bestimmten Hersteller Waren oder Produkte abkaufen und diese in eigenem Namen, auf eigene Rechnung und auf eigenes Risiko weiterverkaufen. Der Verdienst des Alleinvertreters besteht in der Gewinnmarge zwischen dem An- und dem Verkaufspreis der Produkte. Das Geschäftsrisiko liegt bei diesem Geschäftsmodell also voll beim Alleinvertreter.

Die Rechtsbeziehung zwischen dem Alleinvertreter und dem Warenproduzenten oder Händler (Lieferanten) regelt der Alleinvertriebsvertrag. Dieser ist nicht im Gesetz geregelt; er besteht aus Elementen verschiedener gesetzlicher Vertragstypen und wird in der Regel schriftlich zwischen dem Lieferanten und dem Alleinvertreter abgeschlossen.

Im Alleinvertriebsvertrag verpflichtet sich der Lieferant, seine Produkte ausschliesslich an den Alleinvertreter zu liefern. Er gewährt ihm die exklusiven Vertriebsrechte für ein klar bezeichnetes Verkaufsgebiet und unterstützt ihn in der Regel bei der Vermarktung der Produkte. Auf der anderen Seite verbietet der Lieferant dem Alleinvertreter meist, ähnliche oder vergleichbare Konkurrenzprodukte zu vertreiben.

Die Lieferanten der Produkte und Waren gehen Alleinvertriebsverträge aus betriebswirtschaftlichen Überlegungen ein. Sie senken damit die Vertriebskosten, müssen keine eigene Verkaufsorganisation und kein Distributionsnetz aufbauen und können dennoch den Markt lückenlos abdecken. Zudem tragen sie kein Verkaufsrisiko, da ja der Alleinvertreter die bezogenen Waren bezahlt – ohne sie schon zwingend selbst verkauft zu haben.

Warenlieferanten wollen mit Alleinvertriebsverträgen natürlich nicht auf jeglichen Einfluss verzichten. Aus diesem Grund enthalten Alleinvertriebsverträge immer einschränkende Bestimmungen: etwa Mindestbezugsmengen, Preisbindungen, Garantieverpflichtungen oder Vorschriften zur Vermarktung und zur Präsentation der Produkte bzw. zur Ausgestaltung der Verkaufsräume.

Auflösen lassen sich Alleinvertriebsverträge gemäss den Vertragsbestimmungen oder fristlos, sofern ein wichtiger Grund vorliegt.

Selbständig als Alleinvertreter

Vorteile

+ Kein eigenes Produkt und keine eigene Dienstleistung nötig
+ Exklusives Vertriebsrecht in einem klar festgelegten Verkaufsgebiet
+ Der Alleinvertreter profitiert von der Bekanntheit der von ihm vertriebenen Produkte und von den Verkaufsunterstützungen des Herstellers.

Nachteile

– Abhängigkeit von einem Lieferanten, dessen Produkten und Image
– Kein Recht, gleichzeitig ähnliche Produkte von Konkurrenten anzubieten
– Risiko, bei einer Vertragsauflösung ohne Kunden und ohne Produkte dazustehen

Ein wichtiger Grund wäre zum Beispiel, dass der Lieferant dem Alleinvertreiber die Ware ständig zu spät und nicht in der vertraglich festgehaltenen Qualität liefert.

Planen Sie den Schritt in die Selbständigkeit als Alleinvertreter, müssen sie den Hersteller kennen; insbesondere sein Unternehmensimage und das Image seiner Produkte. Sie benötigen zudem ausgezeichnete Kenntnisse der vertriebenen Produkte (etwa Vor- und Nachteile, Qualität, Einsatzmöglichkeiten, Unterschiede zu Konkurrenzprodukten) und der potenziellen Kunden. Dies ist eigentlich nur möglich, wenn Sie in einer vergleichbaren Branche mit einem ähnlichen Business jahrelang Erfahrung sammeln konnten und den Markt und die Kundenbedürfnisse im Detail kennen.

Selbständig als Lizenznehmer

Wer mit fremden immateriellen Werten unternehmerisch tätig sein möchte, kann eine Lizenz übernehmen, das heisst Fachwissen, Patente, Fabrik- und Handelsmarken oder Designs von Dritten nutzen (siehe auch Seite 92).

Der Inhaber eines solchen immateriellen Wertes kann einem Lizenznehmer erlauben, die Rechte an diesem Wert im vereinbarten Umfang zu verwerten und zu benützen. So erhält beispielsweise ein Textilhersteller vom Lizenzgeber das Recht, ein bestimmtes Design europaweit auf Stoffen, nicht aber auf Papieren oder Lederwaren zu verwenden. Dieses Verwertungsrecht wird im Rahmen eines Lizenzvertrags erteilt. Dieser ist im Gesetz nicht speziell geregelt, sondern besteht aus verschiedenen Elementen gesetzlicher Vertragstypen.

Zu unterscheiden ist zwischen exklusiven und einfachen Lizenzen. Exklusive Lizenzen übertragen einzig und allein einem bestimmten Lizenznehmer das Recht, ein immaterielles Gut zu benützen. Bei einfachen Lizenzen kann der Lizenzgeber die Benützungsrechte auch sich selbst und anderen Lizenznehmern einräumen. Sie können zudem auf ein bestimmtes geografisches Gebiet oder Produkt beschränkt sein.

Für das Verwertungsrecht einer Lizenz zahlt der Lizenznehmer dem Lizenzgeber Gebühren – in der Regel einen einmaligen Betrag beim Abschluss des Vertrags sowie eine wiederkehrende Gebühr auf dem Umsatz oder für jeden hergestellten bzw. verkauften Gegenstand. Erreicht der Lizenznehmer den vertraglich vereinbarten Mindestumsatz nicht, muss er in der Regel trotzdem eine Mindestgebühr zahlen.

Lizenznehmer verwerten Lizenzen in eigenem Namen und auf eigene Rechnung. Oft haben sie das Recht, Veränderungen am Produkt vorzunehmen oder die Ware unter einer neuen Markenbezeichnung zu vermarkten. Lizenzen von Patenten sind im Prinzip auf deren Gültigkeitsdauer beschränkt; keine Beschränkungsdauer gibt es üblicherweise in den Bereichen Know-how, Marken und Design. Lizenzverträge können allerdings auch vorzeitig aufgelöst werden. Die Kündigungsgründe sollten im Vertrag geregelt sein.

Gute Lizenzen finden Vorsicht bei Lizenzen in Chiffre-Inseraten. Das sind selten Topangebote; diese werden normalerweise unter der Hand vermittelt. Wenn Sie sich für eine Lizenz interessieren, holen Sie mit Vorteil eine Offerte ein – noch vor einem Treffen mit dem Anbieter.

Seriöse Angebote beinhalten einen Detailbeschrieb zum Umfang der Lizenz sowie umfassendes Zahlenmaterial. Achten Sie auf den Lizenztypus (einfache oder exklusive Lizenz). Klären Sie ab, ob ein Patent, ein Design oder eine Marke tatsächlich angemeldet bzw. registriert ist und ob die Jahresgebühren für die Aufrechterhaltung des Schutzes bezahlt worden sind. Besteht der Gegenstand einer Lizenz erst als Prototyp und liegen noch keine Markttests vor, sollten Sie die Finger davon lassen. Hier besteht die Gefahr, dass sich die Lizenz nie wirtschaftlich vermarkten lässt. Führen Sie immer eine eigene Marktanalyse durch – auch wenn der Lizenzgeber eindrückliche Marktdaten präsentiert. Nur so können Sie den ungefähren Wert einer Lizenz abschätzen (mehr zur Marktanalyse auf Seite 83). Erst wenn Sie alles überzeugt, empfiehlt sich ein Gespräch mit dem Lizenzgeber.

Wirtschaftlich bedeutende Lizenzen sind für Neuunternehmer meist unbezahlbar, denn sie kosten hunderttausende von Franken.

Eine Lizenzübernahme ist zudem nur dann sinnvoll und möglich, wenn das Unternehmen die zur Verwertung der Lizenz erforderliche Infrastruktur (Maschinen, Produktionskapazitäten, Vertriebs- und Absatzkanäle) besitzt und das Management über fundierte Markt- und Kundenkenntnisse verfügt.

Selbständig als Lizenznehmer

Vorteile

+ Grosse unternehmerische Freiheiten
+ Der Lizenznehmer profitiert vom Know-how anderer.

Nachteile

- Meist schwierige, langwierige Suche nach geeigneten Lizenzgebern
- Hohe Kosten (für Top- und Exklusivlizenzen)
- Eine Lizenz allein garantiert noch keinen Markterfolg, sie muss sich auch vermarkten lassen.
- Gefahr, einem dubiosen Anbieter aufzusitzen

Die Hürden

In der Schweiz herrscht Handels- und Gewerbefreiheit. Das bedeutet jedoch nicht, dass sich jedermann ohne Schranken unternehmerisch betätigen kann. Für gewisse Tätigkeiten und Berufe verlangen Bund oder Kantone eine Bewilligung. Auch der ehemalige Arbeitgeber kann den Start in die Selbständigkeit erschweren. Zudem gibt es Restriktionen für ausländische Staatsangehörige.

3

Auflagen des Bundes und der Kantone

Die Handels- und Gewerbefreiheit sei in unserem Land gewährleistet, heisst es in der Bundesverfassung. Uneingeschränkt ist diese Freiheit allerdings nicht. Bund und Kantone sind befugt, über die Ausübung von Handel und Gewerbe Bestimmungen zu erlassen.

Der Bund regelt insbesondere Berufe und Tätigkeiten, die die Sicherheit von Menschen beeinträchtigen oder die Umwelt gefährden können. Deshalb müssen beispielsweise Ärzte, Zahnärzte oder Apothekerinnen für die Ausübung ihres Berufs eine Bewilligung einholen. Eine staatliche Zulassung benötigen auch Betriebe, die eine private Arbeitsvermittlung, einen Personalverleih (für Temporärarbeit und Leiharbeit) oder eine Fotomodell-Agentur betreiben. Und Markthändler oder Handelsreisende müssen eine Ausweiskarte beantragen, die in der Regel das Polizei- oder Volkswirtschaftsdepartement ausstellt.

Auflagen macht der Staat im Weiteren sogenannten Finanzintermediären. Dazu gehören private Vermögensverwalter sowie Vertreiber von Finanz- und Versicherungsprodukten. Sie müssen sich entweder einer anerkannten Selbstregulierungsorganisation anschliessen oder sich der Bewilligung und der direkten Aufsicht durch die Kontrollstelle für die Bekämpfung der Geldwäscherei unterstellen. Und Handelsunternehmen müssen die für sie relevanten Import- und Exportvorschriften beachten.

Neben den Vorschriften des Bundes regeln auch kantonale Gesetze gewisse gewerbliche Aktivitäten. Getreu dem Schweizer Föderalismus variieren die Vorschriften jedoch von Kanton zu Kanton stark. Zudem existieren selbst innerhalb der Kantone unterschiedliche kommunale Bestimmungen. Die Kantone überwachen vor allem die Ausübung von medizinischen, pflegerischen und therapeutischen Berufen. So müssen unter anderem Zahntechniker, Physiotherapeutinnen, Optiker, Ergotherapeuten, Logopädinnen, Chiropraktoren, Dentalhygienikerinnen, Hebammen, Ernährungsberaterinnen und medizinische Masseure für die Ausübung ihres Berufs bei der kantonalen Sanitätsbehörde eine Bewilligung einholen. Auch für die gewerbliche Betreuung von Menschen ist in der Regel eine Bewilligung erforderlich – zum Beispiel für die Eröffnung einer Kinderkrippe oder eines Tagesheims. Wer mit Tieren handelt, braucht ebenfalls eine Bewilligung. Wer sich in der Gastronomie verselbständigen will, benötigt in vielen Kantonen nach wie vor ein Wirtepatent (Fähigkeitsausweis), oft aber nicht für jede Art von Gastrobetrieb. So können unter Umständen für ein Take-Away-Geschäft andere Vorschriften gelten als für einen Partybetrieb.

Der Bewilligungs- und Vorschriftendschungel ist gross. Allerdings fallen durch die Liberalisierung der Wirtschaft laufend gesetzliche Schranken. Informieren Sie sich deshalb unbedingt bei den zuständigen Stellen über die für Sie gültigen Bestimmungen und lassen Sie sich die Auskünfte schriftlich bestätigen.

Zuständige Ämter

Je nach Tätigkeit sind verschiedene Ämter für Bewilligungen oder Fragen zuständig, die je nach Kanton andere Bezeichnungen haben. Holen Sie erste Informationen bei der Gemeinde ein. Auf kantonaler Ebene sind in der Regel folgende Stellen zuständig:

- Bewilligungen im Gast- und Wandergewerbe, im Vermittlungs- und Verleihgeschäft, im Marktwesen sowie für Ladenöffnungszeiten und Handelsreisende: Gewerbepolizei (auch Wirtschafts- oder Handelspolizei, Polizeiinspektorat, Verwaltungspolizei, Arbeitsmarktbehörde, Patentamt oder Gewerbeinspektorat genannt)
- Bewilligungen für Berufe im Gesundheitswesen und Fragen zur Lebensmittelkontrolle: Gesundheitsamt
- Ladenumbauten, Ladeneinrichtungen, Werbeschilder, Leuchtreklamen: Bau- und Feuerpolizei
- Auskünfte zu Lärm-, Abwasser-, Sondermüll- oder Luftreinhaltevorschriften: Umweltschutzamt
- Fragen des Arbeitsrechts und der Versicherungen: Arbeitsinspektorat

— Vorschriften bezüglich Warenimport und -export: Eidgenössische Zollverwaltung (www.ezv.admin.ch)

Auch das Staatssekretariat für Wirtschaft (seco) oder Branchen- und Berufsverbände sind mögliche Anlaufstellen (Adressen auf der CD-ROM). Ausserdem finden Sie auf der Internetseite des seco Informationen über Bewilligungen und reglementierte Berufe mit Links zu den zuständigen Auskunftsstellen (http://bewilligungen.kmuinfo.ch).

Behinderungen durch den bisherigen Arbeitgeber

Wer eine selbständige Erwerbstätigkeit plant, wird viele Vorbereitungen und Abklärungen bereits während des bisherigen Arbeitsverhältnisses vornehmen. Doch ist das überhaupt erlaubt und wenn ja, in welchem Umfang? Im Weiteren stellt sich die Frage, ob einem der Arbeitgeber den Schritt in die Selbständigkeit aufgrund eines Konkurrenzverbots im Arbeitsvertrag verunmöglichen kann.

Woran Angestellte sich halten müssen

Bereiten Sie den Übergang in die Selbständigkeit nach Feierabend und an Wochenenden vor, gibt's dagegen nichts einzuwenden – sofern Sie am Arbeitsplatz nach wie vor die verlangte Leistung erbringen. Nimmt Ihre Arbeitsleistung jedoch drastisch ab oder erledigen Sie Vorbereitungsarbeiten für die Geschäftseröffnung während der Arbeitszeit, verletzen Sie die Treuepflicht. Im schlimmsten Fall kann dies zur fristlosen Entlassung führen. In vielen Arbeitsverträgen steht, dass für Nebenbeschäftigungen eine Bewilligung des Vorgesetzten erforderlich sei. Dies bezieht sich jedoch vor allem auf politische Ämter oder ehrenamtliche Tätigkeiten, die den Mitarbeiter zum Teil während der Arbeitszeit beanspruchen. Gesetzlich klar verboten sind bezahlte Nebenerwerbstätigkeiten, die den Arbeitgeber konkurrenzieren.

Stehen Sie in einem Arbeitsverhältnis, ist Ihnen verboten, im Betrieb Ihres Arbeitgebers Mitarbeiter abzuwerben oder Firmenkunden über Ihr künftiges Unternehmen zu informieren. Dagegen können Sie gemäss einem Bundesgerichtsurteil in Inseraten bereits nach Personal suchen – selbst in ungekündigter Stellung. Das Bundesgericht erkennt keine Verletzung der Treuepflicht, wenn jemand bei voller Erbringung seiner Arbeitskraft, eine Einzelfirma gründet, die ihre Tätigkeit erst nach Auflösung des Arbeitsverhältnisses aufnimmt und den früheren Arbeitgeber nicht konkurrenziert.

Es ist verboten, bei Beendigung des Arbeitsverhältnisses Geschäftsunterlagen, etwa Pläne oder interne Firmendokumente, mitzunehmen. Erfindungen, die Sie als Arbeitnehmer im Rahmen Ihrer täglichen Arbeit machten, gehören dem Arbeitgeber. Sie dürfen sie nicht kommerziell verwerten.

Konkurrenzverbot im Arbeitsvertrag

Bei der Anstellung von mittleren und oberen Kaderleuten oder von Mitarbeitenden mit viel Kundenkontakt versuchen Arbeitgeber oft, mit einem Konkurrenzverbot zu verhindern, dass ihre Angestellten nach Beendigung des Arbeitsverhältnisses zu Konkurrenten werden. Im Arbeitsvertrag wird dann festgehalten, dass der Mitarbeiter nach Beendigung des Arbeitsverhältnisses nicht auf eigene Rechnung ein Geschäft betreiben darf, das den ehemaligen Arbeitgeber konkurrenziert. Dies ist wäre der Fall, wenn die neue Firma den gleichen Kunden im gleichen Gebiet gleichartige Leistungen anbieten würde.

Wer gegen ein Konkurrenzverbot verstösst, wird schadenersatzpflichtig. Zu diesem Zweck vereinbaren Arbeitgeber in der Regel eine Konventionalstrafe. Diese können sie bei Übertretung des Konkurrenzverbots auch einfordern, wenn noch kein Schaden entstanden ist.

Ist das Konkurrenzverbot gültig? Dass in Ihrem Arbeitsvertrag ein Konkurrenzverbot steht, bedeutet nicht unbedingt, dass es auch rechtsgültig ist. Dies hängt unter anderem davon ab, wer das Arbeitsverhältnis kündigte und welcher Kündigungsgrund vorlag. Ein Konkurrenzverbot kann zum Beispiel durch eine ungerechtfertigte Kündigung des Arbeitgebers aufgehoben werden. Ebenfalls nicht durchgesetzt werden kann es, wenn Sie kündigten, weil die Firma ihren vertraglichen Verpflichtungen nicht mehr nachkam oder Ihnen sonst einen begründeten Anlass zur Kündigung gab. Argumente wie schlechtes Arbeitsklima oder unzureichender Lohn genügen dafür allerdings nicht.

Ein Konkurrenzverbot ist nur gültig, wenn der austretende Mitarbeiter Einblick in Geschäftsgeheimnisse seines früheren Arbeitgebers hatte, die er tatsächlich zu dessen Schaden verwenden könnte. Als geheim sind all jene Informationen zu betrachten, die nur einem begrenzten Personenkreis zugänglich sind. Dazu gehören insbesondere spezielle Fabrikationsverfahren, Produktions-Know-how oder Produktzusammensetzungen. Sind die Informationen jedoch jeder interessierten Fachperson zugänglich oder gar allgemein bekannt, liegt kein Geheimnis vor. Im Klartext: Wenn Sie eine Firma verlassen, dürfen Sie Ihre gesammelten branchenüblichen Berufserfahrungen frei verwenden – auch zum Nachteil des ehemaligen Arbeitgebers –, solange Sie von keinen offensichtlichen Firmengeheimnissen profitiert und Ihre Kenntnisse nicht unredlich erworben haben.

Rechtsgültig oder nicht?

Damit ein Konkurrenzverbot rechtsgültig ist, muss es folgende Kriterien erfüllen:

- Es muss schriftlich abgefasst sein und eine persönliche Abmachung mit dem Arbeitnehmer enthalten.
- Es muss präzise umschrieben sein. Dazu gehören die genaue Tätigkeit des Arbeitnehmers (Definition des Arbeitsbereichs) sowie eine örtliche Begrenzung (zulässig ist nur der tatsächliche Geschäftsbereich der Firma) und die zeitliche Dauer des Konkurrenzverbots (in der Regel maximal drei Jahre).
- Es darf das wirtschaftliche Fortkommen des Angestellten nicht «auf unbillige Weise» gefährden. Mit anderen Worten: Ein Konkurrenzverbot darf nicht zum Berufsverbot werden.

Arbeitgeber versuchen ihre Angestellten zum Teil mit Geheimhaltungsverpflichtungen daran zu hindern, interne Daten missbräuchlich zu verwenden. Solche Vereinbarungen richten sich vor allem gegen die unberechtigte Mitnahme und Verwendung von Kundenkarteien. Ob diese Daten allerdings geheim sind oder nicht, lässt sich in der Praxis meist nur mit erheblichen Schwierigkeiten beantworten.

Wenden Sie sich im Zweifelsfall oder bei Streitigkeiten an einen Rechtsberater, der sich im Arbeitsrecht auskennt.

Einschränkungen für Ausländer

Die schweizerische Handels- und Gewerbefreiheit ermöglicht es auch ausländischen Staatsangehörigen, ein Unternehmen zu gründen, sich an einem solchen zu beteiligen und sich hierzulande als aktive Unternehmer zu betätigen. Es muss jedoch sichergestellt sein, dass die Firma durch eine in der Schweiz wohnhafte Person vertreten werden kann.

Bei der AG kann dies durch ein Mitglied des Verwaltungsrats geschehen, bei der GmbH durch einen Geschäftsführer. Die Vorschrift kann auch erfüllt werden durch die Einsetzung eines Direktors, der in der Schweiz wohnt. Will ein ausländischer Staatsangehöriger eine Einzelfirma gründen, muss er in der Schweiz wohnhaft sein. Ist er Gesellschafter einer Kommandit- oder Kollektivgesellschaft, kann er auch im Ausland wohnen – vorausgesetzt, mindestens ein unbeschränkt haftender Gesellschafter lebt in der Schweiz (mehr zu den Rechtsformen auf Seite 153).

Unternehmensgründerinnen und -gründer, die sich in der Schweiz aktiv betätigen möchten, benötigen eine bestimmte Aufenthalts- oder die Niederlassungsbewilligung sowie allenfalls eine Arbeitsbewilligung. Diese stellen die kantonalen Arbeitsmarkt- und Migrationsbehörden am Sitz des Unternehmens aus. Bürgerinnen und Bürger der «alten» EU (siehe nächste Seite), von Malta, Zypern und der

EFTA, die in der Schweiz Wohnsitz nehmen, regeln ihren Aufenthalt grundsätzlich am Wohnort.

Ausländer aus EU- und EFTA-Staaten

Unternehmer aus einem Land der Europäischen Union (EU) oder einem Staat der Europäischen Freihandelsassoziation (EFTA) werden in der Schweiz bevorzugt behandelt. Dies dank dem bilateralen Abkommen über die Personenfreizügigkeit, das die Schweiz mit der EU abgeschlossen hat, sowie der revidierten EFTA-Konvention.

- Die umfassende Personenfreizügigkeit gilt für Unternehmer aus den «alten» EU-Staaten. Dazu gehören Belgien, Dänemark, Deutschland, Finnland, Frankreich, Griechenland, Grossbritannien, Irland, Italien, Luxemburg, die Niederlande, Österreich, Portugal, Schweden und Spanien.
- Neu zur EU hinzugekommen sind 2004 Estland, Lettland, Litauen, Malta, Polen, die Slowakei, Slowenien, Tschechien, Ungarn und Zypern. Das Freizügigkeitsabkommen wurde zwar auf diese neuen Mitgliedstaaten ausgedehnt; es gilt aber noch eine Übergangsregelung, die es der Schweiz erlaubt, bis 2011 gewisse Beschränkungen aufrechtzuerhalten (Inländervorrang, Kontrolle der Lohn- und Arbeitsbedingungen, Kontingente). Von diesen Übergangsregelungen ausgenommen sind Zypern und Malta.
- Für Personen aus Rumänien und Bulgarien gelten die gleichen Regelungen wie für Angehörige von Staaten ausserhalb der EU und EFTA, so lange das Freizügigkeitsabkommen nicht auf diese beiden Länder ausgedehnt ist.
- Staatsangehörige eines EFTA-Landes – dazu gehören Island, Liechtenstein und Norwegen – haben dieselben Vorteile wie Unternehmensgründer aus der «alten» EU.

Bezüglich der rechtlichen Lage wird unterschieden zwischen Bürgern der EU und EFTA, die neu in die Schweiz einreisen, und solchen, die bereits hier wohnhaft sind.

Neu einreisende EU-/EFTA-Bürger Bürger der EU oder EFTA, die in der Schweiz Wohnsitz nehmen und selbständig tätig sein möchten, benötigen eine Aufenthaltsbewilligung (Ausweis B-EG/EFTA). Um diese zu erhalten, müssen potenzielle Selbständigerwerbende der zuständigen Behörde im Kanton des künftigen Wohnorts ein Gesuch einreichen (für Grenzgänger ist der Firmenstandort ausschlaggebend). Dabei müssen sie aufzeigen, dass die geplante selbständige Tätigkeit realistisch ist und ihre Existenz sichert.

Auf den Ausländerausweisen, welche die Schweiz ausstellt, wird nicht die Bezeichnung «EU» verwendet, sondern die Abkürzung für die frühere Europäische Gemeinschaft (EG).

Mit der Aufenthaltsbewilligung erhalten Staatsangehörige der EU und EFTA die volle geografische und berufliche Mobilität. Das heisst, sie dürfen in der Schweiz jederzeit ihren Aufenthalts- und Arbeitsort wechseln und die Selbständigkeit auch wieder zugunsten einer unselbständigen Erwerbstätigkeit aufgeben.

Sonderfall Grenzgänger Soll nur der Firmenstandort in der Schweiz sein, der Wohnort aber in der EU oder EFTA bleiben, kommt die Regelung für «Selbstständige Grenzgänger» zur Anwendung. EU-/EFTA-Bürger können als Grenzgänger in der Schweiz innerhalb der Grenzzonen in irgendeiner Form selbständigerwerbend sein (welche Regionen als Grenzzonen gelten, ist in den Grenzgängerabkommen mit den Nachbarstaaten festgelegt). Dazu müssen sie bei der zuständigen kantonalen Behörde ein Gesuch für eine Grenzgängerbewilligung (Ausweis G-EG/EFTA) stellen und die erforderlichen Unterlagen zur geplanten unternehmerischen Aktivität einreichen. Das Verfahren gleicht demjenigen für selbständigerwerbende EU-/EFTA-Bürger, die eine Aufenthaltsbewilligung in der Schweiz beantragen.

In der Schweiz wohnhafte EU-/EFTA-Bürger Bürger der EU oder EFTA (ausgenommen Rumänien und Bulgarien), die in der Schweiz wohnen und arbeiten – also schon in den hiesigen Arbeitsmarkt integriert sind –, haben Anspruch auf eine Verlängerung ihrer Aufenthaltsbewilligung, wenn sie einen Arbeitsvertrag vorlegen können. Sie können jederzeit die Stelle wechseln, denn sie sind weder von einem Inländervorrang noch von einer Kontingentierung betroffen. Sie unterstehen auch nicht einer Kontrolle der Lohn- und Arbeitsbedingungen. Aus diesem Grund gibt es für in der Schweiz wohnhafte EU-/EFTA-Bürger, die künftig als selbständige Unternehmer tätig sein möchten, wenig Hürden.

Der Wechsel von einer unselbständigen zu einer selbständigen Tätigkeit ist ihnen in der ganzen Schweiz erlaubt. Inhaber einer Kurzaufenthaltsbewilligung (L-EG/EFTA) müssen jedoch den Antrag auf eine Aufenthaltsbewilligung zur selbständigen Erwerbstätigkeit stellen (Ausweis B-EG/EFTA). Inhaber einer Aufenthaltsbewilligung B-EG/EFTA mit Berechtigung zur Erwerbstätigkeit oder einer unbefristeten Niederlassungsbewilligung (C-EG/EFTA) können sich direkt mit dieser Bewilligung selbständig machen.

Ausländer aus Staaten ausserhalb der EU und EFTA

Ausländische Staatsangehörige, die nicht das Bürgerrecht eines EU- oder EFTA-Landes besitzen – sowie zurzeit noch von Rumänien und Bulgarien –, sind bei der Aufnahme einer selbständigen Erwerbstätigkeit klar benachteiligt. Auch hier wird unterschieden zwischen Ausländern, die neu in die Schweiz einreisen, und solchen, die bereits hier wohnhaft sind.

Neu einreisende Ausländer aus Nicht-EU-Staaten Gemäss dem Ausländergesetz AuG (in Kraft seit dem 1. Januar 2008) können Ausländerinnen und Ausländer aus Nicht-EU-Staaten eine selbständige Erwerbstätigkeit ausüben, wenn dies dem gesamtwirtschaftlichen Interesse entspricht und die dafür notwendigen finanziellen und betrieblichen Voraussetzungen erfüllt sind. Dabei gibt es folgende Einschränkungen:

- Es gelten vom Bundesrat festgesetzte Kontingente.
- Die orts-, berufs- und branchenüblichen Lohn- und Arbeitsbedingungen sind einzuhalten.
- Die persönlichen Voraussetzungen wie Ausbildung, Berufserfahrung oder Sprachkenntnisse müssen erfüllt sein. Von dieser Regelung kann abgewichen werden, wenn Investorinnen oder Unternehmer Arbeitsplätze erhalten oder neue schaffen.

Die Aufnahme einer selbständigen Erwerbstätigkeit im Rahmen einer Einzelfirma, Kollektiv- oder Kommanditgesellschaft (siehe Seite 155) ist Ausländern aus Staaten ausserhalb des EU-/EFTA-Raumes im Normalfall und ohne Auflagen nur mit einer Niederlassungsbewilligung (Ausweis C) möglich.

Eine Niederlassungsbewilligung (Ausweis C) können Ausländer nach einem ununterbrochenen Aufenthalt in der Schweiz von zehn Jahren – fünf Jahre für Bürger der USA, von Andorra, San Marino und Monaco – bei der zuständigen kantonalen Behörde beantragen. Von den neu in die Schweiz einreisenden Angehörigen aus Staaten ausserhalb der EU/EFTA erhalten nur wenige Berufsgruppen wie etwa Professoren direkt den Ausweis C.

Das AuG wertet zwar den Status der Aufenthaltsbewilligung (Ausweis B) auf (siehe Kasten). Unklar ist aber, wie die einzelnen Kantone diese Aufwertung handhaben, deshalb muss vorerst vom Status Quo ausgegangen werden. Dieser besagt, dass die zuständigen Behörden Ausländern mit einem Ausweis B zwar ausnahmsweise eine Bewilligung zur selbständigen Erwerbstätigkeit erteilen können. Dies je-

Aufwertung des Ausweises B

Um Missverständnissen vorzubeugen: Es gibt verschiedene Aufenthaltsbewilligungen (Ausweis B), die je nachdem mit Einschränkungen oder Regelungen verbunden sind. Die Aufwertung des Ausweises B im Rahmen des AuG betrifft in erster Linie Personen, die zu einer selbständigen oder unselbständigen Erwerbstätigkeit zugelassen wurden. Sie sollten neu ihre Tätigkeit in der ganzen Schweiz ausüben und die Stelle ohne weitere Bewilligung wechseln können. Aufenthaltsbewilligungen, die zu einem bestimmten Zweck erteilt werden (etwa für einen Projektauftrag), können mit weiteren Bedingungen verbunden werden. In diesem Fall bleibt ein Stellen- oder Berufswechsel grundsätzlich ausgeschlossen.

Personen mit einer Aufenthaltsbewilligung B haben Anspruch auf einen Kantonswechsel, wenn sie nicht arbeitslos sind und keine Gründe für einen Widerruf der Bewilligung vorliegen.

doch nur, wenn die geplante Tätigkeit grosse volkswirtschaftliche Impulse auslöst, das heisst signifikante, positive Auswirkungen auf den Arbeitsmarkt hat. Ebenso restriktiv ist die Zulassungspraxis für Bürger von Staaten ausserhalb des EU-/EFTA-Raumes, die in der Schweiz eine GmbH oder eine AG gründen und in dieser als mitarbeitende Inhaber tätig sein möchten.

Grenzgänger aus Nicht-EU-Staaten Besondere Bestimmungen gibt es für Grenzgänger, die in der Schweiz einer selbständigen Erwerbstätigkeit nachgehen möchten. Staatsangehörigen von Ländern ausserhalb der EU und EFTA wird eine Grenzgängerbewilligung (Ausweis G) beispielsweise nur erteilt, wenn sie in einem Nachbarland der Schweiz eine dauerhafte Aufenthaltsbewilligung besitzen und seit mindestens sechs Monaten ihren ordentlichen Wohnsitz in der Grenzzone dieses Nachbarlands haben.

Die Bewilligung einer selbständigen Erwerbstätigkeit bleibt immer im Ermessen der Behörden. Spezielle Sachverhalte klären Sie am besten bei den zuständigen kantonalen Arbeitsmarktbehörden ab.

In der Schweiz wohnhafte Bürger von Nicht-EU-Staaten Grundsätzlich gelten für sie die gleichen Bestimmungen wie für neu einreisende Bürger von Staaten ausserhalb des EU/EFTA-Raumes: Die Aufnahme einer selbständigen Erwerbstätigkeit ist im Normalfall und ohne Auflagen nur mit einer Niederlassungsbewilligung (Ausweis C) möglich, in seltenen Einzelfällen allenfalls mit einer Aufenthaltsbewilligung (Ausweis B, siehe auch Kasten auf Seite 73). Eine Ausnahme machen die Behörden für ausländische Unternehmer mit einem Ausweis B, die eine Niederlassungsbewilligung beantragt haben und diese voraussichtlich in den nächsten sechs Monaten erhalten werden, sowie für Ausländer, deren Ehefrau oder Ehemann das Schweizer Bürgerrecht besitzt (eingetragene Partner sind den Eheleuten gleichgestellt).

Anerkannte Flüchtlinge mit einer Aufenthaltsbewilligung (Ausweis B) dürfen jederzeit eine selbständige Erwerbstätigkeit aufnehmen. Auch dies gilt für alle Formen unternehmerischer Aktivitäten

– also für Einzelunternehmer, Inhaber von Kollektiv- und Kommanditgesellschaften sowie für mitarbeitende Inhaber von GmbHs und AGs. Die Ausübung einer unternehmerischen Tätigkeit ist aber nur im Kanton möglich, der die Bewilligung ausgestellt hat. Diese Restriktion fällt dahin, wenn Flüchtlinge nach fünf Jahren ununterbrochenen Aufenthalts in der Schweiz die Niederlassungsbewilligung (Ausweis C) erhalten.

Die Geschäftsidee

Basis jeder erfolgreichen Geschäftstätigkeit ist eine überzeugende Geschäftsidee. Wer eine solche gefunden hat, muss mit einer Marktanalyse herausfinden, ob sie einem echten Kundenbedürfnis entspricht. Erfindungen, Marken und Designs sollten Neuunternehmer rechtlich schützen, damit ihnen nicht die Konkurrenz zuvorkommt.

4

Geschäftsideen suchen

Wer sich selbständig machen will, weiss meist aufgrund seiner soliden Ausbildung und langjährigen Berufserfahrung, welches Produkt oder welche Dienstleistung er auf dem Markt anbieten möchte. Er hat Marktlücken erkannt und will diese nun ausnützen. Gehören Sie zu dieser Kategorie, können Sie sich gleich mit der fundierten Analyse des Marktes beschäftigen (siehe Seite 83).

Wer den Schritt in die Selbständigkeit ausserhalb des angestammten Berufsumfelds wagt, ist wahrscheinlich schon einige Zeit auf der Suche nach der berühmten Marktlücke – einer einzigartigen Geschäftsidee bzw. einer Marktleistung, die es noch nicht gibt und mit der sich eine Existenz aufbauen lässt. Nachfolgend die wichtigsten Inspirationsquellen für clevere Geschäftsideen.

Effiziente Suchstrategien

Die wichtigste Quelle der Ideenfindung ist das eigene Berufsumfeld. Aus regelmässigen Diskussionen mit Arbeitskollegen, Brancheninsiderinnen, Fachexperten, Lieferantinnen und Kundinnen lassen sich vielfach erfolgversprechende Geschäftsideen herauskristallisieren. Wer bei seinen bisherigen Geschäftskontakten mit Kunden die Ohren spitzte, kennt deren Probleme, Wünsche und Bedürfnisse genau und weiss, wie aufgeschlossen sie sich gegenüber innovativen Ideen zeigen und ob die Zeit reif ist für eine Marktneuheit.

Auch Kundenreklamationen sind eine hervorragende Quelle für Geschäftsideen. Bemängeln Kunden wiederholt Produkte oder Dienstleistungen, können das Ausmerzen von Schwachstellen sowie Produkt- oder Prozessoptimierungen zu echten Innovationen führen.

Wacher Geist Wer mit offenen Augen durch die Welt geht, findet zahlreiche Quellen der Inspiration: Zeitungen, Fachzeitschriften, neue Fachbücher, branchenspezifische Internetseiten und Newsletters berichten laufend über Neuheiten, Trends und das Konsumverhalten. Interessant sind auch spezielle Magazine für Firmengründer (zum Beispiel «Die Geschäftsidee» aus Deutschland). Die im Handelsregister veröffentlichten Firmenneugründungen können ebenfalls wertvolle Anregungen geben. Dasselbe gilt für den Besuch von Fach- und Publikumsmessen sowie Branchen- und Weiterbildungsveranstaltungen. Wer auf Auslandreisen aufmerksam ist, entdeckt Produkte und Dienstleistungen, die sich möglicherweise in der Schweiz vermarkten lassen. Wertvolle Denkanstösse vermitteln auch Patentdokumentationen. Kopien von Patentschriften sind gegen eine Gebühr beim Eidgenössischen Institut für Geistiges Eigentum (www.ige.ch) erhältlich.

Internet Bei der Suche nach einer cleveren Geschäftsidee kann eine fundierte Recherche im Internet aufschlussreich und inspirierend sein. Es gibt weltweit unzählige Webportale für Unternehmensgründer und gestandene Unternehmer mit innovativen Businessideen, die unter Umständen auch im Schweizer Markt realisierbar sind.

Kreativitätstechniken Neue Geschäftsideen können auch mithilfe von Innovations- oder Kreativitätstechniken entstehen. Solche Techniken sollen durch eine bestimmte Systematik das kreative Potenzial eines Menschen oder einer Gruppe von Personen erhöhen. Ziel ist es, Ideen, Alternativen und Lösungen zu einem bestimmten Problem zu entwickeln.

Die bekannteste und einfachste Methode der Ideenfindung ist das **Brainstorming**. Dabei lassen einige kreative Personen in einer ersten Phase ihrer Fantasie freien Lauf. Jeder noch so verrückte Einfall wird unkommentiert und widerspruchslos aufgeschrieben. Die Gedanken anderer dürfen aufgegriffen, weiterentwickelt, modifiziert oder kombiniert werden. Erst im zweiten Schritt werden die Ideen dann bewertet: etwa bezüglich ihrer Neuartigkeit, ihrer Nützlichkeit für Kunden oder ihrer Machbarkeit.

Eine spezielle Technik, um bekannte Produkte oder Dienstleistungen zu verbessern, zu verändern oder neue Produkte zu finden, ist die **morphologische Methode**, auch morphologischer Kasten genannt. Dabei werden in einer Matrix auf der einen Achse die Merkmale des Produkts eingegeben und auf der anderen Achse die zu den einzelnen Merkmalen möglichen Varianten (ein Beispiel finden Sie

Morphologischer Kasten für einen privaten Vorschulkindergarten

Merkmal	Variante 1	Variante 2	Variante 3
Philosophie	Interkulturalität	Montessori	Rudolf Steiner
Sprache	Schweizerdeutsch	Hochdeutsch	Englisch
Betreuungstage	Montag bis Freitag	Montag bis Samstag	Montag bis Sonntag
Betreuungs-zeiten	8.30 bis 11.30 Uhr 13.30 bis 16.00 Uhr	8.30 bis 17.00 Uhr	Montag bis Freitag: 7.00 bis 18.30 Uhr Samstag und Sonntag: 7.00 bis 16.00 Uhr
Ferienzeiten	Gleich wie die kantonale Volksschule	Ganzjahresbetrieb ohne Ferienzeiten	Nur Sommerferien wie die Volksschule
Alter der Kinder	2 bis 5 Jahre	4 bis 5 Jahre	3 bis 5 Jahre
Anzahl Kinder	Maximal 30	Maximal 20	Maximal 15
Personal	Nur ausgebildetes Personal	Ausgebildetes und angelerntes Personal	Ausgebildetes Personal und Lehrlinge
Infrastruktur	Innenspielräume	Innen- und Aussenspielräume	Innen- und Aussen-spielräume sowie Ruhe- und Schlafzimmer
Spielsachen	Herkömmliche Spielsachen	Vornehmlich Holzspielzeug	Kein Spielzeug (wird von den Kindern selbst erfunden und gebastelt)
Mahlzeiten	Nur Mittagessen	Morgen- und Mittagessen	Morgen-, Mittag- und Abendessen
Standort	Stadtzentrum	Auf dem Land	Stadtrand
Betreuungs-kosten	Für alle gleich hoher fixer Monatsbetrag	Abhängig vom versteuerten Einkommen der Eltern	Verrechnung der benutzten Dienst-leistungen (Taxpunktsystem)

im Kasten auf Seite 80). Aus der Kombination der diversen Varianten entstehen dann möglicherweise neue, zukunftsträchtige Produktideen (im Beispiel die farbig unterlegten Felder).

Einzigartiger Produktvorteil Als potenzieller Firmengründer oder Neuunternehmerin sollten Sie sich bei der Suche nach einer erfolgversprechenden Geschäftsidee immer wieder vor Augen führen, dass Sie das Rad nicht komplett neu erfinden müssen. Es ist legitim, bestehende Geschäftsideen aufzugreifen und zu perfektionieren – solange Sie dabei keine Schutzrechte verletzen. Voraussetzung ist aber, dass sich die Marktleistung mindestens in einem für die Kunden wichtigen Bereich von den Mitbewerbern klar unterscheidet: zum Beispiel bezüglich Qualität, Service, Nebenleistungen oder Preis (mehr dazu auf Seite 115 und 119 Nur mit einem solchen einzigartigen Produktvorteil (unique selling proposition, USP) können Neuunternehmer sich am Markt profilieren.

Brillante Ideen kommen selten über Nacht – sie reifen über eine längere Zeit. Schreiben Sie darum Ihre Gedanken zu möglichen Geschäftsideen jeweils sofort auf – sei es beim Busfahren, an einem Gartenfest oder in einer schlaflosen Nacht. So vergessen Sie nichts und sind gezwungen, Ihre Gedanken zu strukturieren. Sammeln Sie Ihre Notizen in einem Ordner.

Geschäftsideen bewerten

Haben Sie erfolgversprechende Ideen gefunden, gilt es, diese zu bewerten. Dazu formulieren Sie die einzelnen Geschäftsideen in einem ersten Schritt am besten schriftlich als prägnante Kernaussage.

Jana K. ist ausgebildete Kindergärtnerin mit zehnjähriger Berufserfahrung; sie spricht Deutsch und Englisch. Nach einer mehrjährigen Kinderpause möchte sie als Selbständigerwerbende wieder ins Berufsleben einsteigen. Trotz ihrer Auszeit hat sie sich ständig mit der Entwicklung in ihrem Beruf und den Trends in der Kleinkindererziehung auseinandergesetzt und so ihre Geschäftsidee entwickelt. Ihre Formulierung finden Sie auf der nächsten Seite.

Geschäftsidee von Jana K.

Ich will im Zentrum von Olten einen privaten Ganztages-Vorschulkinderarten in englischer Sprache für zwei- bis fünfjährige Kinder verschiedenster Nationalitäten eröffnen, der von Montag bis Samstag geöffnet hat. Mein Angebot zeichnet sich vor allem aus durch eine qualifizierte, intensive Betreuung der Kinder, einen Mahlzeitendienst sowie ein erzieherisch wertvolles Spiel-, Beschäftigungs- und Lernumfeld basierend auf den neusten bildungswissenschaftlichen, methodischen und didaktischen Erkenntnissen in der Kleinkindererziehung. Die Kinder entwickeln dank des interkulturellen Umfelds Interesse und Verständnis für Kulturunterschiede. Das Angebot richtet sich primär an Kinder berufstätiger Eltern aller Einkommensklassen.

In einem zweiten Schritt der Ideenbewertung werden die verschiedenen, kurz beschriebenen Geschäftsideen einander anhand von relevanten Erfolgsfaktoren gegenübergestellt und bewertet. Zu diesen Erfolgsfaktoren zählen unter anderem der Kundennutzen, der Innovationsgrad, die Abgrenzung zur Konkurrenz, der Kapitalbedarf oder das generelle Geschäftsrisiko. Ziel in diesem Entwicklungsstadium ist noch nicht, jede Geschäftsidee einer fundierten Marktanalyse zu unterziehen. Die verschiedenen Ideen werden lediglich auf der Basis des eigenen Branchen- und Fachwissens sowie mit gesundem Menschenverstand gegeneinander abgewogen.

Da bei diesem Vorgehen emotionale Faktoren vorherrschen, sollten Sie Ihre Geschäftsideen zwingend mithilfe von kritischen Gesprächspartnern bewerten, die idealerweise Ihre künftigen Kunden sein könnten.

Auf der CD-ROM finden Sie die Checkliste «Geschäftsidee», welche die wichtigsten Erfolgsfaktoren enthält. Es spricht nichts dagegen und viel dafür, dass Sie – je nach angestrebtem Geschäftsbereich – eigene Faktoren hinzufügen.

Aufgrund dieser ersten Bewertung entscheiden Sie sich nun für die Geschäftsidee mit den grössten Marktchancen und besten Erfolgsaussichten. Ob sich diese Geschäftsidee tatsächlich umsetzen lässt und einem echten Kundenbedürfnis entspricht, zeigt Ihnen anschliessend eine detaillierte Marktanalyse.

Marktanalyse

Nachdem Sie sich für eine bestimmte Geschäftsidee entschieden und diese formuliert haben, müssen Sie die Erfolgschancen abklären. Dabei sind unter anderem Fragen zum Markt, zu den Kunden, zur Konkurrenz und zum Unternehmensumfeld zu beantworten.

Die Antworten auf diese Fragen beeinflussen den Entscheid, wie Sie Ihre Marktleistung ausgestalten, damit sich diese klar von der Konkurrenz unterscheidet und die Kundenbedürfnisse perfekt befriedigt (mehr dazu ab Seite 119).

Wer für die Marktanalyse ein grosses Budget besitzt, beauftragt ein professionelles Marktforschungsunternehmen des Verbands Schweizer Markt- und Sozialforscher (www.swissresearch.org). Das Marktforschungsunternehmen führt die Umfragen und Erhebungen durch und liefert dem Auftraggeber sämtliche Erkenntnisse in einem Bericht ab. Dies kostet aber schnell einige tausend Franken und ist deshalb für die meisten Firmengründer unerschwinglich.

Eine weitaus günstigere Alternative ist es, den Marktforschungsauftrag an eine Hochschule zu vergeben, als Auftrag an eine von Studierenden geleitete Beratungsstelle oder als studentische Projekt- oder Diplomarbeit.

Ist auch das zu kostspielig, bleibt nichts anderes übrig, als den Markt selber zu erforschen. Das ist in den meisten Fällen eh das Klügste: Denn nur wer selbst den Markt und die Kunden analysiert, entwickelt das notwendige Gespür. Beides braucht es zwingend für eine erfolgreiche Produktlancierung.

Die relevanten Fragen für eine fundierte Analyse des Marktes sind in der Checkliste «Marktanalyse» auf der CD-ROM zusammengestellt. Dort finden Sie auch die Adressen von Beratungsstellen von Studierenden.

Falls Sie Dritte mit der Marktforschung beauftragen, sollten Sie unbedingt verschiedene Offerten und Referenzauskünfte einholen und die gebotene Leistung vergleichen.

Geeignete Datenquellen nutzen

Um die Marktchancen eines Produkts abzuklären, sollten Sie wie die Marktforschungsprofis vorgehen: möglichst viele und möglichst genaue Informationen und Daten sammeln. Dabei ist zwischen quantitativen und qualitativen Daten zu unterscheiden.

Quantitative und qualitative Daten Quantitative Daten sind Aussagen, die sich quantifizieren, das heisst in Mengenbegriffen bzw. Zahlen ausdrücken lassen. Sie geben vereinfacht gesagt Antwort auf die Frage: «Wie viel?» Einige Beispiele: Wie viele Konkurrenzunternehmen sind in der Region tätig? Wie viele potenzielle Kunden gibt es für die angebotene Dienstleistung? Wie oft und wann bestellen Kundinnen ein Produkt?

Mithilfe von quantitativen Daten bzw. statistischem Zahlenmaterial sowie eigenen Berechnungen erhalten Sie meist schon ein recht gutes Bild über das Konsumverhalten, die Branche und ihre Marktteilnehmer, das Markvolumen und das Marktpotenzial – und können so den Marktanteil bestimmen, den Sie in Ihrem Geschäftsfeld erobern wollen.

Nackte Zahlen sagen jedoch noch nichts aus über die Handlungsmotive von Konsumentinnen. Dazu braucht es qualitative Daten. Das sind in Worten ausgedrückte, interpretierte Sachverhalte, die Antwort geben auf die Frage: «Warum?» Beispiele: Warum gibt es keine Konkurrenzunternehmen in der Region? Warum verlangen Kundinnen eine Dienstleistung tatsächlich? Warum bestellen die Kunden das Produkt nur einmal jährlich und das vor allem im Sommer?

Unterschieden wird bei der qualitativen und quantitativen Datenerhebung auch zwischen Primärdaten und Sekundärdaten.

Primärdaten sind Daten, die im Rahmen einer speziellen Untersuchung erhoben werden – beispielsweise von einem Marktforschungsunternehmen oder vom angehenden Neuunternehmer selbst.

Sekundärdaten stammen aus bereits vorhandenen Quellen und sind in der Regel in Form von Berichten, Reports, Studien, Tabellen, Grafiken und Statistiken aufbereitet. Allerdings sind sie nicht auf die speziellen Fragen des Neuunternehmers ausgerichtet. Öffentlich leicht zugängliche Quellen von Sekundärdaten sind Berufsorganisationen, Branchenverbände (zum Beispiel der Schweizerische Gewerbeverband, www.sgv-usam.ch), Banken, Wirtschaftsprüfungs- und Unternehmensberatungsfirmen, das Bundesamt für Statistik (www.bfs.admin.ch) sowie die kantonalen und lokalen Statistikämter. Wertvolle Daten liefern möglicherweise auch Forschungsinstitute an Hochschulen (weitere Quellen mit Adressen enthält die CD-ROM).

Aus Kostengründen sollten Neuunternehmer zuerst alle erhältlichen Sekundärdaten zu ihrer Fragestellung beschaffen und danach mit primärer Marktforschung versuchen, die noch offenen Fragen zu beantworten.

Benutzen Sie möglichst viele verlässliche Datenquellen. Das ergibt ein objektiveres Bild. Je spezieller oder neuer Ihre Marktleistung ist, desto mehr müssen Sie auf Schätzungen ausweichen. Am besten gehen Sie immer von einem «Worst-Case-Szenario» aus, also von pessimistischen Annahmen.

Jana K. sammelt bei ihrer Marktanalyse zur Abklärung der Chancen eines privaten Vorschulkindergartens als Erstes vorhandene quantitative Daten: Sie beschafft sich über die kantonale Verwaltung und direkt bei den Gemeinden des geplanten Einzugsgebiets Angaben über die Entwicklung der Einwohnerzahlen, die Zahl der Geburten und die Anzahl Kinder im Alter von drei bis fünf Jahren. Darauf ermittelt sie mithilfe des Telefonbuchs, wie viele Betreuungsangebote es in der Region bereits gibt.

Daten selber erheben

Eine umfassende Marktforschung beinhaltet in der Regel quantitative und qualitative Daten, die auf primären und sekundären Datenquellen basieren. Daten lassen sich auf unterschiedliche Art erheben.

Nachfolgend einige gängige Methoden, von denen jede bestimmte Vor- und Nachteile aufweist.

Sachverhalte beobachten Wertvolle quantitative Daten lassen sich oft mit sorgfältigem Beobachten – etwa der Konkurrenz oder des Kundenverhaltens – erheben. Wer beispielsweise an ausgewählten Tagen die Zahl der Kunden notiert, die im einzigen Blumenladen des Dorfes einkaufen, erhält einen groben Hinweis zur Nachfrage nach Schnittblumen und Gestecken. Sind die Kunden an einer Hand abzuzählen, verträgt es wohl keinen zweiten Blumenladen im Ort.

Diese Methode ist in der Regel zeitintensiv, liefert dem Beobachter aber meist wertvolle Erkenntnisse. Die bringen ihm womöglich mehr als reine Zahlen, die falsch interpretiert werden können, oder schwammige, beschönigte oder gar falsche Antworten aus einer aufwendigen schriftlichen Befragung ausgewählter Personen. Ein Nachteil der Methode liegt in der selektiven Wahrnehmung eines Sachverhalts. Erklärt der Beobachter im obigen Beispiel eine schwache Kundenfrequenz mit dem aus seiner Sicht dürftigen Angebot an attraktiven Blumengestecken und nicht mit der fehlenden Nachfrage, kann ihn diese Interpretation zu einem völlig falschen unternehmerischen Entscheid führen.

Experimente anstellen Ein Experiment unterscheidet sich von der reinen Beobachtung dadurch, dass der Marktforscher zunächst eine genau definierte Situation präpariert. Danach beobachtet er das Verhalten von Menschen in dieser Situation und vergleicht es mit dem erwarteten Verhalten. Auf diese Weise lässt sich eine Annahme entweder stützen oder widerlegen; die Geschäftsidee, die darauf baut, wird entweder weiterverfolgt oder verworfen. Ein Beispiel: Eine experimentierfreudige Köchin ist überzeugt, dass die regelmässigen Besucherinnen des wöchentlichen Gemüsemarkts in ländlicher Umgebung, auf dem die Bauern der Region ihre mehrheitlich biologischen Erzeugnisse anbieten, auch japanische Sushi-Häppchen kaufen würden. Also mietet sie für einen Tag einen Marktstand und bietet unterschiedlichste Sushi-Varianten an. Der Verkaufserfolg bei Marktschluss wird ihr zeigen, ob ihr Experiment geglückt ist oder nicht.

Der Nachteil eines Experiments: Es macht nur Aussagen über die präparierte Situation und lässt sich deshalb nicht verallgemeinern. Trotzdem kann es zu wertvollen, neuen Erkenntnissen führen und eine Geschäftsidee stützen.

Kommunikationsinhalte analysieren Die in einer breiten Öffentlichkeit oder einem bestimmten Fachpublikum kommunizierten Inhalte – Texte, Bilder oder Inhalte von Radio- und TV-Sendungen – werden auf ihre Aussagen und Bedeutung hin analysiert. Vereinfacht gesagt heisst das für angehende Neuunternehmer nichts anderes, als dass sie sich alle publizierten Informationen beschaffen und analysieren, die im Zusammenhang mit ihren Geschäftsplänen relevant sein könnten.

Das erfordert ein intensives Studium der Publikums- und einschlägigen Fachpresse. Mit dieser Methode lassen sich insbesondere Informationen über Konkurrenzunternehmen beschaffen. Diese finden sich etwa in Branchenbüchern und -verzeichnissen, Geschäftsberichten, Imagebroschüren, Unternehmensporträts, Werbeprospekten, Produktdokumentationen, Katalogen, Preislisten, Kundenmagazinen, -zeitungen oder -Newsletters. Diese Unterlagen kann man entweder direkt bei den Herausgebern anfordern, von ihren Internetseiten herunterladen oder an Fach- und Publikumsmessen einpacken. Wer detaillierte Informationen zu Preisen, Lieferfristen oder Verkaufskonditionen sucht, gibt sich als Kunde aus und lässt sich eine Offerte ausstellen.

Der Nachteil dieser Methode: Sie ist zeitaufwendig und liefert unter Umständen nur einen Bruchteil der gewünschten Antworten. Auf der anderen Seite verschafft sie einen fundierten Einblick in eine Branche, ein Konkurrenzunternehmen und zeigt neuste Entwicklungen und Trends auf.

Personen befragen Mit dieser Methode der Informationsgewinnung lassen sich quantitative und insbesondere qualitative Daten zu Einstellungen und Meinungen, zum Wissensstand, zu Verhaltensweisen, Präferenzen und Motiven erheben. Befragt werden je nach Ausgangslage und Fragestellung beispielsweise Fachkolleginnen, Brancheninsider, Expertinnen, potenzielle Kunden, bestehende oder ehemalige Kunden von Konkurrenten, Lieferantinnen von Konkurrenten – ja selbst Mitbewerber, sofern es sich nicht um die direkte Konkurrentin im gleichen Dorf handelt. So dürfte der Inhaber eines Berliner Sandwichladens einer Berner Neuunternehmerin bereitwillig Insiderwissen weitergeben.

Es gibt verschiedene Befragungsmethoden: schriftliche Umfragen per Brief und Fragebogen, Online-Umfragen übers Internet, persönliche Gespräche im Rahmen eines Telefoninterviews oder einer direkten Begegnung mit Einzelpersonen oder Gruppen. Gespräche lassen sich unter anderem frei oder mithilfe eines Interviewleitfadens bzw. Fragenkatalogs führen oder moderieren.

Am aussagekräftigsten ist das persönliche Gespräch mit möglichen Kunden. Schon mit wenigen Gesprächen erfahren Sie deren Bedürfnisse, Wünsche, Denkweisen und Kaufmotive, können Ihr Produkt erklären und vorführen oder Ihre Dienstleistung im Detail beschreiben. Allerdings sind persönliche Gespräche zeitaufwendig und vielfach schwierig auszuwerten. Auf der anderen Seite können Sie aus einem Gespräch mehr als nur reine Informationen herausholen, indem Sie auf Aussagen zwischen den Zeilen achten, Zwischentöne heraushören, Gestik und Mimik interpretieren. Zudem können Sie sofort nachfragen, sollte etwas nicht klar sein. Durch den direkten Kontakt mit wenigen Kunden erhalten Sie oft sogar ein besseres Gespür für den Markt als mit dem Versand von fünfhundert Fragebogen – von denen erfahrungsgemäss nur die wenigsten zurückgeschickt werden.

Fragebogen erstellen Wer eine schriftliche Umfrage plant, sollte sich bewusst sein, dass es nicht einfach ist, einen guten Fragebogen zu erstellen. Da schlechte Fragen zu schlechten Daten führen, sollten Sie vor allem auf folgende Punkte achten:

- Formulieren Sie zuerst die Problemstellung: Was wollen Sie mit der Befragung herausfinden? Wie werten Sie die Antworten aus?
- Informieren Sie die Befragten zu Beginn über das Ziel der Befragung und den Zeitaufwand für das Ausfüllen des Fragebogens.
- Achten Sie darauf, dass der Fragebogen logisch und dramaturgisch spannend aufgebaut ist, damit die Befragten nicht mittendrin aussteigen.

- Stellen Sie geschlossene Fragen (die Antworten sind vorformuliert, der Befragte kann eine davon auswählen), wenn die Befragten das Thema kennen und die Antworten gewichtet werden.
- Stellen Sie offene Fragen (keine Vorgaben, die Befragten antworten mit eigenen Worten), um Motive, Werthaltungen oder Zielsetzungen zu erfassen.
- Formulieren Sie die Fragen in präzisen Worten, in einfachen, kurzen Sätzen und in der Sprache der Zielgruppe. Verwenden Sie eindeutige Begriffe, die alle Befragten verstehen. Definieren Sie unklare Begriffe.
- Beziehen Sie sich bei jeder Frage nur auf ein Thema bzw. einen Sachverhalt.
- Stellen Sie keine hypothetischen oder suggestiven Fragen.
- Vermeiden Sie Verneinungen.
- Verwenden Sie plausible, vollständige Skalen mit gleichen Abständen und einer ungerader Anzahl von Beantwortungsmöglichkeiten (Beispiel: sehr schlecht, eher schlecht, mittel, gut, sehr gut).
- Stellen Sie nicht zu viele Fragen; der Fragebogen muss sich in wenigen Minuten ausfüllen lassen.
- Überlegen Sie sich bei jeder Frage genau, ob sich die Antworten auswerten lassen, ob sie Ihnen tatsächlich nützen, ob Sie neue Erkenntnisse gewinnen und sinnvolle Schlüsse ziehen können.

Verwenden Sie den Fragebogen nur nach einem Test mit kritischen Personen. Erwarten Sie bei schriftlichen Befragungen keine zu grosse Rücklaufquote: Mit 20 Prozent können Sie schon zufrieden sein.

Es gibt keine festen Regeln, wie viele Personen befragt werden müssen, damit eine Umfrage als repräsentativ bezeichnet werden kann. Die Grösse der Stichprobe hängt in erster Linie von der Erreichbarkeit der Befragten ab, von den eigenen personellen, zeitlichen und finanziellen Ressourcen sowie von der gewünschten Genauigkeit der Ergebnisse.

Zu den vorhandenen Daten erhebt Jana K. selber weitere wichtige Informationen. Sie gibt sich als Mutter aus, die für ihr Kind einen Platz sucht, und fragt direkt bei verschiedenen Betreuungsangeboten in der Region nach der Anzahl Plätze, den Öffnungszeiten, der Qualifikation des Personal, den Preisen und der Betreuungsphilosophie. Darauf schätzt sie, wie viele der Kinder im passenden Alter möglicherweise in einen Privatkindergarten geschickt werden. Sie verteilt einen kurzen Fragebogen an eine Gruppe von Eltern und befragt die Mütter auf einigen Spielplätzen, ob und weshalb sie ihr Betreuungsangebot nutzen würden. Da die Kosten pro Kind auf dem steuerbaren Einkommen der Eltern basieren sollen, konsultiert Jana K. die öffentlich zugänglichen Daten der kantonalen Steuerstatistik, um die Beiträge abschätzen zu können.

Daten auswerten

Im nächsten Schritt müssen Sie die gesammelten Informationen und alle in der Marktforschung erhobenen Daten aufbereiten, analysieren, interpretieren und daraus die richtigen Schlüsse ziehen (siehe auch Seite 115). Idealerweise nehmen Sie diese Datenanalyse mit einer kritischen, aussenstehenden Person vor. Dies soll verhindern, dass Sie in Ihrer Euphorie und weil Ihnen die nötige Distanz zur eigenen Geschäftsidee fehlt, bestimmte Fakten ignorieren oder falsch interpretieren.

Jana K. berechnet aufgrund der geschätzten Einnahmen sowie der prognostizierten Aufwände, wie viele Kinder sie im geplanten Vorschulkindergarten benötigt, um das gewünschte Einkommen zu erzielen. Zusammen mit den Erkenntnissen ihrer Marktanalyse zeigt ihr das Resultat, dass es durchaus realistisch ist, die geforderte Anzahl Kinder zusammenzukriegen.

Um eine gute Übersicht über die gewonnen Erkenntnisse der Marktanalyse zu erhalten und die Marktchancen – aber auch die Risiken – einer Geschäftsidee noch besser abschätzen zu können, eignet sich die sogenannte SWOT-Analyse (aus Englisch: strengths, weaknesses, opportunities und threats).

Mit dieser einfachen Analysemethode lassen sich auf der einen Seite die Stärken und Schwächen einer Geschäftsidee oder eines Unternehmens aufzeigen. Diese basieren auf einer Selbsteinschätzung bzw. Innensicht, deshalb werden sie als interne Faktoren bezeichnet. Auf der anderen Seite zeigt die SWOT-Analyse die Chancen und Risiken, die ein Unternehmen künftig im Rahmen seiner Tätigkeit nutzen kann bzw. denen es ausgesetzt ist – beispielsweise durch ökonomische, politische, rechtliche, gesellschaftliche oder ökologische Veränderungen. Diese Kräfte wirken von aussen, deshalb werden sie als externe Faktoren bezeichnet. Die SWOT-Analyse für den privaten Vorschulkindergarten von Jana K. sehen Sie im unten stehenden Kasten.

Das Resultat einer Marktabklärung kann Sie in Ihrem Vorhaben bestärken und Ihnen aufzeigen, dass Sie mit Ihrer Geschäftsidee im Markt reelle Erfolgschancen besitzen. Möglicherweise entsteht da-

SWOT-Analyse für Vorschulkindergarten

Bereich	Interne Faktoren		Externe Faktoren	
	Stärken	Schwächen	Chancen	Risiken
Markt	Einziger privater Vorschulkindergarten in der Region	Relativ kleiner Markt	Trend, Kinder vorschulisch zu fördern	Zunahme an staatlichen Auflagen / Vorschriften Zunahme an unterschiedlichsten privaten Angeboten im Vorschul- und Schulbereich
Produkt	Neuartige und einzigartige Dienstleistung	Teures Angebot, nicht für alle Interessierten erschwinglich	Finanzielle Unterstützung und Subventionen durch Firmen und Gönner	Angebot von Konkurrenzanbietern leicht kopierbar
Kunden	Grosse Nachfrage nach Englischausbildung für Kinder Grosses Bedürfnis für professionelle Ganztagesbetreuung von Kleinkindern	Wenig Vertrauen in Kindergarten unter privater Leitung	Steigendes Durchschnittseinkommen in der Region Zunahme an Doppelverdiener-Ehepaaren mit Kindern	Wegzug von gut Verdienenden aufgrund hoher Steuerbelastung in Kanton und Gemeinde
usw.				

raus auch eine neue Geschäftsidee. Andererseits kann Sie das Resultat auch brutal auf den Boden der Realität zurückwerfen – und all Ihre Unternehmerträume platzen lassen.

Zeigt die Marktabklärung ein klares Erfolgspotenzial für eine Geschäftsidee auf, bilden die Erkenntnisse die Basis, um die Unternehmensstrategie zu formulieren (siehe Seite 114).

Auch die ausführlichste Marktanalyse und akribischste Datenauswertung beantwortet nie alle Fragen, die Sie sich in der Abklärungsphase zur Selbständigkeit stellen dürften. Meist können Sie auch nicht die wahren Bedürfnisse und Motive der Kunden erfassen. Denn diese agieren irrational und inkonsequent. Als Firmengründer oder Firmengründerin müssen Sie mit dieser Situation leben können und bereit sein, unternehmerische Risiken einzugehen.

Schutz von geistigem Eigentum

Eine Erfindung, die sich auf dem Markt verkaufen lässt, kann der Grundstein für eine Firmengründung und für ein langfristig erfolgreiches Business sein. Auch starke Marken oder ein unverwechselbares Design zählen zu den Erfolgsfaktoren von Unternehmen. Es ist deshalb äusserst wichtig, geistiges Eigentum, Marken und Designs mit den rechtlich zur Verfügung stehenden Mitteln zu schützen.

Verzichten Sie auf diesen Schutz, besteht das Risiko, dass Ihre Ideen von irgendjemandem kopiert und wirtschaftlich genutzt werden. Verhindern lässt sich dies mit den Mitteln des Patentschutzes, des Design- und des Markenschutzes.

Patentschutz

Unternehmensgründer sind innovative, kreative Personen. Viele von ihnen entwickeln dank ihrem Ideenreichtum und Erfindergeist neue Produkte oder finden Lösungen für bisher ungelöste technische Probleme. Innovatoren sollten ihr Know-how so schnell wie möglich schützen – bevor ihnen die Konkurrenz zuvorkommt oder ihre Ideen von jemandem kopiert und wirtschaftlich genutzt werden. Der Schutz des geistigen Eigentums ist unter anderem mit einem Patent möglich.

Was lässt sich patentieren? Patentierbar sind nur technische Erfindungen, die sich auf die Zusammensetzung, Beschaffenheit oder Herstellung eines Stoffes, Erzeugnisses, Verfahrens oder einer Vorrichtung beziehen. Sie müssen in der Industrie, in Gewerbebetrieben oder in der Landwirtschaft eingesetzt werden können. Nicht mit einem Patent schützen lassen sich dagegen Ideen, Computerprogramme, Dienstleistungen oder bestimmte Methoden und Konzepte – etwa Werbekonzepte, Marketingstrategien oder ein ausgefallener Haarschnitt.

Zudem ist eine Erfindung nur dann patentierbar, wenn sie neu ist. Neu heisst: Die Erfindung ist der Öffentlichkeit nicht bekannt, weder in schriftlicher, bildlicher noch sonstiger Art und Weise. Ausserdem darf die Erfindung nicht bloss dem aktuellen Stand der Technik entsprechen, sondern muss einen realen Fortschritt darstellen.

Neuheit abklären Die meisten «Erfindungen» sind leider schon irgendwo von irgendwem erfunden worden. Um Enttäuschungen zu vermeiden, sollten Sie deshalb vor der Patentanmeldung eine Neuheitsrecherche durchführen.

Einen ersten Überblick verschaffen Sie sich im Internet, zum Beispiel kostenlos unter www.espacenet.com. Eine einfache Suchmaske erlaubt dort den Zugriff auf weltweit rund 70 Millionen Patentdokumente.

Aber Achtung: Die Suche im Internet, insbesondere wenn sie erfolglos verläuft, ersetzt nicht die professionelle Recherche in Spezialdatenbanken – etwa beim Informationsdienst des Instituts für Geistiges Eigentum (IGE) in Bern (www.ip-search.ch). Hier erhalten Sie Informationen zum aktuellen Stand der Technik. Die Kosten für eine solche Recherche betragen rund 2000 Franken. Patentanwälte, die Zugriff auf internationale Datenbanken haben, übernehmen ebenfalls Abklärungen (zum Patentanwalt siehe Seite 95).

Diese Recherchen sind wichtig, um später rechtliche Probleme zu vermeiden. Denn das IGE prüft – im Gegensatz zu ausländischen Patentämtern – ein Patentgesuch nur auf formale und sachliche Kriterien. Der Nachweis der Neuheit wird zwar vorausgesetzt, aber von Amtes wegen nicht abgeklärt. Stellt sich später heraus, dass die Erfindung nicht neu war, kann der Richter ein Patent im Nachhinein für nichtig erklären.

Halten Sie Ihre Ideen und Erfindungen bis zur Patentanmeldung geheim. Wenn Sie darüber mündlich oder publizistisch berichten, wird Ihre Erfindung nicht mehr als neu betrachtet. Zudem besteht die Gefahr, dass Dritte Ihre Ideen verwenden. Falls Sie für die Herstellung von Prototypen Dritte in Ihre Entwicklung einweihen müssen, schliessen Sie einen Geheimhaltungsvertrag ab.

Was nützt ein Patent? Ein Patent gibt Ihnen als Inhaber oder Inhaberin das Recht, Konkurrenten von der kommerziellen Verwertung Ihrer Erfindung auszuschliessen. Darunter fallen Herstellung, Verkauf, Import, Export und Werbung. Dieses Recht besteht jedoch nur in dem Land – oder in der Ländergruppe –, in dem das Patent angemeldet ist. Ein Patent erlischt spätestens zwanzig Jahre nach seiner Anmeldung.

Während der ganzen Lebensdauer können Sie über Ihr Patent frei verfügen. Sind Sie nicht selbst in der Lage, Ihre geschützten Produkte herzustellen und zu vermarkten, können Sie Ihr Patent mit allen Rechten einem Dritten verkaufen. Eine andere Möglichkeit ist, sich einen Produzenten und Händler zu suchen, der die Produktion oder den Vertrieb in Lizenz übernimmt. Kostengünstige Musterverträge für Patentverwertungen erhalten Sie beim Erfinder- und Patentinhaberverband der Schweiz (www.erfinderverband.ch).

Das Patent anmelden Zeigt eine Patentrecherche, dass eine Erfindung tatsächlich neu ist, empfiehlt es sich, das Patent sofort beim IGE für die Schweiz anzumelden. Zwar nimmt die Bedeutung eines Schweizer Patents – aufgrund des kleinen Marktpotenzials – stetig ab, aber die Einreichung des Patentgesuchs beim IGE ist erstens günstig (siehe Kasten auf Seite 96), zweitens ist die Erfindung vom

Anmeldedatum an geschützt und drittens erhalten Sie mit der Anmeldung das sogenannte Prioritätsrecht im Ausland. Dieses Recht räumt Ihnen eine Frist von zwölf Monaten ein, um Ihre Absatz- und Verwertungschancen oder die Finanzierung Ihrer Erfindung abzuklären und allenfalls eine Patentanmeldung im Ausland vorzunehmen – und zwar mit dem Datum der Anmeldung in der Schweiz. Beim heutigen Konkurrenzkampf kann dies sehr wichtig sein. Fallen die Abklärungen negativ aus, lässt sich ein Patentgesuch jederzeit kostenlos zurückziehen.

Nach der Patentanmeldung können Sie beim IGE innerhalb von sechs Monaten eine Recherche internationaler Art beantragen. Diese ist etwas teurer, hat aber offiziellen Charakter und wird im weiteren Patentprüfungsverfahren angerechnet. Mit diesen Abklärungen beginnen Sie mit Vorteil sofort, damit eine Antwort innerhalb der Prioritätsfrist gewährleistet ist.

Wenn Sie Ihre Erfindung auch im Ausland patentieren lassen möchten, sollten Sie dies nicht nur in einzelnen Ländern tun. Bei mehr als drei Ländern in Europa ist es ratsam, eine Anmeldung beim Europäischen Patentamt in München (EPA, www.epo.org) vorzunehmen. Wird Ihrem Patentgesuch entsprochen, lässt es sich in den einzelnen Mitgliederländern nach Wahl ohne weitere Abklärungen validieren.

Dasselbe gilt für ein internationales Patent, das Sie der Weltorganisation für geistiges Eigentum (WIPO, www.wipo.int) einreichen: Hier erhalten Gesuchsteller bis zu 30 Monate Zeit, um zu entscheiden, in welchen Ländern sie den Patentschutz definitiv beantragen möchten. Sowohl für Anmeldungen beim EPA wie auch bei der WIPO können Sie das IGE als Annahmestelle für die Anmeldung wählen. Dort erhalten Sie auch alle nötigen Unterlagen und Informationen.

Wichtig zu wissen: Eine Erfindung zu patentieren braucht Zeit. Vom Tag der Anmeldung bis zur Patenterteilung durch das IGE dauert es in der Regel drei bis vier Jahre.

Hilfe vom Patentanwalt Dem Abfassen der Patentansprüche kommt entscheidende Bedeutung zu. Wer unerfahren ist, sollte unbe-

Was kostet ein Patent?

Bei Patenten müssen Sie folgende Kostenfaktoren berücksichtigen:

— Anmeldegebühr beim IGE: 200 Franken
— Prüfungsgebühr beim IGE: 500 Franken
— Kosten für den Patentanwalt: In der Regel rechnen Patentanwälte mit einer fixen Gebühr und nach Zeitaufwand ab. Das Abfassen der technischen Unterlagen kann je nach Patentanwalt und Umfang des Patents einige tausend Franken kosten.
— Aufrechterhalten des Patentschutzes: Nicht zu unterschätzen sind die jährlich wiederkehrenden Gebühren, die in jedem Land zu bezahlen sind, in dem das Patent angemeldet wurde – für die Schweiz beispielsweise sind das 420 Franken jährlich, die Sie ab dem fünften Jahr nach der Anmeldung entrichten müssen.
— Anmeldegebühren beim Europäischen Patentamt in München (EPA): Ein europäisches Patent durchschnittlichen Umfangs für alle Mitgliedstaaten kostet gegen 20 000 Franken.
— Anmeldegebühren bei der Weltorganisation für geistiges Eigentum (WIPO) in Genf: Entsprechend teurer als ein europäisches ist ein internationales Patent, das auf dem Vertrag «Patent Cooperation Treaty» (PCT) basiert, dem rund 140 Vertragsstaaten angeschlossen sind (Stand Januar 2008).

dingt die Hilfe eines Patentanwalts beanspruchen. Laien machen hier leicht Fehler, die sich später verheerend auswirken könnten.

Da der Titel Patentanwalt nicht geschützt ist, sollten Sie vor einer Mandatserteilung folgende Fragen klären: Besitzt der Patentanwalt Kenntnisse auf dem Gebiet der Erfindung? Kann er sich in die Erfindung einfühlen? Hat er genügend Fantasie und Vorstellungskraft, um die Patentschrift fundiert abzufassen? Wie viele Jahre Berufserfahrung weist er aus? Welche Infrastruktur und Organisation bietet er? Ist seine Stellvertretung sichergestellt? Erhält er von früheren Klienten positive Referenzen? Falls der Patentanwalt die Zulassung beim Europäischen Patentamt besitzt, ist dies ein zusätzlicher Pluspunkt.

Markenschutz

Wieso trinkt jemand Red Bull, trägt Kleider von Calvin Klein, sitzt auf einer Corbusier-Liege oder kauft sich eine Porsche-Brille? Die Antwort ist einfach: Kunden verbinden Marken mit Werten und Emotionen; etwa mit Qualität, Originalität, Zuverlässigkeit, Eleganz, Prestige. Solche Werte sind unbezahlbar und deshalb zu schützen – noch bevor sich der Markterfolg einstellt. Ansonsten reitet möglicherweise die Konkurrenz auf der Erfolgswelle mit, etwa indem sie ein ähnliches Produkt unter dem gleichen Namen anbietet, und profitiert so gratis von Ihren Marketinganstrengungen.

Schützbare Marken Beim Markenschutz wird zwischen Individual-, Garantie-, und Kollektivmarken unterschieden. Neuunternehmer, die Waren herstellen, Dienstleistungen anbieten oder mit Produkten handeln, haben in erster Linie mit Individualmarken zu tun. Dieser Ratgeber geht deshalb nur darauf ein.

Grundsätzlich können alle grafisch darstellbaren Zeichen Individualmarken im Sinn des Gesetzes sein, wie:
- Wörter (Beispiel: Victorinox)
- Buchstabenkombinationen (Beispiel: ABB)
- Zahlenkombinationen (Beispiel: 501)
- Bildliche Darstellungen (Beispiel: SBB-Logo)
- Dreidimensionale Formen (Beispiel: Mercedes-Stern).

Anders gesagt: Jedes Firmenlogo, das an der Tür angebracht ist, auf dem Briefpapier oder der Visitenkarte steht, könnte eine Marke darstellen. Das umfasst den Pizzaservice «Toni's Best», den Coiffeursalon «Jane's Salon» genauso wie das Einmann-Malergeschäft «Pinsel-Otto». Gleiches gilt auch für Domain-Namen im Internet (siehe Seite 142): Falls der Domain-Name gleichzeitig Firmenname ist und/oder ein Produkt bezeichnet – (zum Beispiel www.rivella.ch –, ist es ratsam, diesen Namen als Marke zu schützen.

Damit eine Marke geschützt werden kann, darf sie keine reine Sachbezeichnung sein und auch nicht nur aus Angaben über die Qualität, die Beschaffenheit, die Art oder den Preis der Ware bestehen. Unzulässig sind in der Regel Werbeslogans und Bezeichnungen, die die Ware beschreiben. Bei Unsicherheiten hilft das Eidgenössische Institut für Geistiges Eigentum (IGE) weiter, bei dem die zu schützenden Marken auch anzumelden sind.

Eine Marke anmelden Eine Marke zu schützen ist ein unkompliziertes Prozedere. Am einfachsten und günstigsten erfolgt eine Anmeldung beim IGE über das Internet. Der Schutz beginnt am Tag der Anmeldung. Die Marke wird vom IGE geprüft und eingetragen, sofern keine Mängel vorliegen.

Das IGE prüft das Gesuch jedoch nicht darauf hin, ob die gleiche Marke bereits für ähnliche oder gleiche Produkte registriert ist. Es liegt deshalb in Ihrem Interesse, Ihre Marke noch vor der Hinterlegung auf Exklusivität hin zu prüfen. Damit vermindert sich das Risiko, dass ein Dritter beim IGE gegen die eingetragene Marke Widerspruch erhebt oder vor einem Gericht klagt, weil Marken- oder andere Rechte (etwa Firmenrechte) verletzt werden.

Ob gleiche oder ähnliche nationale und internationale Marken für die Schweiz bereits hinterlegt oder registriert sind, lässt sich mit einer Recherche durch einen Spezialisten herausfinden. Anbieter finden Sie auf der Homepage des IGE (www.ige.ch). Weil Marken auch Firmenrechte verletzen können, empfiehlt sich zudem eine Recherche beim Eidgenössischen Amt für das Handelsregister (www.zefix.admin.ch).

Bei der Registrierung müssen Sie anhand einer internationalen Waren- und Dienstleistungsklassifikation genau angeben, für welche Produkte Sie die Marke künftig beanspruchen. Ist schon bei der Markenhinterlegung absehbar, dass Sie die Marke für verschiedenste Produkte oder Dienstleistungen beanspruchen werden, lohnt es sich, sie gleich für alle Warenklassen zu hinterlegen. Sonst müssen Sie für jede weitere Ware oder Dienstleistung ein neues Gesuch einreichen. Die Anmeldegebühren in drei Warenklassen übers Internet betragen für einen zehnjährigen Markenschutz 350 Franken. Die Schutzdauer lässt sich beliebig oft für jeweils weitere zehn Jahre verlängern. Wird eine Marke allerdings während fünf Jahren für das angemeldete Produkt nicht benutzt, verfällt der Markenschutz.

Wie weit geht der Schutz? Beim Markenschutz ist ein Vorgehen gegen Missbrauch rechtlich nur möglich, wenn ein Dritter die gleiche oder eine ähnliche Marke für gleiche oder gleichartige Waren bzw. Dienstleistungen verwendet. So kann beispielsweise ein Genfer Confiseur, der für seine Pralinen den Namen «Pralito» registrieren lässt, sich rechtlich nicht gegen eine Kreuzlinger Möbelschreinerin wehren, die ihr Sofa unter dem gleichen Namen verkauft. Denn in diesem Fall handelt es sich nicht um die gleiche Warenklasse und es besteht keine Verwechslungsgefahr.

Bei komplexeren Fällen ziehen Sie mit Vorteil einen Markenanwalt bei. Er ist beispielsweise in der Lage, die Schutzfähigkeit oder Stärke einer Marke und das Konfliktpotenzial mit anderen Marken oder Firmen richtig einzuschätzen. Er kann Sie auch bei der Gestaltung oder Abänderung der Marke bzw. des Logos beraten. Ausserdem kennt ein fähiger Markenanwalt die Feinheiten beim Abfassen einer Waren- und Dienstleistungsliste. Wollen Sie eine Marke auch im Ausland schützen, sollten Sie sich auf jeden Fall an einen spezialisierten Markenanwalt wenden; eine Liste finden Sie auf der Homepage des IGE (www.ige.ch).

Designschutz

Formschöne, ästhetische oder originelle Objekte werden von der Konkurrenz oft kopiert. Dies lässt sich mit dem Designschutz verhindern. Unter dem Begriff Design werden Gegenstände oder Teile von Gegenständen verstanden, die durch eine spezielle Anordnung von Linien, Flächen, Konturen, Farben oder durch das verwendete Material charakterisiert sind. Von Design spricht man beispielsweise im Zusammenhang mit Stoffen, Papieren, Lederwaren, Drucksachen, Glückwunschkarten, Etiketten, Schmuckgegenständen, Möbelstücken, Geschirr, Besteck, Brillengestellen, Flaschen, Haushaltapparaten, Autos oder Spielsachen.

Schützbare Designs Design lässt sich schützen, sofern es neu ist und eine bestimmte Eigenart aufweist. Die Neuheit ist gegeben, wenn nicht bereits ein identisches Design existiert, das der Öffentlichkeit bekannt ist. Das Kriterium der Eigenart verlangt eine gewisse Originalität und ästhetische Leistung bzw. ein Mindestmass an geistigem Aufwand des Designers. Ein Design darf zudem weder gesetzwidrig noch anstössig sein.

Damit jemand berechtigt ist, ein Design zu schützen, muss er dieses nicht unbedingt selbst entworfen haben. Er muss aber die Rechte daran besitzen.

Ein Design anmelden Der Designschutz entsteht mit der Hinterlegung eines Designs beim Eidgenössischen Institut für Geistiges Eigentum (IGE) in Bern. Das ist ein einfaches Prozedere: Sie füllen das Antragsformular aus und senden es mit qualitativ guten Abbildungen des zu schützenden Designs per Post oder per E-Mail ans IGE (design@ipi.ch). Danach trägt das IGE das Design ins Register ein und publiziert die geschützten Gegenstände. Dabei überprüft es aber nicht, ob das Design neu ist und das Kriterium der Eigenart erfüllt. Dies ist Aufgabe des Gerichts, falls später jemand klagen sollte.

Das Designrecht steht derjenigen Person zu, die ein Design zuerst hinterlegt hat. Es empfiehlt sich deshalb abzuklären, ob das gleiche Design nicht schon früher hinterlegt wurde. Dies ist nicht ganz einfach: Zurzeit sind weder das IGE noch die Weltorganisation für geistiges Eigentum (WIPO) in Genf in der Lage, nationale oder internationale Recherchen bezüglich hinterlegten Gegenständen nach Sachgebieten vorzunehmen. Nachforschungen sind nur nach Hinterlegungsnummern oder -namen möglich, und diese sind einem oft gar nicht bekannt. Möchten Sie ein Design hinterlegen, stellen Sie deshalb mit Vorteil aufgrund Ihrer Branchenkenntnisse selbst Nachforschungen an. Bestehen Zweifel, ob das Design tatsächlich neu ist, kann eine Hinterlegung trotzdem ratsam sein – mit dem Risiko, dass zu einem späteren Zeitpunkt ein Kläger auftritt.

Möchten Sie verhindern, dass die Konkurrenz zu früh von Ihrem Design erfährt, können Sie gegen eine Gebühr einen Aufschub der Publikation für bis zu dreissig Monate verlangen. Dann hält das IGE das Design geheim.

Nach der Hinterlegung ist ein Design für fünf Jahre geschützt. Der Schutz lässt sich danach um weitere vier Perioden von jeweils fünf Jahren verlängern. Insgesamt können Sie damit Dritten also während fünfundzwanzig Jahren verbieten, Produkte mit gleichem oder ähnlichem Design herzustellen oder zu verkaufen. Bei Ablauf der Schutzdauer ist jeweils eine Verlängerungsgebühr fällig. Verpassen Sie die Zahlungsfrist, verfällt der Schutz. Ob ein Konkurrent die Schutzrechte verletzt, müssen Sie als Inhaber oder Inhaberin des Designschutzes selbst kontrollieren und dagegen allenfalls auf gerichtlichem Weg vorgehen.

Wichtig zu wissen: Mit der Hinterlegung ist nur das Design geschützt und nicht etwa die Art und Weise, wie ein Gegenstand hergestellt oder genutzt wird. Der Schutz umfasst auch nicht die technische Funktion des Gegenstands. Diese lässt sich allenfalls durch ein Patent schützen (siehe Seite 92).

Was kostet der Designschutz?

Der Designschutz ist nicht allzu teuer.

- Hinterlegungsgebühr für einen einzelnen Gegenstand beim IGE: 200 Franken Grundgebühr für die erste Schutzperiode von fünf Jahren (die erste Abbildung des Gegenstands ist kostenlos, jede weitere kostet 20 Franken).
- Kosten für Patentanwalt: Da das administrative Verfahren einfach und auch für Laien leicht verständlich ist, braucht es in den meisten Fällen keine Beratung bei einem Marken- oder Patentanwalt.
- Teurer und etwas komplizierter gestaltet sich der Designschutz, falls er zusätzlich international beantragt wird. Zuständig ist die WIPO in Genf.

Einen Designschutz im Ausland sollten Sie sich aus zwei Gründen genau überlegen: Die Gebühren sind wesentlich höher und die Verletzung des Schutzrechts lässt sich oft nicht eruieren. Wer kontrolliert die Konkurrenzaktivitäten in Senegal oder China? Und wer geht dort gegen Missbräuche vor? Haben Sie keine Geschäftspartner vor Ort, ist der Schutz in der Praxis höchst fraglich.

Der Businessplan

Jeder Neuunternehmer, jede Firmengründerin benötigt einen Geschäftsplan (Businessplan), der alle wesentlichen Informationen zum Unternehmen beinhaltet. Er verhilft zu einer Gesamtübersicht, dient potenziellen Kapitalgebern als Entscheidungsgrundlage und ist ein gutes Instrument für die Unternehmensführung.

5

Sinn und Zweck des Businessplans

Kernstück einer jeden Planung der künftigen Selbständigkeit bildet der Geschäfts- oder Unternehmensplan – auf Neudeutsch Businessplan. Er beantwortet alle wesentlichen Fragen, die sich im Zusammenhang mit einer Firmengründung stellen und enthält alle relevanten Informationen über das Unternehmen. Unter anderem gibt er Auskunft über den Unternehmer und seine Ziele, über die Firma, die Produkte, den Markt, dessen Bearbeitung und die Finanzierung.

Der Businessplan ist jedoch nicht nur für den Neuunternehmer, die Firmengründerin wichtig, sondern auch für Dritte. Er kommt intern und extern zum Einsatz:

- Intern ist der Businessplan die Basis für die Firmengründung und später Leitplanke für die weitere Entwicklung des Unternehmens. Er ermöglicht dem Unternehmer, die Umsetzung seiner Geschäftsidee und die Erreichung der definierten Ziele laufend zu kontrollieren und nötigenfalls Korrekturen vorzunehmen.
- Extern ist der Businessplan unabdingbar bei der Suche nach Investoren oder Kapitalgebern. Denn diese geben sich zu Recht nicht mit mündlichen Ausführungen zufrieden, sondern wollen – bevor sie sich finanziell engagieren – ein ausgereiftes, schriftlich formuliertes Geschäftsprojekt sehen.

Die Erstellung eines Businessplans zwingt potenzielle Unternehmer ausserdem, sich intensiv mit ihrem künftigen Unternehmen auseinanderzusetzen, Absichten zu formulieren, Entscheidungen zu treffen, Zusammenhänge zu sehen, aus Plänen und Strategien konkrete Zahlen abzuleiten. Und dies in einer verständlichen, strukturierten Form. Denn erst wenn die anfänglich für clever gehaltene Geschäftsidee genau durchdacht und detailliert beschrieben werden muss, wird ersichtlich wie «genial» sie im Endeffekt tatsächlich ist.

Der Businessplan reduziert auch das Risiko, dass jemand bei der Planung seiner Firmengründung in der Euphorie oder Hektik wesentliche Überlegungen vergisst, erfolgsentscheidende Abklärungen nicht vornimmt und damit grundsätzliche Fehler begeht. Ein Businessplan zeigt zudem, welche Mittel der Unternehmer für die Realisation seiner Pläne benötigt. Und er deckt schonungslos auf, ob sich die Sache finanziell überhaupt lohnt. Ein seriös erstellter Businessplan geht also viel weiter als nur ein Firmenleitbild, eine Firmenstrategie oder ein einfaches Unternehmenskonzept.

Businesspläne werden nicht nur anlässlich einer Neugründung verfasst. Auch bei diversen anderen Geschäftsereignissen macht die Neuerstellung oder zumindest die Überarbeitung eines Businessplans Sinn. Etwa bei Übernahmen, Liquidationen, Expansionen, Strategiewechseln, Restrukturierungen, Eigentümerwechseln, Führungswechseln oder Fusionen.

Die Lektüre dieses Ratgebers ermöglicht es Ihnen, schrittweise Ihren eigenen Businessplan zu erarbeiten. In diesem Kapitel erhalten Sie grundlegende Informationen; die folgenden Kapitel behandeln die für Ihren Businessplan relevanten Themen im Detail.

Auf der CD-ROM finden Sie drei Dateien zum Businessplan: eine Checkliste mit allen relevanten Punkten, eine Vorlage, die Sie für die Erstellung Ihres eigenen Businessplans verwenden können, sowie ein Muster eines gut aufgebauten Businessplans.

So wird ein Businessplan aufgebaut

Nur ein vollständiger Businessplan mit allen relevanten Angaben wird zum nützlichen Instrument und überzeugt potenzielle Geschäftspartner oder Kapitalgeber. Nachfolgend die wichtigsten Elemente:

1. **Zusammenfassung**
   Eine kurze Zusammenfassung (Management Summary) hält die wichtigsten Punkte des Businessplans auf maximal zwei Seiten fest. Bereits nach der Lektüre dieser Zusammenfassung muss dem Leser die Geschäftsidee klar sein und er muss wissen, wieso er sich dafür interessieren soll.

2. **Unternehmen**
   Daten und Fakten zum Unternehmen: Ziele, Rechtsform, Organisation, Partner. Welches sind die Wertvorstellungen des Unternehmens (Unternehmensphilosophie)?

3. **Produkte und Dienstleistungen**
   Details zur Marktleistung: Welches Produkt, welche Dienstleistung bietet das Unternehmen genau an? Welche Bedürfnisse werden damit befriedigt? Was macht das Angebot im Vergleich zu Konkurrenzangeboten einzigartig oder besonders attraktiv?

4. **Markt und Kunden**
   Erkenntnisse einer fundierten Marktanalyse: Wo sind Marktnischen? Wo und wem lässt sich das Produkt, die Dienstleistung verkaufen? Welche Charakteristiken und Bedürfnisse haben die Abnehmer? Warum sollten sie die Produkte, die Dienstleistungen erwerben? Welche Markttrends gibt es, welche zeichnen sich ab?

5. **Konkurrenz**
   Details zu den Mitbewerbern im Markt: Wer ist im Markt wie etabliert und aktiv? Wer hat einen wie grossen Marktanteil? Nach welchen Geschäftsmodellen arbeitet die Konkurrenz? Wie grenzt sich die eigene Firma von Konkurrenzunternehmen ab? Wo liegen die Stärken und Schwächen der Konkurrenz im Vergleich mit dem eigenen Unternehmen?

6. **Marketing**
   Details zur Marketingstrategie: Wie und mit welchen Instrumenten und Mitteln werden die Produkte und Dienstleistungen verkauft? Nach welcher Preispolitik? Wie kommuniziert das Unternehmen? Wie bewirbt es seine Produkte? Und wie werden sie vertrieben?

7. **Produktion und Administration**
   Informationen zur Herstellung der Produkte und Dienstleistungen: Was wird selbst produziert oder fertig eingekauft? Wie werden die Produkte hergestellt (Produktionsverfahren)? Wer sind die Warenlieferanten? Wer besorgt die Buchhaltung, kümmert sich um Personalfragen, den Wareneinkauf, akquiriert Kunden, konzipiert die Werbung?

8. **Standort und Infrastruktur**
   Details zum Firmenstandort: Wo werden die Waren entwickelt, fabriziert, veredelt, gehandelt, verkauft? Welche Vor- und Nachteile hat der gewählte Standort? Ist die notwendige Infrastruktur in der gewünschten Qualität vorhanden?

9. **Management und Organisation**
   Fakten zu den Schlüsselpersonen im Unternehmen: Von wem und wie wird die Unternehmung geführt? Wer hat welche Kompetenzen und Aufgaben? Wie ist die Zusammenarbeit organisiert? Wer ist wofür verantwortlich?

10. **Risikoanalyse**
    Analyse des Gefahrenpotenzials: Welche Risiken existieren? Wie lassen sie sich vermeiden oder vermindern? Welche werden selber getragen? Wie lauten die Best-Case-, Realistic-Case- und Worst-Case-Szenarien bei bestimmten Risiken?

11. **Finanzen**
    Detaillierte Finanzplanung für den Geschäftsstart: Wie viel Kapital ist für den Firmenstart notwendig? Reicht das vorhandene Kapital, um ein Geschäft zu eröffnen? Lässt sich genügend Ertrag erwirtschaften? Wie sieht die finanzielle Entwicklung aus? Woher stammt das benötigte Kapital? Wer sind die Kreditgeber? Wie viel Kredit gewähren sie zu welchen Bedingungen?

12. **Aktionsplan**
    Details zu den nächsten Schritten: Was ist bis wann warum zu tun? Wer ist dafür verantwortlich?

Ein Businessplan ist inhaltlich logisch gegliedert und enthält ein übersichtliches Inhaltsverzeichnis. Er soll den Empfänger optisch ansprechen: durch eine attraktive Gestaltung, ein gefälliges Layout, durch visuell aufbereitete Daten in Form von Grafiken, Tabellen oder Diagrammen.

Erstellung des Businessplans

Wer die einzelnen Kapitel dieses Ratgebers durchgelesen hat, wird einen detaillierten und realistischen Businessplan erstellen können. Doch unterschätzen Sie den Aufwand nicht: Das Zusammentragen der nötigen Fakten, der intensive Kontakt mit den beteiligten Personen, die fundierte, selbstkritische Auseinandersetzung mit der Unternehmensstrategie und schliesslich das Niederschreiben aller Informationen in komprimierter, verständlicher Form – das alles braucht viel Zeit.

Und trotzdem: Lassen Sie Ihren Businessplan nicht von externen Ghostwritern erstellen. Das ist Ihr Job. Nur wenn Sie Autor des Businessplans sind, können Sie auf kritische Fragen der Empfänger überzeugende Antworten geben. Lassen Sie sich aber durchaus von Fachleuten (Unternehmensberaterin, Marketingexperte, Treuhänderin) helfen, wenn Sie unsicher sind.

Wichtige Punkte beim Verfassen

Auf folgende Punkte sollten Sie beim Verfassen Ihres Businessplans besonders achten:

— Der Businessplan orientiert sich konsequent am Empfänger (zum Beispiel Banken, potenzielle Partner, Investoren). Bevor Sie jemandem Ihren Businessplan unterbreiten, sollten Sie genau wissen, welche Informationen diese Person benötigt. Der potenzielle Investor sollte anhand des Businessplans beispielsweise erfahren, warum gerade er ausgerechnet in dieses Projekt investieren soll.

— Ein Businessplan enthält sowohl harte Fakten wie auch Annahmen. Diese müssen Sie strikte trennen. Zu allen Fakten gehören Quellenangaben. Persönliche Einschätzungen müssen realistisch sein. Eigene Gedanken und Schlussfolgerungen sind zu kommentieren. Untermauern Sie wichtige Aussagen mit unabhängigen Drittmeinungen anerkannter Fachleute.

- Ein Businessplan ist kein Werbeprospekt und keine PR-Broschüre. Eigenlob, Selbstbeweihräucherung sowie unkritische und unreflektierte Aussagen sind deplaziert.
- Aus dem Businessplan muss ersichtlich sein, welche Personen hinter dem Geschäftsprojekt stehen. Ihre Qualifikationen müssen klar erkennen lassen, dass sie Erfolg haben werden.
- Zeigen Sie Ihre Vorgehensplanung genau auf und definieren Sie Meilensteine. Zum Beispiel: Bis wann soll das Patent angemeldet sein? Wann wird die Produktion aufgenommen? Wann findet die Markteinführung statt? Wann wird wie viel Umsatz erzielt?
- Drücken Sie sich in einer verständlichen Sprache aus. Verwenden Sie möglichst keine technischen Ausdrücke. Argumentieren Sie logisch und für nicht involvierte Drittpersonen leicht nachvollziehbar. Der Businessplan enthält keine Nebensächlichkeiten, Gemeinplätze oder Floskeln, sondern verdichtete, substanzielle Aussagen.
- Ein Businessplan ist keine Loseblattsammlung. Er sollte gebunden, geheftet oder in einem Ringordner zusammengefasst und elektronisch als PDF-Dokument verfügbar sein.
- Ein Businessplan sollte nicht mehr als 30 A4-Seiten umfassen. Hinzu kommen wichtige Beilagen. Welche Beilagen zu einem vollständigen Businessplan gehören, sehen Sie in der Checkliste «Businessplan» auf der CD-ROM.

Hilfreiche Informationen zur Erstellung von Businessplänen finden Sie auch im Internet – etwa auf Homepages von Banken.

Schlussredaktion

Während der Planung Ihrer Selbständigkeit werden Sie den Businessplan ständig bearbeiten: Inhalte ergänzen, streichen, verändern, neu formulieren, kürzen. Ein Businessplan wird in der Regel über mehrere Wochen oder gar Monate in einzelnen Schritten erstellt. Daher ist es am Schluss extrem wichtig, ihn als Ganzes nochmals genau unter die Lupe zu nehmen und ihm den letzten Schliff zu geben. Achten Sie dabei auf folgende Punkte:

Widersprüche: Ein Businessplan darf keine Widersprüche enthalten. Überprüfen Sie die Plausibilität Ihrer Aussagen. Wenn Sie sich in Ihren Ausführungen widersprechen, disqualifizieren Sie sich selbst und verlieren jegliche Glaubwürdigkeit.

Zahlen: Kontrollieren Sie alle Zahlen nochmals auf Richtigkeit und darauf, ob sie in den verschiedenen Kapiteln aufeinander Bezug nehmen bzw. aufeinander abgestimmt sind.

Sprache und Rechtschreibung: Ein Businessplan mit Rechtschreibfehlern, holpriger Sprache und kompliziertem Satzbau ist eine äusserst schlechte Visitenkarte. Lassen Sie den fertig gelayouteten Businessplan unbedingt von einer sprachbegabten Person mit stilsicherem Deutsch gegenlesen. Idealerweise ist diese Person nicht ins Firmenprojekt involviert und kann Ihnen deshalb ein kritisches Feedback geben zur Struktur, Logik und Argumentation sowie zur Nachvollziehbarkeit und Verständlichkeit der Aussagen.

Lesefreundlichkeit: Je mehr Zahlen ein Businessplan enthält, desto mühsamer ist er zu lesen. Vermeiden Sie deshalb Zahlenfriedhöfe sowie unnötige Tabellen und Grafiken – oder liefern Sie diese im Anhang mit.

Vollständigkeit: Prüfen Sie anhand der Aufzählung der wichtigsten Elemente auf Seite 105 sowie der Checkliste und der Vorlage auf der CD-ROM, ob Ihr Businessplan alle wichtigen Informationen enthält.

Der Businessplan ist kein starres, einmal festgelegtes und für immer gültiges Dokument. Im Gegenteil: Er sollte regelmässig überprüft und an die neuen Verhältnisse angepasst werden. Nur dann erfüllt er auch den beabsichtigten Zweck für Sie als Unternehmer: Planungsinstrument und Grundlage für künftige Firmenentwicklungen zu sein.

Die Geschäfts-strategie

Die meisten Märkte sind heute gesättigt. Erfolgreich sind deshalb nur jene Unternehmerinnen und Firmeninhaber, die eine sinnvolle Unternehmensstrategie sowie ein markt- und zielgruppenorientiertes Marketingkonzept besitzen.

6

Unternehmensstrategie

Die Geschäftsidee ist grob formuliert, die Marktanalyse gemacht, die Marktlücke ist ersichtlich. Dies ist die Basis, auf der Sie als künftiger Firmeninhaber, als Neuunternehmerin im nächsten Schritt Ihre Unternehmensstrategie konkret ausformulieren. Ihre Strategie dient dazu, das Überleben des Unternehmens langfristig zu sichern und dabei den Gewinn zu maximieren.

Eine einfach strukturierte Unternehmensstrategie enthält folgende Elemente:

— die übergeordnete Vision oder Leitidee des Unternehmens
— die angestrebte Positionierung des Unternehmens im Markt
— die mittel- und langfristig angestrebten Unternehmensziele
— den Weg, wie die Unternehmensziele mit der gewählten Strategie erreicht werden sollen

Benutzen Sie als Grundlage für Ihre eigene Strategie die Checkliste «Unternehmensstrategie» auf der CD-ROM.

Vision oder Leitidee

Basis jeder Unternehmensstrategie ist die Vision oder die Leitidee des Neuunternehmers. Sie dient als Leitplanke für alle Teilschritte der Strategieentwicklung, hilft ihm, sich im hektischen Arbeitsalltag an der ursprünglichen Geschäftsidee zu orientieren und sich immer wieder neu zu motivieren. Eine Leitidee reduziert zudem das Risiko, dass sich der Neuunternehmer in seinen Aktivitäten verzettelt und seine Kräfte am falschen Ort einsetzt.

Eine Leitidee umschreibt das Tätigkeitsgebiet des Unternehmens und beantwortet die Frage, was das Unternehmen genau erreichen will und wem dies nutzen soll. Die Leitidee muss einfach, aktiv und zielgerichtet formuliert sein. Sie kann sich auf die angebotenen Produkte oder Dienstleistungen, den bearbeiteten Markt, die verwendete Technologie oder auf das zu lösende Kundenproblem beziehen. Die Leitidee des angehenden selbständigen Architekten Stefan G.

könnte beispielsweise lauten: «Ich plane und realisiere im Kanton Luzern die kostengünstigsten Fertig-Einfamilienhäuser für Familien mit Kindern.»

Unternehmensleitbild Die Leitidee lässt sich ergänzen mit Aussagen zu den Wertvorstellungen, den Grundsätzen, der Politik und Philosophie des Unternehmens. Diese werden in der Regel in einem separaten Unternehmensleitbild in einprägsam formulierten Leitsätzen festgehalten.

Strategische Erfolgsposition

Die Marktanalyse zeigt dem Neuunternehmer auf, wo es im Markt attraktive Nischen mit erfolgversprechenden Aussichten gibt, die er bearbeiten und besetzen kann. Die Unternehmensstrategie beschreibt nun, wie das Unternehmen diese Markchancen nutzt und sich im Markt positioniert, um sich klar von der etablierten Konkurrenz abzugrenzen. Man spricht in diesem Zusammenhang vom Aufbau einer strategischen Erfolgsposition. Dies ist mit verschiedenen Grundstrategien möglich. Im Kasten auf der nächsten Seite finden Sie ein paar klassische Strategievarianten.

In der Praxis sind Unternehmensstrategien oft eine Kombination verschiedener Lehrbuchstrategien, die dann zu einer eigenen, individuell entwickelten Strategie führen. Wichtig ist, dass eine Unternehmensstrategie darauf ausgerichtet ist, einzigartig zu sein. Nur so kann sich ein Unternehmen im Markt gegenüber seinen Mitbewerbern und den Kunden profilieren.

Eine erfolgreiche Grundstrategie stimmt mit der Unternehmensvision überein und basiert auf einem starken Kerngeschäft. Sie konzentriert sich auf die Stärken des Unternehmens und auf jene Geschäftsaktivitäten, die die Konkurrenz nur schwer kopieren kann und mit denen sich die grössten Gewinne erzielen lassen. Das zwingt Sie, Ihre Kräfte auf das Wesentliche zu konzentrieren. In der Praxis heisst dies beispielsweise, dass Sie klare Prioritäten setzen und nicht jeden noch so ausgefallenen Kundenwunsch erfüllen.

Klassische Strategievarianten

Strategie	Merkmale
Kostenführerschafts-strategie	Das Unternehmen bietet innerhalb der Branche seine Produkte oder Dienstleistungen so günstig wie möglich an. Dies bedingt unter anderem eine kostengünstige Beschaffung der Waren, niedrige Produktions- und Personalkosten sowie eine hohe Arbeitseffizienz.
Differenzierungs-strategie	Das Unternehmen bietet eine gegenüber der Konkurrenz unterschiedliche und für die Kunden klar wahrnehmbare, einzigartige Leistung an – etwa bezüglich Produktnutzen, Service, Qualität, Sortiment, Beratung, Distribution.
Fokussierungs-strategie	Das Unternehmen bearbeitet nur ein kleines Markt- oder Kundensegment – etwa eine bestimmte Region (Stadt, Gemeinde, Bezirk) oder eine Teilzielgruppe (zum Beispiel Gruppenreisende mit hohem Einkommen).
Innovationsstrategie	Das Unternehmen versucht seinen Marktkonkurrenten mit ständig neuen, innovativen Produkten oder Dienstleistungen eine Nasenlänge voraus zu sein.
Imitationsstrategie	Das Unternehmen kopiert clevere, bewährte Geschäftskonzepte anderer Marktkonkurrenten, profitiert von ihren Erfahrungen und vermeidet die von ihnen begangenen Fehler.
Kooperations-strategie	Das Unternehmen geht gezielt Kooperationen mit anderen Marktteilnehmern ein, welche die eigenen Geschäftsaktivitäten durch ihre Stärken optimal ergänzen – etwa bezüglich Warenbeschaffung, Know-how, Produktion, Vertrieb.

Strategische Ziele

Haben Sie definiert, mit welcher Strategie Sie welche strategische Erfolgsposition aufbauen möchten, müssen Sie im nächsten Schritt Ihre strategischen Ziele für die ersten drei bis fünf Unternehmensjahre ausformulieren. Sie beschreiben dabei in präzisen Worten, welche konkreten quantitativen und qualitativen Ziele Sie mittel- und langfristig erreichen wollen.

Zu den **quantitativen Zielen** gehören zum Beispiel Aussagen über die neu zu entwickelnden Produkte oder Dienstleistungen, über die Anzahl Kunden, die abgeschlossenen Kooperationsverträge, die gewonnenen Marktanteile oder über Firmenkennzahlen (etwa Umsatz, Gewinn, Eigen- oder Gesamtkapitalrendite). Möglich sind auch Zielformulierungen zum Wissensstand der Kunden über die Firma und ihr Leistungsangebot, zum Beispiel: 50 Prozent der Kunden kennen ein bestimmtes Produkt. Wenn immer möglich sollten Zahlen als Zielgrössen dienen.

Zu den **qualitativen Zielen** zählen beispielsweise Aussagen zur Positionierung und Reputation der Firma in der Branche oder im Geschäftsumfeld, zum Firmenimage bei und zum Verhalten von Kunden, zu den Beziehungen zu Kunden, Lieferanten oder Geschäftspartnern.

Gute Zielformulierungen leiten sich logisch von der Leitidee und der angestrebten strategischen Positionierung ab. Ziele sollten hoch gesteckt, aber realisier- und vor allem messbar sein – sonst lässt sich später nicht überprüfen, ob sie erreicht worden sind. Das Ziel «eine gute Rentabilität erzielen» ist beispielsweise nicht messbar. Die Absicht des Architekten Stefan G. jedoch schon: «Ich möchte in den ersten drei Geschäftsjahren im Kanton Luzern sechs Einfamilienhäuser zum Verkaufspreis von maximal 600 000 Franken erstellen.»

Strategische Stossrichtung

Sind die strategischen Ziele definiert, müssen Sie den Weg beschreiben, wie diese erreicht werden sollen. Das heisst, Sie legen die strategische Stossrichtung fest. Dazu machen Sie in Bezug auf die strategischen Erfolgsfaktoren Ihres Unternehmens möglichst konkrete Aussagen zur geplanten Vorgehensweise. Zu den relevanten Erfolgsfaktoren gehören unter anderem die folgenden Bereiche:

- Unternehmensfinanzierung: Wie und bei wem wird das notwendige Kapital beschafft?
- Investitionen: Wie werden die Prioritäten beim Aufbau der benötigten Infrastruktur gesetzt?

— Produktentwicklung: Wie gestaltet sich der Innovationsprozess?
— Leistungserbringung: Wie sieht der gesamte Prozess der Wertschöpfungskette aus (der Weg von der Produktidee bis zum Verkauf des Produkts an den Kunden)?
— Marketing: Wie werden die Märkte und Kundengruppen bearbeitet, wie die Kunden akquiriert?
— Management: Wie werden die benötigten Managementkapazitäten aufgebaut?
— Personal: Wie wird das notwenige Fachpersonal rekrutiert?
— Organisation: Wie wird das Unternehmen organisiert?
— Kooperationen: Welche Partnerschaften sind für welche Zwecke einzugehen?

Die Antworten auf diese Fragen zeigen angehenden Unternehmern unter Umständen in ihrem Geschäftsmodell Lücken, Widersprüche, Schwachstellen oder mögliche Probleme auf. Das zwingt sie dann, die Geschäftspläne noch einmal fundiert zu überdenken und Anpassungen vorzunehmen.

Ist die strategische Stossrichtung in den einzelnen strategischen Geschäftsbereichen klar, werden im nächsten Schritt die entsprechenden Teilstrategien und schliesslich die dazugehörenden Konzepte erarbeitet. Diese enthalten die im Geschäftsalltag konkret zu ergreifenden Massnahmen. Der Ratgeber geht nur auf das Marketingkonzept ein.

Strategische Alternativen

Da Strategien reine Absichtserklärungen sind und in der Regel auf vielen unsicheren Annahmen und Schätzungen beruhen, ist es gut möglich, dass die in der Planungsphase angestellten Überlegungen in der Aufbauphase des Unternehmens nur bedingt zutreffen oder sich gar als falsch erweisen – sodass der eingeschlagene Weg nicht zum erhofften Erfolg führt. Ist dies der Fall, muss der Neuunternehmer seine Strategie ändern und den neuen Realitäten anpassen. Dies kommt in der Praxis häufig vor.

Aus diesem Grund sind Sie gut beraten, neben Ihrer gewählten Grundstrategie auch strategische Alternativen zu entwickeln. Diese können dann zum Einsatz kommen, wenn sich die Grundstrategie nicht bewährt.

Der Koch Felix M. will sich mit einem mobilen Verpflegungsstand selbständig machen und baut zu diesem Zweck einen Lieferwagen in ein fahrendes Restaurant um. Unter einem Vordach will er an Stehtischen gegrillte Poulets aus artgerechter Haltung von Schweizer Bauern, verschiedene in- und ausländische Wurstspezialitäten sowie frittierte Fischfilets anbieten. Sein rollendes Restaurant will er zu Stosszeiten an viel befahrenen Hauptstrassen im Raum Zürich aufstellen. Mit dieser Unternehmensstrategie kombiniert er die Innovations-, Fokussierungs- und Differenzierungsstrategie. Daneben kann sich Felix M. aber auch zwei alternative Szenarien vorstellen: sein Restaurant direkt neben einer Hochschule oder an gut besuchten Wochenmärkten in der Deutschschweiz aufzustellen. Zudem kann er sein Angebot problemlos anpassen und als Poulet-, Wurst- oder Fischspezialist auftreten.

Setzen Sie eine einmal definierte Strategie nicht einfach stur um, sondern hinterfragen Sie sie immer wieder kritisch. Betrachten Sie die Entwicklung einer Strategie als dynamischen Prozess, der grundsätzlich nie abgeschlossen ist und von Ihnen grosse unternehmerische Flexibilität erfordert.

Marketingkonzept

Allein mit der Festlegung einer Unternehmensstrategie lassen sich noch keine Produkte oder Dienstleistungen verkaufen. Dazu braucht es in aller Regel auch Marketing – zielgruppengerechte Massnahmen, die den Kunden und die Befriedigung seiner Wünsche ins Zentrum aller unternehmerischen Aktivitäten stellt.

Die klassische Marketinglehre kennt vier Marketinginstrumente; die Kombination dieser Instrumente heisst in der Fachsprache Marketing-Mix:

— Produkt- und Sortimentspolitik (siehe Seite 121)
— Preispolitik (siehe Seite 124)
— Kommunikationspolitik (siehe Seite 127)
— Vertriebspolitik (siehe Seite 137)

Je besser die Bereiche des Marketing-Mix aufeinander abgestimmt sind und mithelfen, dieselbe Wirkung zu erzielen, desto klarer kann ein Unternehmer sein Produkt oder seine Dienstleistung im Markt und gegenüber der Konkurrenz positionieren.

Verkauft zum Beispiel eine Textildesignerin ihre selbst gefertigten, exklusiven Seidenkrawatten für eine gehobene Käuferschicht zu saftigen Preisen über teure Modeboutiquen, sollte sie Restposten nicht gleichzeitig zum halben Preis auf dem Wochenmarkt verhö-

Marketing-Mix im Überblick

Produkt- und Sortimentspolitik	**Preispolitik**	**Kommunikationspolitik**	**Vertriebspolitik**
– Hauptprodukt – Neben- und/oder Zusatzprodukt – Sortimentsbreite und -tiefe – Serviceleistungen – Namensgebung – Verpackung und Produktdesign	– Preis-/ Honorarniveau – Margen – Rabattsystem – Aktionen, Sonderkonditionen – Zahlungskonditionen – Zahlungsmodalitäten (Kreditkartenakzeptanz, E-Billing)	Übergeordnete Aspekte – Visueller Auftritt (Corporate Design) – Unternehmensidentität (Corporate Identity) Verkauf – Verkaufsorganisation – Verkaufsstil Verkaufsförderung – Besondere Verkaufsaktivitäten – Warendisplays – Gutscheine, Gutschriften Werbung – Printwerbung – TV-, Radio-, Kino-, Onlinewerbung – Messen und Ausstellungen Öffentlichkeitsarbeit – Imagebroschüren – Unternehmenswebseite – Medienarbeit	– Vertriebssystem – Auftragsabwicklung – Vertriebsorganisation – Lieferbereitschaft – Lieferkonditionen – Logistik – Lagerhaltung – Warentransport

kern. Das macht sich vielleicht kurzfristig bezahlt. Doch die unterschiedliche Vertriebs- und Preispolitik für dasselbe Produkt hinterlässt bei der primär anvisierten Kundschaft Konfusion und Ärger. Die Ökoladenbesitzerin dagegen, die mit einem Solarmobil herumsurrt und ihre von Hand gezogenen Bienenwachskerzen den Kunden in Recycling-Geschenkpapier einpackt, vermittelt das, was eine wesentliche Voraussetzung für den langfristigen Geschäftserfolg ist: Glaubwürdigkeit.

Bietet ein Unternehmen unterschiedlichen Kundengruppen verschiedene Produkte oder Dienstleistungen an, sollte es für jedes Produkt und jede Zielgruppe eine eigene Marketingstrategie bzw. einen eigenen Marketing-Mix definieren. Diese müssen nicht, können aber voneinander abweichen. Ein Beispiel: Ein auf Wohnungs- und Büroreinigungen spezialisiertes Reinigungsinstitut hat Wohnungsmieter, Liegenschaftenverwalter und Firmen als Kunden, die ganz unterschiedliche Bedürfnisse aufweisen: Mieter wollen günstige Preise, Liegenschaftenverwalter hohe zeitliche Flexibilität und Firmen wünschen Einsätze zu Randzeiten. Die drei Kundengruppen lassen sich nur mit drei verschiedenen Marketingstrategien zufriedenstellen.

Setzen Sie im Marketing-Mix aufgrund Ihrer unternehmerischen Ziele, Marketingstrategien und Zielgruppen klare Schwerpunkte und Prioritäten. Stellen Sie sicher, dass jede Marketingaktivität zu Ihrem Unternehmens- und Produktimage passt und sich harmonisch in den Marketing-Mix einfügt.

Produkt- und Sortimentspolitik

In einem ersten Schritt haben Neuunternehmer im Rahmen des Marketing-Mix ihr genaues Produkt- oder Dienstleistungsangebot zu definieren. Sie müssen auf der Basis der Marktanalyse und der Kundenbedürfnisse entscheiden, welchen Qualitätsansprüchen die Leistungen genügen sollen und wie umfangreich das Leistungsangebot sein soll.

Bei der Definition der Produktqualität sollten Neuunternehmer beachten, dass gute Qualität aus ihrer Sicht für die Kunden möglicherweise unnötig, unerwünscht oder unerschwinglich sein kann.

Stellt ein Schreiner beispielsweise Holzspielzeug her, dürfte es den umwelt- und gesundheitsbewussten Kunden egal sein, ob es aus Tannen- oder Buchenholz gefertigt ist. Für sie bedeutet Qualität, dass die Spielsachen keine giftigen Lacke und Farben enthalten. Qualität kann sich bei Produkten auch auf Leistung, Robustheit, Lebensdauer, Funktion, Sicherheit oder auf das Design beziehen. Bei Dienstleistungen kann Qualität Schnelligkeit, Flexibilität, Individualisierbarkeit oder Zuverlässigkeit bedeuten. Bei Beratungstätigkeiten sind damit vielleicht individuelle Lösungskonzepte gemeint, persönliche Betreuung durch die Firmeninhaberin oder Beratung durch interdisziplinär zusammengestellte Beraterteams.

Definieren Sie die Produktqualität nicht aus Ihrer Sicht, sondern aus der Sicht Ihrer Kunden und ausgerichtet auf deren Wünsche, Kaufmotive und wahren Bedürfnisse.

Leistungsangebot Ein weiterer wichtiger Entscheid in der Produkt- und Sortimentspolitik ist die Bestimmung des optimalen Leistungsumfangs. Unterschieden wird hier zwischen der Breite und der Tiefe des Leistungsangebots:

— Je mehr verschiedene Produkte ein Unternehmen anbietet, desto **breiter** ist sein Sortiment. Am Beispiel des Schreiners: Er stellt nicht nur Schaukelpferde her, sondern auch Laufräder, Brettspiele, Puppenhäuschen und Kinderküchen.
— Je mehr Varianten ein Unternehmen in einer einzelnen Warengruppe anbietet, desto **tiefer** ist sein Sortiment. Am Beispiel des Schreiners: Er produziert seine Laufräder in vier verschiedenen Grössen und von den Kinderküchen stellt er fünf unterschiedliche Ausführungen her.

Wer Produkte ausschliesslich über das Internet verkauft, kann sich möglicherweise ein breiteres und tieferes Sortiment leisten als der Laden in der Innenstadt. Denn der Internetshop muss für ein grösseres Sortiment nicht mehr teure Ladenfläche mieten. Er kann die Waren in einem billigen Aussendepot lagern oder sie erst nach Bestellungseingang beim Hersteller anfordern (mehr zum Thema Internet auf Seite 140).

Neuunternehmer fahren mit einem beschränkten Leistungsangebot meist nicht schlecht. Es bindet weniger Kapital, beansprucht weniger teuren Lagerplatz und reduziert die Gefahr von Ladenhütern. Zudem kann sich eine Neuunternehmerin mit einem schmalen, aber perfekt auf die Kundenbedürfnisse abgestimmten Leistungsangebot im Markt viel eher als Spezialistin etablieren und sich dadurch leichter von Konkurrenten abgrenzen. Deshalb gibt es Läden, die ausschliesslich Glückwunschkarten verkaufen; Grafiker, die hauptsächlich Internetauftritte gestalten; Hoteliers, die vor allem Gäste mit Hunden beherbergen.

Nebenprodukte und Zusatzleistungen Ein Leistungsangebot lässt sich unter Umständen auch mit geeigneten Nebenprodukten abrunden oder mit sinnvollen Zusatzleistungen attraktiver machen:

Nebenprodukte sollten einen Bezug zum Hauptprodukt haben und zur Unternehmensstrategie passen. So verkaufen Sportfachgeschäfte Kraftriegel und Energy-Drinks oder medizinische Masseurinnen ätherische Öle. Die Kunst der Sortimentsabrundung liegt in der Wahl des richtigen Ergänzungsprodukts: Verkauft ein Sandwichladen im Sommer zusätzlich Eis, ergänzt dies das Angebot ideal, was bei Sonnenschutzmitteln kaum der Fall wäre.

Zusatzleistungen ergänzen das Hauptprodukt auf sinnvolle Weise. Mögliche Zusatzleistungen sind etwa eine Individualberatung, ein Auskunftsdienst rund um die Uhr, spezielle Garantien, Hauslieferungen, Reparatur- oder Unterhaltsdienste. Je nach Kundenbedürfnis und Art der Zusatzleistung wird diese in den Preis des Hauptprodukts eingerechnet oder zusätzlich in Rechnung gestellt. Zusatzleistungen müssen nicht teuer sein, es braucht dazu nur Gespür für die Kunden: Bringt die Wirtin den Kindern mit dem Sirup gleich noch Zeichenpapier und Malstifte, kostet sie dies wenig, freut aber Kinder und Eltern gleichermassen – und sie werden schon bald wieder im Restaurant einkehren.

Nebenprodukte und Zusatzleistungen sollen mithelfen, Mund-zu-Mund-Werbung zu initiieren und ein gewünschtes Unternehmensimage entstehen zu lassen. Im obigen Beispiel dürften Restaurant und Wirtin schnell vom Ruf «kinderfreundlich» profitieren können.

Die Checkliste «Produkt- und Sortimentspolitik» auf der CD-ROM enthält alle Aspekte, die Sie bei der Planung Ihres Sortiments berücksichtigen sollten.

Preispolitik

Von entscheidender Bedeutung für eine Firma ist die Preispolitik. Sie hat direkte Auswirkungen auf das Unternehmensergebnis. Was schon bei der Produktqualität erwähnt wurde, trifft auch für den Preis zu: Er ist relativ. Ob eine Ware teuer oder billig ist, entscheidet nicht der Anbieter, sondern die Konsumentin. Für sie muss das Verhältnis von Kosten und Nutzen stimmen.

Neuunternehmer ohne fundierte Branchenerfahrung in ihrem künftigen Geschäftsumfeld orientieren sich am besten anhand der Konkurrenzpreise über das aktuelle Preisniveau, indem sie Offerten einholen oder Preislisten anfordern. Im Firmengeschäft (business to business) geht das meist nicht so leicht, weil die Preise oft Verhandlungssache sind. Schwierig ist die Preisfindung auch bei neuen Produkten oder neuartigen Dienstleistungen, für die es keine Richtwerte gibt.

Grundlage für den «richtigen» Preis muss eine solide und realistische Kalkulation der effektiven Kosten sein. Vergessen dürfen Sie dabei auf keinen Fall Aufwendungen, die Sie den Kunden nicht direkt in Rechnung stellen können. Insbesondere bei Beratungstätigkeiten lässt sich meist nur ein Teil der effektiven Arbeitszeit einem Kunden direkt verrechnen. Die übrige Zeit geht für die Kundenakquisition und die Administration drauf – und diese Kosten müssen Sie letztlich über das Honorar oder den Verkaufspreis des Produkts hereinholen.

Zu berücksichtigen ist auch das Verhältnis zwischen Angebot und Nachfrage: Der einzige Anbieter eines gefragten Trendartikels oder einer exklusiven Dienstleistung wird einen verhältnismässig hohen Preis verlangen können. Eine wichtige Rolle bei Preisen spielen schliesslich auch irrationale Kriterien wie Prestige, Ansehen oder Geltungsbedürfnis. Wie sonst wäre jemand bereit, für ein paar Tröpfchen Parfum tief ins Portemonnaie zu greifen? Preise haben zudem eine psychologische Komponente: Eine Ware lässt sich für 199 Franken besser verkaufen als für 200 Franken – würde sie für unter 100 Franken angeboten, könnten die Kunden je nach Produkt unter Umständen das Gefühl haben, dass es sich um billigen Ramsch handelt.

Neuunternehmer getrauen sich oft nicht, den Preis zu verlangen, den sie fordern müssten – aus Angst, keine Kunden zu gewinnen. So kalkulieren sie schon bei der Offerte extrem knapp, bieten Spitzenqualität und Zusatzleistungen zum Normalpreis, verrechnen absichtlich ein paar Stunden weniger Arbeitsaufwand – und schaufeln sich damit unbewusst das eigene Grab.

Preisstrategien Als Unternehmerin, als Firmeninhaber können Sie verschiedene Preisstrategien ins Auge fassen. Sie müssen schliesslich diejenige wählen, die Ihrem Produkt oder Ihrer Dienstleistung, Ihrer Kundschaft sowie Ihrem gewünschten Firmenimage entspricht und eine Marge beinhaltet, mit der Sie nach Abzug aller Aufwände den geplanten Gewinn erwirtschaften können. Wichtig ist, die einmal gewählte Preisstrategie gleich von Beginn weg konsequent anzuwenden.

Tiefpreisstrategie: Diese Strategie steht meist in direktem Zusammenhang mit Produktqualität, Sortimentsgrösse und Zusatzleistungen; typisches Beispiel sind Discountläden: Sie führen ein beschränktes Sortiment, wenige Produkte in Topqualität und bieten keine Zusatzleistungen an. Als Strategie für Neuunternehmer eignet sie sich weniger, da ein Massengeschäft erforderlich ist.

Niedrig- bis Mittelpreisstrategie: Diese Strategie wird angewendet, um Marktanteile zu gewinnen und neue Märkte zu erschliessen. Eine typische Strategie für Neuunternehmer, um sich auf dem Markt zu etablieren.

Mittel- bis Hochpreisstrategie: Eine Preisstrategie, die oft bei neuen Produkten angewendet wird, um die Entwicklungskosten zu decken. Sobald die Konkurrenz mit Produkten nachzieht, werden die Preise gesenkt. Diese Strategie kann für Neuunternehmer durchaus geeignet sein.

Hochpreisstrategie: Die Hochpreisstrategie eignet sich für Prestige- oder Hochqualitätsprodukte, aber auch für Trendprodukte mit absehbar kurzem Lebenszyklus oder einfach, um den Gewinn zu optimieren. Typisches Beispiel sind Luxusartikel. Die Strategie ist auch für Neuunternehmer angezeigt, sofern hohe Qualität geboten wird – etwa Beratung in einem Spezialgebiet.

Alternativpreisstrategie: Neuunternehmer können sich unter Umständen auch mit einer – verglichen mit der Konkurrenz – alternativen Preisstrategie profilieren. So kann sich ein unabhängiger Anlageberater mit einer Gewinn- und Verlustbeteiligung entschädigen lassen statt wie üblich mit einem Fixhonorar oder einer prozentualen Entschädigung auf dem verwalteten Portefeuille.

Wichtig: die Marge Die Nettomarge muss umso höher sein, wenn im Unternehmen viel Kapital gebunden ist und hohe Unternehmerrisiken existieren. Die Marge wird auch von den Zahlungskonditionen beeinflusst, die Sie den Käufern offerieren, etwa Skonti, Rabatte, Zahlungsfristen, sowie von der Akzeptanz von Kreditkarten. Ein Barzahlungsrabatt, ein Skonto oder eine verkürzte Zahlungsfrist – zum Beispiel von den üblichen 30 auf 20 Tage reduziert – kann sich positiv auswirken, wenn Sie dadurch keinen teuren Kontokorrentkredit beanspruchen müssen oder das Geld zinsbringend anlegen können. Wer Kreditkarten akzeptiert, schmälert dagegen die Nettomarge, denn einige Prozente des Verkaufspreises fliessen der Kreditkartenorganisation zu.

Zurückhaltend sein sollten Sie beim Anbieten von individuellen Finanzierungsmöglichkeiten wie etwa Ratenzahlungen oder einer

Dumpingpreise

Viele Neuunternehmer versuchen, mit Dumpingpreisen den Markt zu erobern. Daran ist nichts auszusetzen, wenn der Preis als Verkaufsargument eingesetzt wird und die Nettomarge stimmt. Gerade Kleinfirmen haben ja gegenüber Grossunternehmen oft den Vorteil, dass sie weniger Fixkosten auf die Preise abwälzen müssen und daher billiger produzieren oder eine Dienstleistung günstiger erbringen können. Die Dumpingpreisstrategie erfordert aber ein äusserst straffes Kostenmanagement und ist oft nur mit rigorosen Rationalisierungsmassnahmen möglich. Ausserdem besteht das Risiko, dass die etablierte Konkurrenz mit aggressiven Gegenmassnahmen reagiert oder dass das Unternehmen bei späteren Preiserhöhungen viele Kunden verliert.

Rechnungsstellung, die erst Monate nach dem Kauf erfolgt. Hier besteht das grosse Risiko, dass Sie das Geld nie erhalten.

Spielt das Internet in Ihrem Geschäftsmodell eine Rolle, kann sich dies je nach Ware oder Dienstleistung preissenkend auswirken. Häufig lassen sich dadurch die Kosten für die Administration und die Warendistribution reduzieren (mehr zum Thema Internet auf Seite 140).

Auf der CD-ROM finden Sie die Checkliste «Preispolitik» mit allen Kriterien für eine sorgfältige Preisgestaltung.

Egal, für welche Preispolitik Sie sich entscheiden: Wichtig ist, dass Sie den Kunden die im Preis eingeschlossenen Leistungen transparent machen. Verlangt ein Maler für die gleiche Arbeit ohne Erklärung im Durchschnitt zehn Prozent mehr als seine Konkurrenten, wird ihn kaum jemand berücksichtigen. Kann er diese Preisdifferenz jedoch mit der Verwendung von ökologisch unbedenklichen Farben, mit schnellerem Service und längerer Garantiedauer begründen, sieht die Rechnung für die Kunden anders aus. Solche Angaben gehören darum in jede Offerte.

Kommunikationspolitik: übergeordnete Aspekte

Ein Neuunternehmer muss seine potenziellen Kunden möglichst rasch – idealerweise schon vor dem offiziellen Firmenstart – auf sich und seine Produkte oder Dienstleistungen aufmerksam machen. Das ist leichter gesagt als getan, denn in der Regel wird er kein Geld für eine gross angelegte Werbekampagnen haben.

Das fehlende Budget lässt sich grundsätzlich nur mit einer geschickten Kommunikationsstrategie, mit innovativen, aussergewöhnlichen Ideen bzw. mit einem cleveren Kommunikations-Mix kompensieren. Zu den klassischen Instrumenten des Kommunikations-Mix gehören:

- Verkauf (siehe Seite 129)
- Verkaufsförderung (siehe Seite 131)
- Werbung (siehe Seite 132)
- Öffentlichkeitsarbeit (siehe Seite 135)

Beim Kommunikations-Mix gilt das Gleiche wie beim Marketing-Mix: Kommunikationsaktivitäten erzielen nur dann die gewünschte Wirkung, wenn sie visuell einheitlich gestaltet sind und wenn die eingesetzten Kommunikationsinstrumente, der Zeitpunkt ihres Einsatzes, die kommunizierten Botschaften sowie die Tonalität in der Vermittlung perfekt auf die angesprochenen Zielgruppen ausgerichtet sind. Vereinfacht gesagt: Die Kommunikationsmassnahmen müssen sich optimal ergänzen und gegenseitig verstärken. Man spricht in diesem Zusammenhang von integrierter Kommunikation.

Neuunternehmer, die konzeptlos kommunizieren, inserieren auf Anfrage von Vereinskollegen oder Inserateakquisiteuren beispielsweise im Infoblatt der Dorfschützen, sponsern ein regionales Handballturnier oder machen Diawerbung im Kino. Damit verzetteln sie sich und geben viel Geld für wenig Wirkung aus. Ein durchdachtes Kommunikationskonzept hilft dies zu vermeiden.

Gelingt die ganzheitliche, abgestimmte Kommunikation, empfinden sie die angesprochenen Zielgruppen als ein harmonisches Ganzes. Sie erkennen ein Unternehmen leichter im Markt, unterscheiden es von Konkurrenzfirmen, machen sich vom Unternehmen das gewünschte Bild, speichern kommunizierte Botschaften besser ab – und handeln danach wie beabsichtigt: Sie informieren sich, probieren aus, bestellen, kaufen, lassen sich bedienen oder beraten.

Corporate Identity Voraussetzung für eine stimmige Kommunikation mit Kunden, Lieferanten und anderen Zielgruppen ist eine einheitliche visuelle Gestaltung der Kommunikation, etwa bezüglich Farben, Logos und Schriften. Gestaltungsrichtlinien werden in einem Corporate-Design-Manual festgehalten und gehören in die Hand jedes Grafikers und jeder Texterin, die für Sie tätig werden. Aus dem einheitlichen Corporate Design, einer unverwechselbaren Art der Kommunikation und dem Verhalten des Unternehmens sowie Ihrem persönlichen Verhalten als Firmeninhaber entsteht in der Wahrnehmung Ihrer Ansprechpartner schliesslich die Persönlichkeit Ihres Unternehmens – die Corporate Identity.

Was alles Ihre Gestaltungsrichtlinien beinhalten können, sehen Sie in der Checkliste «Corporate Design».

Kommunikationspolitik: Verkauf

Der Verkauf ist das direkteste Marketinginstrument. Ohne eine hohe Kompetenz in diesem Bereich wird keine Neuunternehmerin, kein Firmengründer Erfolg haben.

Produkte oder Dienstleistungen lassen sich auf verschiedene Arten verkaufen: über Agenten, Lizenznehmer, den Handel, über Aussendienstmitarbeiter, interne Sachbearbeiter, übers Internet oder im direkten Kontakt mit Kunden. Kleinunternehmer werden sich in der ersten Phase ihrer Selbständigkeit kaum auf eine eingespielte Verkaufsorganisation abstützen können. Sie müssen in den meisten Fällen selbst die Rolle des Verkäufers übernehmen.

Das direkte und persönliche Gespräch ist nach wie vor die stärkste Form des Verkaufens – und gleichzeitig die anforderungsreichste. Es bedingt hohe Fachkompetenz, Motivation, souveränes, überzeugendes Auftreten und eine auf den Gesprächspartner abgestimmte Verkaufstaktik. Verkäufer müssen wie ihre Kunden denken und ihnen nicht Produkte oder Dienstleistungen verkaufen wollen, sondern Problemlösungen, Lebensgefühle, Sicherheiten. Nur so können sie beim Verkaufen auch richtig und erfolgreich argumentieren.

Erfolgreiches Verkaufen braucht gezielte Vorbereitung. Sie erhalten meist nur eine Chance für ein Verkaufsgespräch. Verpassen Sie diese, haben Sie zehn potenzielle Kunden weniger – denn Negatives macht schnell die Runde. Perfektionieren Sie deshalb Ihre Verkaufskompetenz mithilfe von Kursen oder Fachliteratur.

Für den Verkaufserfolg sind letztlich auch irrationale Faktoren ausschlaggebend: die Ausstrahlung und das Äussere des Verkäufers, seine Mimik und Gestik, seine Fähigkeit, auf den Gesprächspartner einzugehen. Neuunternehmer, die sich dessen bewusst sind und sich selbst als den wichtigsten Werbeträger ihres Unternehmens betrachten, sparen viel Geld bei der Werbung.

Nicht immer ist der persönliche Kundenkontakt die beste Art des Verkaufs. Je nach Produkt, Dienstleistung, Firmenphilosophie, Bedürfnissen und Gewohnheiten der Kundschaft drängen sich andere Formen auf: etwa der Verkauf über Kataloge, über Telefon oder Internet. Kreative Neuunternehmer werden zudem neue Verkaufsvarianten prüfen – beispielsweise alternative Büro- oder Ladenöffnungszeiten.

Die Kundenpflege Schon beim Firmenstart sollten sich Neuunternehmer überlegen, wie sie ihre Kunden nach einem Verkaufsabschluss betreuen. Nachfassen – wie das im Marketing-Jargon heisst – ist der Schlüssel zur einer loyalen Stammkundschaft. Dabei wirken schon kleine Aufmerksamkeiten Wunder: ein nettes Dankeschön per E-Mail, eine Neujahrskarte oder ein Anruf, um eine neue Dienstleistung zu erklären.

Schwieriger ist die Kundenpflege bei Laden- oder sogenannter Laufkundschaft. Ihre Adressen erhält man nur mit speziellen Werbemassnahmen, etwa mit Wettbewerben, bei denen die Teilnehmenden die Adresse angeben müssen, oder mit einer Kundenkarte, die Rabatte gewährt.

Kundenpflege heisst auch richtig mit Reklamationen umgehen. Legen Sie sich eine klare Politik und ein Argumentarium zurecht. Schliesslich hat der Kunde immer Recht, selbst wenn dies nicht zutrifft. Schulen Sie auch Ihre Mitarbeitenden im Beschwerdemanagement. Erkennen Sie das Positive an Kundenreklamationen – sie sind die beste Informationsquelle für Verbesserungen.

Die Kundendatei Damit Sie Ihre Kundinnen und Kunden pflegen können, sollten Sie eine Kundendatei führen. Dabei genügt es nicht, einfach Name, Adresse und allenfalls das Geburtsdatum zu speichern. Vielmehr sollten Sie die Kundenkontakte im Detail protokollieren: Wie verlief das Gespräch? Was wurde vereinbart? Wie lautete die Bestellung? Wann dürfen Sie sich wieder melden? Da nicht jeder Kunde gleich bedeutend und wichtig ist, empfiehlt es sich, Kategorien zu bilden. Dabei werden die Kunden nach Umsätzen, nach der Bestellhäufigkeit oder anderen Kriterien gewichtet – zum Beispiel in A-, B- und C-Kunden.

Am einfachsten lassen sich solche Kundendateien mit dem Computer führen; geeignete Programme gibt es im Fachhandel. Oder Sie übernehmen die Vorlage einer einfachen Kundenkarte von der CD-ROM («Kundenkartei»). Dort finden Sie auch die Checkliste «Verkauf» zur Formulierung Ihrer Verkaufspolitik.

Kommunikationspolitik: Verkaufsförderung

Als Verkaufsförderung bezeichnet man alle Massnahmen, die kurz- oder langfristig dazu beitragen sollen, ein Produkt oder eine Dienstleistung besser zu verkaufen und damit den Umsatz zu steigern. Die Verkaufsförderung ist zwischen dem Verkauf und der Werbung angesiedelt und lässt sich deswegen nicht immer klar zuordnen. Während Werbung die Kunden auf ein Produkt aufmerksam macht, versucht Verkaufsförderung, die Ware den Abnehmern sozusagen in die Hand zu drücken. Verkaufsförderung kann auf verschiedenen Stufen betrieben werden:

— Zwischen dem Arbeitgeber und seinen Mitarbeitenden im Verkauf oder der Beratung: Motivieren Sie Ihre Mitarbeitenden mit Schulungen, neuen Verkaufsprospekten oder Prämien, mehr zu verkaufen.
— Zwischen dem Produzenten und seinen Warenverkäufern / Händlern: Ihre Händler können Sie zu eigenen Verkaufsförderungsmassnahmen ermuntern, indem Sie ihnen zum Beispiel Displaymaterial für Schaufenster und Verkaufsräume oder spezielle Verkaufsunterlagen liefern. Oder indem Sie das Verkaufspersonal Ihrer Händler schulen oder ihnen pro verkaufte Einheit für eine bestimmte Zeit einen Zusatzrabatt gewähren.
— Zwischen dem Produkthersteller oder Dienstleistungsanbieter und den Konsumenten: Ihr Ziel dabei ist es, neue Kunden zu gewinnen, bestehende Kunden zu belohnen und Kunden mit zeitlich limitierten Angeboten dazu zu motivieren, mehr zu kaufen. Geeignete Mittel sind etwa Aktionen, Rabatte, Sonderangebote, Gratismuster, Gutscheine, Coupons.

Als Neuunternehmer, als Firmengründerin dürften Sie Verkaufsförderung vorwiegend auf der dritten Stufe betreiben. Übertreiben Sie es jedoch damit, gefährden Sie auf die Dauer das Image Ihres Produkts oder Ihrer Dienstleistung. Zudem ziehen Sie vor allem Aktionskunden an, die wieder wegbleiben, wenn die Konkurrenz eines Tages günstiger ist.

Oft entscheidet der Zeitpunkt einer Verkaufsförderung über ihren Erfolg oder Misserfolg. Verkaufsaktionen wirken vor allem, wenn sie an speziellen Tagen des Kalenderjahrs stattfinden, die mit dem Produkt oder der Dienstleistung im direkten Zusammenhang stehen: etwa zu Beginn des Winters (Autogarage lanciert Winterpneuaktion), am Schulanfang (Papeterie gewährt Spezialrabatt auf Schulmaterial) oder während Messen (Weinhändler offeriert Messerabatt).

Definieren Sie Ihre Verkaufsförderungspolitik mithilfe der Checkliste «Verkaufsförderung» auf der CD-ROM. Dort finden Sie auch konkrete Ideen zum Thema.

Betrachten Sie Verkaufsförderung nicht nur als kurzfristige Massnahme zur Absatzsteigerung, sondern als permanentes Bemühen, Ihre Kundschaft kauffreudig zu stimmen. Übernehmen Sie Ideen anderer Branchen für Ihr Produkt oder Ihre Dienstleistung. Vermeiden Sie Verkaufsförderungsaktionen, die nur über den Preis laufen. Betreiben Sie Verkaufsförderung lieber über zusätzliche Dienstleistungen.

Kommunikationspolitik: Werbung

Werbung dient der Imagepflege, will den Bekanntheitsgrad eines Produkts steigern und die Nachfrage erhöhen. Keine Firma – am allerwenigsten eine neu gegründete – kommt ohne Werbung aus. Und sei es nur das Verteilen einer Visitenkarte. Damit Werbung beachtet wird und die erhoffte Wirkung zeigt, braucht es eine leicht verständliche Botschaft die über ein geeignetes Kommunikationsinstrument die gewünschte Zielgruppe erreicht.

Was für die anderen Marketinginstrumente zutrifft, gilt auch für die Werbung: Sie muss sich an der Unternehmensstrategie der Firma orientieren, darf keine falschen Erwartungen wecken, sollte dem

Image des Unternehmens und des Produkts entsprechen und vom Stil her zielgruppengerecht sein. Macht beispielsweise ein selbständiger Kundenmaler mit einem handgeschriebenen Flugblatt im Quartier bekannt, dass er in der Nachbarschaft einen Auftrag ausführt und danach Kapazitäten für weitere Aufträge hat, passt diese Werbemassnahme zu seinem Geschäftsmodell. Bewirbt eine Goldschmiedin ihre exklusive Kollektion auf einem Flugblatt statt in einer farbigen Hochglanzbroschüre, passt die Werbung nicht.

Die Zusammenarbeit mit Werbeprofis Neuunternehmer ohne Werbefachkenntnisse und gestalterische Fähigkeiten sollten für ihre Werbeaktivitäten einen Kommunikationsprofi beiziehen. Vielfach genügt es, eine Grafikerin zu engagieren, die eine Werbeidee auf kreative Art umsetzt oder ein Werbekonzept entwickelt, sowie einen Fotografen, der das Produkt ins rechte Licht rückt. Den umworbenen Kunden soll die Werbung dank einer cleveren Leitidee und gelungenen Umsetzung positiv auffallen. Stümperhafte Werbung ist kontraproduktiv.

Übergeben Sie die Werbung für Ihr Unternehmen einer Agentur, sollten Sie diese sorgfältig auswählen – denn längst nicht alle arbeiten professionell. Viele Werbeagenturen sind in einem Verband organisiert (etwa www.asw.ch oder www.bsw.ch), was einen gewissen Qualitätsstandard garantiert. Vergleichen Sie Offerten von mehreren Agenturen und holen Sie Referenzauskünfte ein.

Wichtig ist, dass Sie sich vor der Auftragserteilung mit den zuständigen Werbefachleuten persönlich unterhalten. Nur so finden Sie heraus, ob sich diese in die Problemstellung einfühlen können und genügend Sensibilität für Ihr Produkt oder Ihre Dienstleistung besitzen. Je präziser Sie den Kommunikationsfachleuten Ihre Ideen und Absichten schildern, desto besser wird deren Arbeit ausfallen.

Ihre Werbeagentur wählen Sie nach ähnlichen Kriterien aus wie jeden anderen externen Berater. Auf welche Punkte Sie achten sollten, zeigt Ihnen die Checkliste «Beraterwahl».

Die richtigen Massnahmen wählen Da Werbung schnell ins Geld geht, sollten Sie zwischen absolut notwendigen Werbemassnahmen zum Firmenstart und laufenden Werbeaktivitäten nach der Aufnahme der Geschäftstätigkeit unterscheiden.

Zu den Basis-Werbemassnahmen gehören etwa die Kreation eines passenden Firmenlogos, die Gestaltung von Visitenkarten, Briefpapier, Rechnungsformularen, das Formulieren von Werbebotschaften (Slogans oder Claims), das Erstellen einer Firmen- und Produktdokumentation sowie eines Internetauftritts (siehe Seite 142). Der Geschäftsstart wird unter Umständen mit einem Kundenevent gefeiert oder mit einer anderen speziellen Werbeaktion. Danach reduziert sich die Werbung vielleicht auf zwei, drei Massnahmen – beispielsweise auf einen regelmässig versandten Kunden-Newsletter, einen Eintrag ins Branchentelefonbuch und eine attraktive Verkaufsbroschüre.

Direktmarketing Die meisten Neuunternehmer dürften in der Aufbauphase Direktmarketing einsetzen. Mit diesem Instrument werden potenzielle Kunden direkt und persönlich angesprochen – per Telefon, mit Werbebroschüren, Werbeschreiben, mit E-Mails oder SMS. Meist sollen Direktwerbemassnahmen bei den Empfängern eine sofortige Reaktion auslösen: Sie sollen umgehend Waren bestellen, an einem Wettbewerb mitmachen, die offerierte Gratisberatungsstunde buchen. Man spricht in diesem Zusammenhang von Direct-Response-Werbung.

Auch hier gilt: Professionalität ist oberstes Gebot. Wer einen Werbebrief mit unverständlichen Botschaften, unlogischen Argumenten und voller Rechtschreibfehler verschickt, zerstört innert Sekunden nachhaltig sein Firmenimage.

Die Checkliste «Werbung» hilft Ihnen, Ihre Werbestrategie zu entwickeln. Zudem enthält sie konkrete Ideen von Werbemassnahmen für kleinere und grössere Budgets.

Neben allen getroffenen Werbemassnahmen: Nutzen Sie jeden sozialen Kontakt, um auf sympathische Art und Weise Werbung für Sie und Ihr Angebot zu machen. Aktivieren Sie also Ihr Vereinsleben, treten Sie Erfahrungsgruppen, Branchenverbänden und Unternehmernetzwerken bei oder engagieren Sie sich politisch. Ihr primäres Ziel sollte Mund-zu-Mund-Werbung unter den

Kunden sein. Keine noch so ausgeklügelte Werbekampagne ist billiger und wirksamer.

Kommunikationspolitik: Öffentlichkeitsarbeit

Bei der Öffentlichkeitsarbeit – besser bekannt als Public Relations (PR) – steht nicht wie im klassischen Marketing das Produkt oder die Dienstleistung im Zentrum der Kommunikationsaktivitäten, sondern die Firma selbst, ihr Handeln und ihre Reputation. PR-Themen sind beispielsweise die Visionen und Ziele der Firma, ihre Anliegen und Werte, ihr wirtschaftliches und soziales Engagement, ihr nachhaltiges, ökologisches Wirtschaften, ihre Bedeutung als Steuerzahlerin oder Arbeitgeberin.

Mit gezielten PR-Massnahmen versucht eine Firma, bei den für sie relevanten internen und externen Bezugsgruppen einen guten Ruf zu erlangen. Zu diesen Bezugsgruppen gehören je nach Unternehmen die Mitarbeitenden, die Kunden, die Kapitalgeber (Banken, Aktionäre, Darlehensgeber), die Geschäftspartner (Lieferanten, Kooperationspartner), Medienschaffende, wirtschaftliche, politische oder kulturelle Meinungsführer, die Bevölkerung am Firmenstandort, die Behördenmitglieder in der Gemeinde, im Kanton oder beim Bund, Politiker, Parteien sowie die Vertreter von Berufs- und Branchenverbänden, Umwelt- und Konsumentenschutzorganisationen und sonstigen Interessengruppen.

PR-Instrumente Zu den gängigen PR-Instrumenten zählen unter anderem Firmen- und Imagebroschüren, Imageinserate, die Unternehmenswebseite, Veranstaltungen, Gönner- und Sponsoring-Engagements, Lobbying-Aktivitäten und die Medienarbeit.

In einem kleineren Unternehmen tragen primär nicht die eingesetzten PR-Instrumente zur guten Öffentlichkeitsarbeit bei, sondern der Inhaber als Person. Seine Persönlichkeit, sein verantwortungsvolles, vertrauenswürdiges Handeln sind der Massstab für glaubwürdige PR – und nicht ein clever inszeniertes PR-Event. Überaus schlechte PR macht in diesem Sinn die Umweltberaterin, die zwei Privatautos besitzt und jeden Tag mit dem Motorrad zur Arbeit fährt, obwohl sie nur fünf Minuten zu Fuss hätte. Besser macht es ihre Kol-

Aktive Medienarbeit

Die Medien können Ihnen als Multiplikatoren von positiven Botschaften beim Aufbau Ihrer Firma enorm helfen – oder aber mit der Verbreitung von negativen Schlagzeilen Ihren Unternehmenserfolg gefährden. Versuchen Sie vom Firmenstart an, eine gute Beziehung zu den lokalen Medien (Zeitungen, Radio und Fernsehen) sowie der Fachpresse aufzubauen. Wenn Sie es geschickt anstellen und den Medienschaffenden für ihre Leser, Hörer oder Zuschauer ab und zu spannende, aktuelle Themen anbieten – wenn möglich in Form von fertigen Fachartikeln –, erreichen Sie mit wenig Aufwand kostenlose Publizität, die Ihnen im Geschäftsleben dienen kann. Am besten laden Sie die Medienschaffenden gleich zu Ihrer Firmeneröffnung ein oder versuchen, einen Lokaljournalisten für einen Artikel über Ihre neue Geschäftsidee zu begeistern.

legin, die das Kickboard benützt und beim Kopieren Recyclingpapier verwendet.

PR für Beratungsfirmen Einen wichtigen Platz nimmt die PR bei Beratungstätigkeiten ein. Der Schwerpunkt des Kommunikations-Mix liegt hier eher bei der gezielten Öffentlichkeitsarbeit und weniger in den Bereichen Verkauf, Verkaufsförderung oder Werbung. Berater und Beraterinnen können beispielsweise das gewünschte Image und die Sympathien für ihr Unternehmen mit seriösen Studien, mit Fachartikeln in Zeitungen und Fachzeitschriften sowie mit Seminaren und Fachvorträgen fördern. Aufgrund der so gewonnenen Publizität sollten die Kunden von sich aus auf den Neuunternehmer zukommen.

Die selbständige Versicherungsberaterin Sara O. plant fürs erste Geschäftsjahr folgende PR-Aktivitäten ein: Im Januar organisiert sie ein Feierabendgespräch mit einem Regionalbankenvertreter über steuerbegünstigte Anlagemöglichkeiten (Zielgruppe: Privatkunden). Im Juni will sie an der Jahresversammlung des lokalen Gewerbeverbands einen Fachvortrag zum Thema «Risikomanagement» halten (Zielgruppe: Geschäftskunden). Und im Oktober möchte sie einen Fachartikel zum Thema «Frühpensionierung» in der Regionalpresse platzieren (Zielgruppe: über 50-Jährige).

Damit Neuunternehmer erfolgreiche PR-Arbeit betreiben können, benötigen sie eine hohe persönliche Kommunikationskompetenz. Denn sie müssen in allen für sie relevanten Bereichen ein Beziehungsnetz aufbauen und pflegen. Der lokale Bauunternehmer braucht zum Beispiel offene Türen bei der Bauverwaltung der Gemeinde und einen guten Draht zu den Gemeindepolitikern. Damit er sie für seine Bauvorhaben gewinnen kann, muss er geschickt lobbyieren. Ob dies zum gewünschten Ziel führt, hängt wiederum stark von der Persönlichkeit des Geschäftsinhabers, seinem Ruf und Verhalten in der Öffentlichkeit ab.

Auch bei der PR-Arbeit erhöht ein strukturiertes Vorgehen die Wirkung der einzelnen Massnahmen. Idealerweise gewichten Sie zuerst die für Sie relevanten Bezugsgruppen nach Wichtigkeit und legen dann für jede eine geeignete Strategie fest. Darauf planen Sie geeignete PR-Massnahmen für Ihr erstes Geschäftsjahr. Die Checkliste «Öffentlichkeitsarbeit» auf der CD-ROM hilft Ihnen dabei.

Vertriebspolitik

Mit dem Vertrieb oder der Distribution stellt ein Unternehmen sicher, dass seine Kunden die gewünschten Produkte oder Dienstleistungen in der richtigen Qualität und Menge zur richtigen Zeit am richtigen Ort erhalten.

Damit dies klappt, benötigen Sie genaue Informationen über das Kundenverhalten: Was wünscht der Kunde? Wie möchte er einkaufen? Wie oft und wann bestellt er? Wie viel kauft er ein? Wie wichtig ist für ihn die Lieferzuverlässigkeit? Welche Ansprüche hat er an Reparatur- und Unterhaltsdienste? Wie schnell müssen Ersatzteile geliefert werden? Diese Fragen müssen Sie noch vor der Geschäftseröffnung beantworten. Denn Marktneulinge können sich keine Vertriebspannen erlauben. Die Kunden werden keinen Garagisten weiterempfehlen, der verspricht, der Service sei am Abend fertig –

dann aber drei Tage braucht, weil er keine Ersatzteile hatte. Kunden lassen in Zukunft auch das Restaurant links liegen, dem schon abends um sieben die gross angepriesenen Pfeffersteaks ausgegangen sind.

Neuunternehmer mit einschlägiger Branchenerfahrung können absehbare Logistikprobleme abschätzen und entsprechende Gegenmassnahmen treffen. Wer sich nicht auf Erfahrungswerte abstützen kann, muss versuchen, mögliche Engpässe im Warenfluss und Arbeitsaufwand anhand von Modellrechnungen, Schätzungen und Organisationsabläufen zu erkennen.

Im Beratungsgeschäft manifestiert sich das Vertriebsproblem im Zeitmanagement. Wie schafft es die Beraterin, Kunden am Morgen in Bern, am Nachmittag in Zürich und gegen Abend in Basel zu beraten? Und wie stellt sie sicher, dass sie die mit den Kunden vereinbarten Termine für die Abgabe von Konzepten, Arbeitspapieren und Abschlussberichten einhalten kann?

Wer sich im Handel engagiert, hat wiederum ganz andere Logistikprobleme: Wie verlässlich sind die ausländischen Lieferanten? Welches sind die zuverlässigsten, kostengünstigsten Transportmittel? Mit welchen Verzögerungen am Zoll ist bei der Aus- und Einfuhr von Waren zu rechnen? Wie lässt sich sicherstellen, dass die Güter unversehrt am Bestimmungsort ankommen?

Der Vertrieb von Waren wirft meist auch Fragen zur Lagerhaltung auf. Wo und in welchen Umfang müssen Waren gelagert werden? Hier stehen Neuunternehmer vor einem Dilemma: Einerseits möchten sie über ein möglichst umfangreiches Lager verfügen, um Lieferengpässe zu vermeiden. Andererseits binden sie dadurch Kapital, das sie eigentlich für andere Zwecke benötigen. Und wie steht es mit den Lagerkosten? Ein Lager im Industriequartier ist billiger zu mieten als im Stadtzentrum. Dafür liegt es vielleicht verkehrstechnisch höchst ungünstig. Auch hier bleibt nichts anderes übrig, als die Vor- und Nachteile sorgfältig gegeneinander abzuwägen.

Müssen Waren transportiert werden, stellt sich zusätzlich die Frage nach dem Transportmittel. Oft gibt es mehrere Möglichkeiten: Post, Bahn, Schiff, Flugzeug, Auto. Immer breiter ist auch das Angebot an privaten Vertriebsfirmen. Die Wahl der idealen Vertriebsart und des geeignetsten Anbieters hängt primär von Produkt ab (Verderblichkeit, Zerbrechlichkeit). Hinzu kommen Kriterien wie Schnelligkeit, Verfügbarkeit, Zuverlässigkeit und Kosten. Es ist müssig, den Kunden einen 24-Stunden-Expressdienst anzubieten, den sie kaum beanspruchen und deshalb auch nicht bezahlen wollen.

Beachten Sie bei der Distributionsart auch den Imagefaktor. Muss die Ware zwingend mit dem Auto zu den Kunden gebracht werden? Ein lokal tätiger Grafiker mit Mandaten im Umweltschutzbereich setzt wohl besser den Velokurier ein, selbst wenn dies teurer ist. Dafür resultiert daraus ein Imagegewinn.

Der kreative Neuunternehmer wird sich grundsätzlich überlegen, ob sich seine Produkte und Dienstleistungen allenfalls über neue Vertriebsformen verkaufen lassen. Wieso nicht Sushi direkt an die Haustür liefern, verspannte Managerrücken während der Mittagspause im Büro massieren oder Software nur übers Internet per Download vertreiben?

Vertrieb über Dritte Produkte lassen sich auch via Dritte vertreiben – über Händler, Agenten oder Detaillisten. Natürlich sind Sie als Produkthersteller dann auf die Zuverlässigkeit, Qualität und Effizienz Ihrer Partner angewiesen. Die Gründe, den Vertrieb über Dritte abzuwickeln, liegen in den hohen Vertriebskosten, einem fehlenden Absatzkanal oder einem zu engen Warensortiment.

Die Künstlerin Meret C. kreiert eigenen Modeschmuck. Doch sie hat zwei grosse Probleme: Einerseits könnte sie den Schmuck wohl nur an bester Kundenlage verkaufen – das ist ihr aber wegen der horrenden Ladenmieten kaum möglich. Andererseits müsste sie Fremdware zukaufen, um ihr beschränktes Angebot abzurunden. Beides will sie sich nicht leisten. Darum wählt Meret C. eine alternative Vertriebsvariante und bietet ihren Schmuck in ausgewählten Bijouteriegeschäften und Modeboutiquen an. Denn genau diese Orte frequentiert ihre Zielkundschaft.

Bevor Sie eine Zusammenarbeit mit einem Vertriebspartner eingehen, sollten Sie sich folgende Fragen stellen:

- Passt Ihr Produkt ins Sortiment des Vertriebspartners?
- Stimmt das Image des Vertriebspartners mit Ihrem Produkt- und Unternehmensimage überein?
- Besitzt er das nötige Know-how für eine fachgerechte Vermarktung?
- Spricht der Vertriebspartner mit seinem Angebot die gewünschte Kundengruppe an?
- Welchen Absatz / Umsatz garantiert der Vertriebspartner?
- Welche Distributionsleistungen (Investitionen) müssen Sie selbst übernehmen?
- Wie stark schmälert der Vertrieb über Dritte Ihre eigene Marge?

Welche Punkte bei der Wahl der richtigen Vertriebsart zu berücksichtigen sind, sehen Sie in der Checkliste «Vertriebspolitik» auf der CD-ROM.

Internet: wichtig fürs Marketing

Nicht von ungefähr heisst es heute: «Wer nicht im Internet präsent ist, existiert nicht.» Tatsächlich, auch Kleinstunternehmen sollten nicht auf das wertvolle Instrument Internet bzw. auf eine eigene Unternehmenswebseite verzichten. Das Internet kann jedes der vier Marketinginstrumente sinnvoll ergänzen, im gesamten Marketing-Mix die zentrale Rolle spielen – ja, das ganze Geschäftsmodell lässt sich auf dem Internet aufbauen. Auf der anderen Seite ist die Wirkung des Internets nicht zu überschätzen. Das Medium allein kann keine Geschäftsidee ersetzen.

Produkt- und Sortimentspolitik Wer durch ein kleines Ladenlokal in der Sortimentsbreite eingeschränkt ist, kompensiert dies möglicherweise durch einen umfassenden Onlineshop. Für gewisse Produkte oder Dienstleistungen ist das Internet ausserdem ein gutes Testfeld: Man kann den Prototypen eines Produkts oder die Idee für eine neuartige Dienstleistung ins Netz stellen und so herausfinden, ob dafür überhaupt eine Nachfrage besteht.

Preispolitik Produkte, die sich übers Internet vertreiben lassen, können oft zu attraktiveren Preisen angeboten werden als Produkte im Laden; weil es kein Verkaufspersonal braucht, die Administration weniger aufwendig ist, keine Ladenmieten anfallen. Auch ist die Lagerhaltung günstiger, weil der Standort des Lagers keine Rolle spielt.

Kommunikationspolitik Hier bietet das Internet einem Unternehmen fast unbeschränkte Möglichkeiten, mit den wichtigen Bezugsgruppen auf transparente, schnelle Art zu kommunizieren. In einem Onlineshop lassen sich zum Beispiel Waren und Dienstleistungen zeigen, beschreiben, bestellen und bezahlen. Zudem lässt sich das Internet ideal für jegliche Verkaufsförderungs- und Werbemassnahmen einsetzen. Sei dies mit Banner-Werbung, einem E-Mail-Newsletter-Versand oder durch Annoncen bei Suchmaschinen (sogenannten Adwords), bei denen der Inserent für die Anzeige nur dann bezahlt, wenn jemand den Link anklickt (beispielsweise unter http://adwords.google.ch).

Im Weiteren kann und sollte die eigene Homepage auch ein wichtiges Element in der PR-Arbeit sein. Mit einem zur Firma und zum Leistungsangebot passenden, informativen Internetauftritt tragen Sie zum guten Image Ihres Unternehmens bei und können mit Ihren Bezugsgruppen interaktiv kommunizieren. Das Internet hilft Ihnen auch massiv Kosten sparen, indem Sie beispielsweise Ihre Firmenpublikationen, Imagebroschüren, Produktbeschreibungen, Preislisten oder Bildmaterial nicht mehr in ausgedruckter Form anbieten, sondern – zusätzlich oder gar ausschliesslich – als PDF-Dokumente zum Herunterladen.

Clevere Unternehmen nutzen ihren Internetauftritt als öffentlich zugängliches Firmenarchiv und veröffentlichen darauf neben dem Leistungsangebot auch ihr Firmenorganigramm, die Teammitglieder mit Lebensläufen, Referenzlisten mit Kommentaren von zufriedenen Kunden, Kurzbeschreibungen von erfolgreich durchgeführten Projekten, Antworten auf die häufigsten Kundenfragen, publizierte Artikel über die Firma und vom Inhaber geschriebene Fachberichte oder gehaltene Referate.

Vertriebspolitik Für digitale Ware wie Software, Games, Musik oder Filme bietet sich der elektronische Vertrieb geradezu an. Verpackungs- und Versandkosten entfallen, denn die Kunden laden sich die gewünschten Daten nach Bezahlung mit der Kreditkarte einfach von Ihrer Homepage herunter.

Bevor Sie sich mit Euphorie an die Entwicklung einer Internetseite machen, sollte Ihnen klar sein, wozu Sie diese primär nutzen wollen, welche Funktion sie in Ihrem Geschäftsmodell übernimmt und welche Kundengruppen Sie damit ansprechen wollen. Die Antworten auf diese Fragen prägen dann den gesamten Internetauftritt.

Unternehmenswebseite Die eigene Homepage ist gleichzeitig die Visitenkarte, die Broschüre und der Prospekt Ihres Unternehmens. Je professioneller sie daherkommt, umso eher entscheiden sich potenzielle Kunden für Ihre Firma. Denn das Internet ermöglicht einen schnellen und einfachen Vergleich mit Marktkonkurrenten: Wer etwa seinen Garten neu gestalten lassen möchte und Empfehlungen für zwei Gartenbaufirmen hat, wird zuerst beide im Internet suchen. Enthält die Homepage von Gartenbauer H. weder Angaben zum Inhaber noch zum Betrieb, gibt es Rechtschreibfehler und Seiten ohne Inhalte, fehlen Kundenreferenzen, Bilder von gelungenen Projekten und die Telefonnummer bei der Kontaktadresse, wirft das ein schlechtes Licht auf den Betrieb. Gartenbauer P. dagegen, der sich mit einer visuell und inhaltlich attraktiv gestalteten Homepage mit integrierter E-Mail-Funktion präsentiert, dürfte vom potenziellen Kunden sofort kontaktiert werden.

Es lohnt sich also, etwas Zeit und Geld in die eigene Homepage zu investieren. Achten Sie dabei auf folgende Punkte:

Anmeldung der Adresse: Melden Sie so schnell wie möglich Ihre gewünschte Internetadresse bei www.switch.ch an. Mit Vorteil wählen Sie eine einfach zu merkende Adresse, optimalerweise Ihren Firmennamen. Besteht das Risiko, dass viele Internetnutzer Ihre Adresse falsch schreiben, registrieren Sie auch falsche Varianten und leiten diese auf die richtige um. So entgehen Ihnen keine potenziellen Kunden.

Entwicklungskosten: Je höher Ihre Qualitätsansprüche an die eigene Homepage sind, desto grösser ist der Entwicklungsaufwand. Viele grosse Provider bieten Tools an, mit denen Sie einen rund zehnseitigen, einfachen Internetauftritt in etwa drei Tagen selbst erstellen können. Mit Gratisprogrammen, Freeware genannt, können Sie – ein gewisses Grundwissen vorausgesetzt – Ihre Homepage kostenlos selber gestalten (Links finden Sie auf der CD-ROM). Für eine professionelle Lösung sollten Sie aber Internetprofis beiziehen. Diese erstellen je nach Umfang und Funktionen bereits für wenige tausend Franken individuell gestaltete Webauftritte. Eine professionelle Onlineshop-Lösung kostet hingegen schnell einige zehntausend Franken. Zwar gibt es auch standardisierte Verkaufsplattformen, für die man eine einmalige Einrichtungsgebühr und danach monatliche Nutzungebühren bezahlt. Dabei müssen Sie aber sicherstellen, dass Ihre Kunden einfach bestellen und sicher bezahlen können – was nicht bei allen Anbietern der Fall ist.

Laufende Kosten: Zu den ständig anfallenden Kosten eines Internetauftritts gehören unter anderem die technische und inhaltliche Betreuung, das Beschaffen und Aufbereiten von Inhalten, die Wei-

Die Unternehmenswebseite vermarkten

Die tollste Homepage nützt nichts, wenn sie niemand kennt und aufruft. Deshalb müssen Sie Ihre Homepage bekannt machen, indem Sie die Internetadresse auf alle Firmenunterlagen drucken, also auf Visitenkarten, Briefpapier, Kuverts, Bestell- und Rechnungsformulare, Broschüren, Prospekte, Werbeschreiben, Werbeschilder, Werbegeschenke, aber auch aufs Geschäftsauto. Verlinken Sie zudem Ihre Homepage mit Webseiten, die das gleiche Zielpublikum ansprechen, Sie aber nicht konkurrenzieren.

Ausserdem sollten Sie dafür sorgen, dass Ihre Homepage bei Anfragen mit den relevanten Stichworten auf den Suchmaschinen möglichst weit oben in der Trefferliste erscheint. Dazu müssen Sie Ihre Homepage unter anderem bei den Suchmaschinen anmelden (Infos dazu unter www.suchmaschinentricks.de/anmeldung). Unter der Adresse www.seekport.de/seekbot können Sie Ihre Homepage daraufhin testen, wie gut sie von den Suchmaschinen erkannt wird.

Eine gute Idee ist es auch, einige Produkte auf Internet-Verkaufsplattformen anzubieten und über diese die Benutzer auf die eigene Webseite zu lotsen (bei Ricardo und E-Bay ist die Integration der eigenen Webadresse allerdings nicht erlaubt).

terentwicklung der Webseite, die Gebühren für die Adresse und den Speicherplatz beim Provider sowie die Aufwände für die Vermarktung der Homepage.

Betreuung: Eine Homepage müssen Sie intensiv betreuen. Das heisst, die Inhalte ständig aktualisieren, auf Vollständigkeit und Fehler überprüfen (insbesondere Links), E-Mails und Anfragen rasch beantworten und Nutzungsstatistiken auswerten. Das ist zeit- und kostenintensiv, aber zwingend notwendig. Denn die Kunden setzen die Qualität Ihrer Homepage mit der Qualität Ihres Angebots gleich.

Achten Sie bei den Inhalten auf Ihrer Webseite darauf, dass Sie keine Bestimmungen des Datenschutzes verletzen. Beispielsweise dürfen Sie nicht einfach einen Artikel aus einer Fachzeitung einscannen und auf Ihre Homepage stellen. Das Gleiche gilt für Bilder. Fragen Sie immer bei den Urhebern der Werke nach dem Einverständnis. Auch für die Publikation von Fotos Ihrer Mitarbeitenden benötigen Sie deren Einverständnis.

Der Inhalt entscheidet über den Erfolg eines Internetauftritts. Er muss den Besuchern echten Nutzen bieten und darf nicht zur Selbstbeweihräucherungsplattform verkommen. Die Checkliste «Internetauftritt» auf der CD-ROM enthält dazu einige Ideen.

Marketingmassnahmen planen

Sich Ziele setzen ist eines, sie realisieren etwas anderes. Wenn Sie sich eingehend mit den Ausführungen rund um das Marketing auseinandergesetzt haben, sollten Sie nun für jeden Bereich des Marketing-Mix konkrete Massnahmen definieren und sich einen Terminplan zurechtlegen können. Dabei sind folgende Fragen zu beantworten:

- Welche Massnahmen werden bei den Produkten und Dienstleistungen realisiert?
- Welche Massnahmen werden im Rahmen der Preispolitik ergriffen?
- Welche Massnahmen werden im Bereich Verkauf umgesetzt?

- Mit welchen Massnahmen wird der Verkauf von Produkten und Dienstleistungen gefördert?
- Mit welchen Massnahmen werden die angebotenen Produkte und Dienstleistungen beworben?
- Welche Massnahmen sind in Bezug auf die Öffentlichkeitsarbeit geplant?
- Mit welchen Massnahmen wird der Vertrieb der Produkte oder Dienstleistungen sichergestellt?

Eine Vorlage für die Planung Ihrer Marketingmassnahmen finden Sie auf der CD-ROM («Massnahmenplanung Marketing»).

Und noch einmal, weil's so wichtig ist: Jede einzelne Massnahme muss auf die übrigen Instrumente im Marketing-Mix abgestimmt sein – nur dann kann das ins Marketing investierte Geld seine erhoffte Wirkung entfalten. Diese ist allerdings oft schwer oder gar nicht messbar – vor allem weil Marketinganstrengungen bei den angesprochenen Zielgruppen vielfach nicht unmittelbare Handlungen auslösen, sondern langfristig wirken. Gut messbar ist dagegen das Resultat von Direktmarketing anhand der Rückantworten. Bei Aktionen oder Sonderangeboten zeigt sich die Wirkung in den Verkaufszahlen oder der Anzahl Neukunden. Idealerweise überlegen Sie sich schon beim Entwickeln von Marketingideen, wie Sie den Erfolg der getroffenen Massnahmen überprüfen und auswerten können.

Einer der besten Indikatoren für gutes Marketing ist die Zufriedenheit der Kunden, die Zahl der Wiederkäufer – oder umgekehrt die Zahl der Reklamationen.

Setzen Sie Prioritäten: Beschränken Sie sich in jedem Bereich des Marketing-Mix auf diejenigen Massnahmen, die Sie sich leisten können und von denen Sie den grössten Nutzen erwarten. Haben Sie Geduld. Auch die genialsten Marketingmassnahmen zeigen meist nicht eine unmittelbare Wirkung. Nur Beständigkeit bringt den gewünschten Erfolg.

Marketingbudget festlegen

Neuunternehmer und Firmengründerinnen haben in der Regel keine grossen Marketingbudgets. Sie müssen fehlendes Geld durch clevere Ideen kompensieren und bei den Massnahmen klare Prioritäten setzen. Für den Marketing-Mix könnte das heissen: ein Firmenlogo und ein einheitliches Erscheinungsbild entwerfen, Basisdokumente drucken (Briefbögen, Kuverts, Visitenkarten, Produktbroschüre), eine Webseite erstellen, ein Firmenschild produzieren, regelmässig kleinere Inserate im Gemeindeanzeiger schalten.

Ist danach noch Geld übrig, sollten Sie jene Marketingmassnahmen ergreifen, die mit einem Minimum an Einsatz ein Maximum an Wirkung versprechen. Beachten Sie bei der Wahl von geeigneten

Methoden zur Bestimmung des Marketingbudgets

Methode	Kommentar
So viel ausgeben, wie man sich leisten kann	Eine beliebte Methode, aber eigentlich eine falsche, denn sie fördert nicht Beständigkeit, sondern situatives Handeln. Nach guten Umsätzen wird ins Marketing reingebuttert, in der Flaute aber kein einziger Franken ausgegeben – dabei sollte es gerade umgekehrt sein.
Sich an der Konkurrenz orientieren	Damit werden Unternehmer zu Nachahmern und nicht zu Führern. Auch hier wäre die umgekehrte Rolle besser: der Konkurrenz mit Marketingideen eine Nasenlänge voraus sein.
Sich an den Werbezielen orientieren	Bei diesem Vorgehen wird das Geld vor allem für die Marketingmassnahmen ausgegeben, die den Umsatz am positivsten beeinflussen. Die Methode eignet sich für Neuunternehmer in der Startphase und auch später.
Einen Prozentsatz des geplanten Umsatzes investieren	Diese Methode zwingt Unternehmer, in die Zukunft zu blicken, sich zu entscheiden, zu handeln und nicht nur zu reagieren. Für Neuunternehmer ist sie erst nach der Startphase zu empfehlen.
Einen Prozentsatz des erzielten Umsatzes einsetzen	Für Neuunternehmer ist diese Methode frühestens nach einem Geschäftsjahr anwendbar. Der Nachteil: Unternehmer richten sich nach der Vergangenheit aus. Idealerweise müssten sie sich an der Gegenwart und Zukunft orientieren.

Werbemedien immer die Kosten pro Kundenkontakt. Zehn Zeitungsinserate mit hohem Streuverlust und tiefem Beachtungsgrad sind unter diesem Aspekt vielleicht massiv teurer als der Versand eines Direktmailings an einige tausend potenzielle Kunden. Und vielleicht erreicht Diawerbung im lokalen Kino, ein kurzer Werbespot im Lokalradio oder ein Plakataushang im Stadtzentrum das angesprochene Zielpublikum noch besser und kostengünstiger.

Für Laien ist es schwierig, Werbekontaktberechnungen anzustellen. Ausführliche Informationen über Zahlen von Zeitungslesern, Radiohörerinnen und Kinogängern sind direkt bei den Verlagen und Sendern erhältlich oder bei der Werbegesellschaft der Verlage (zum Beispiel www.publicitas.ch). Auch professionelle Werbeagenturen kennen die Reichweiten, die Nutzung und Beachtung der gängigen Kommunikationsinstrumente und können Ihnen konkrete Vorschläge machen, wie Sie Ihr beschränktes Werbebudget am sinnvollsten einsetzt.

Wie viel Geld Sie in der Startphase gesamthaft ins Marketing stecken sollen, lässt sich nicht verallgemeinernd sagen – zu unterschiedlich sind die Ausgangslagen. In der Praxis gibt es verschiedene Methoden zur Bestimmung der Marketingausgaben (siehe Kasten), wobei keine richtig oder falsch ist. Die Höhe des Marketingbudgets ist vielfach eine Mischung dieser Berechnungsarten.

Unternehmensstandort

Glücklich, wer sich als Neuunternehmer, als Firmengründerin in ein gemachtes Nest setzen kann und sich nicht mit Standortfragen beschäftigen muss. Das trifft etwa auf all jene zu, die eine im Markt bereits etablierte Firma, einen gut laufenden Gewerbebetrieb, eine bestens ausgestattete Werkstätte, ein ideal gelegenes Büro oder einen gut frequentierten Laden übernehmen können.

Einfach haben es auch Jungunternehmer, die für ihre selbständige Tätigkeit nicht viel mehr als einen Schreibtisch, ein Telefon, einen Internetanschluss und ein freies Zimmer in der Wohnung benötigen.

Sie müssen lediglich beim Vermieter abklären, ob eine selbständige Erwerbstätigkeit gemäss Hausordnung erlaubt ist.

Die übrigen Neuunternehmer müssen mögliche Unternehmensstandorte sorgfältig auf ihre Vor- und Nachteile überprüfen und dabei vielfach Kompromisse eingehen. Sie sollten sich für die Wahl des optimalen Firmenstandorts genügend Zeit nehmen. Denn der Standort einer Unternehmung beeinflusst in vielen Fällen massgeblich den künftigen Geschäftserfolg.

Wichtige Standortkriterien

Die wichtigsten Entscheidungskriterien und Grundlagen für die Standortwahl liefert die Marktanalyse (siehe Seite 83). Sie zeigt auf, wo die Konkurrenz den Markt beherrscht und wo es geografisch noch Platz für weitere Anbieter gibt. Die Unternehmens- und die Marketingstrategie (siehe Seite 114 und 119) definieren das Geschäftsmodell, die Zielkunden, die Verkaufsart und Warendistribution. Das ist die Basis für weitere Überlegungen bei der Standortfrage.

Die richtige Lage Als Erstes sollten Neuunternehmer ihre persönliche Situation und ihre Präferenzen analysieren, die sie möglicherweise in der Standortwahl einschränken: Jemand möchte etwa wegen seiner Familie den Wohnort nicht wechseln, seinen Arbeitsort mit dem öffentlichen Verkehr erreichen, dafür aber höchstens eine Stunde Wegzeit einsetzen – und für die Miete der Geschäftsräume nicht mehr als einen bestimmten Betrag ausgeben. Solche Restriktionen schränken die Standortwahl weiter ein.

In einem weiteren Schritt sollten sich Neuunternehmer überlegen, wie entscheidend der Betriebs- oder Verkaufsstandort für den Geschäftserfolg letztlich ist. Die zentrale Frage lautet, ob der Unternehmer mit seinem Produkt, seiner Dienstleistung zu den Kunden gehen muss oder ob diese zu ihm kommen. Läden mit Laufkundschaft oder bestimmte Dienstleistungsanbieter sollten möglichst einfach erreichbar sein und zentral liegen: in der Innenstadt, in Fussgängerzonen oder in Einkaufszentren (siehe auch Seite 151). Für andere Unternehmer – etwa für einen Softwareentwickler – spielt der Standort dagegen eine untergeordnete oder keine Rolle, denn sie haben nur selten direkten Kundenkontakt. Und wenn, dann besuchen sie die Kunden an deren Standort.

Suchen die künftigen Kunden das Unternehmen auf, stehen folgende Fragen im Raum: Kommen sie zu Fuss, mit dem Zug, dem eigenen Auto, mit dem Bus oder Taxi? Je nachdem sollte die nächste Autobahnausfahrt, der Bahnhof oder die Bushaltestelle in der Nähe sein – oder es sind Kundenparkplätze gefragt. Werden Waren angeliefert, braucht es vielleicht eine spezielle Zufahrt und genügend Platz zum Abladen.

Platzbedarf und Umgebung Als Nächstes müssen Sie Ihren genauen Raumbedarf definieren. Wie viele und wie grosse Räume werden benötigt? Welchen Zwecken müssen sie dienen? Denken Sie dabei auch an Empfangs- und Besprechungsräume, an Kochmöglichkeiten, Toiletten sowie an Archivräume.

Weitere Überlegungen bei der Auswahl des Firmenstandorts betreffen die Umgebung, den Charakter des Quartiers. Das Erscheinungsbild sollte zu Ihrem Business passen. Die Atemtherapeutin beispielsweise wird entspanntere Kunden haben, wenn diese während der Therapie nicht ständig spielende Kinder aus dem angrenzenden Kindergarten hören.

Vorausschauende Neuunternehmer konsultieren vor der definitiven Wahl ihres Firmenstandorts den Orts- und Zonenplan und informieren sich beim zuständigen Bauamt über geplante Bauvorhaben, die ihre Geschäftstätigkeit negativ beeinflussen könnten. Sie erkundigen sich auch nach den Gewerbevorschriften, denn die meisten Gewerbebetriebe und Werkstätten dürfen nur in Gewerbe- und Industriezonen stehen. Dabei sind klare Bestimmungen bezüglich Lärm, Abwasser und Abgasen einzuhalten.

Steuern und Kosten Für standortunabhängige Betriebe ist die Steuerbelastung des Kantons und der Gemeinde ein weiteres Standortkriterium. Steuern sollten aber nie das entscheidende Kriterium sein: Was nützen tiefe Steuern auf dem Land, wenn sich dadurch die Distanz zu den Kunden und Mitarbeitenden vergrössert?

Wer auf hoch spezialisierte Mitarbeiter angewiesen ist, sollte seinen Standort auch nach dem Markt für Arbeitskräfte ausrichten.

Qualifizierte Fachkräfte lassen sich oft nur mit hohen Löhnen in die Provinz locken.

In den meisten Fällen dürften beim definitiven Entscheid zum Firmenstandort der Mietzins und die Mietkonditionen ausschlaggebend sein. Dafür sollten Sie in Ihrem Budget einen Maximalbetrag definiert haben – und davon auch nicht abweichen, wenn Sie ein vermeintliches Traumobjekt gefunden haben. Da an vielen Orten Büro-, Lager- und Gewerberäume leer stehen, lässt sich unter Umständen mit dem Vermieter verhandeln.

Studieren Sie den Mietvertrag gründlich. Von Bedeutung ist insbesondere, wer die für Ihre Geschäftstätigkeit notwendige Infrastruktur oder Umbauten zahlt. Klären Sie die Nebenkosten ab, beachten Sie die Kündigungsfristen und gehen Sie keine langfristigen Mietverträge ein. Informieren Sie den Vermieter über Ihre genaue Geschäftstätigkeit.

Wer sich bei der Standortwahl nicht in unwichtigen Detailfragen verlieren möchte, keine falschen Prioritäten setzen und nicht nach dem Zufallsprinzip entscheiden will, muss mit System vorgehen. Dabei hilft ein klares Anforderungsprofil an den Standort, das die individuellen Bedürfnisse berücksichtigt. Die Checkliste «Standortwahl» auf der CD-ROM liefert Ihnen dafür wertvolle Impulse.

Technoparks, Gründer- und Technologiezentren

Eine kostengünstige Alternative zum individuellen Standort bieten die Technoparks, Gründer- und Technologiezentren. Sie stehen Firmengründern aller Branchen offen. Die Idee dahinter: Möglichst unterschiedliche Betriebe sollen zu günstigen Mietkonditionen unter einem Dach vereint sein und dadurch voneinander profitieren können. Den eingemieteten Firmen steht meist eine zentrale Infrastruktur zur Verfügung, etwa eine Telefonzentrale, ein professionell geführtes Sekretariat oder eine hausinterne Unternehmensberatung. Adressen von Technoparks finden Sie auf der CD-ROM.

Spezialfall Ladenlokal

Je mehr potenzielle Kundschaft bereits heute vor einem Ladenlokal vorbeigeht, desto geeigneter ist der Standort. Objekte an erstklassigen Lagen sind allerdings meist sehr teuer zu mieten. Lassen Sie sich davon aber nicht gleich abschrecken. Unter Umständen lohnt es sich, für eine Toplage mehr zu bezahlen, wenn dafür die Kundenfrequenz steigt. Beachten Sie aber unbedingt auch folgende Standortfaktoren:

- Schaufenster: Es muss gross genug sein, dass Sie Ihre Gestaltungswünsche umsetzen können.
- Ladeneingang: Dieser sollte ebenerdig, einladend und leicht zu finden sein.
- Lieferanteneingang: Für Warenlieferungen sollte ein separater Eingang vorhanden sein, damit die Kunden im Laden nicht gestört werden.
- Innenausstattung: Ihre Waren müssen Sie optimal präsentieren können. Das ist meist nur mit einer Umgestaltung der Räume möglich, die der Vermieter aber erlauben muss.
- Konkurrenz: Läden mit gleichem Warenangebot in unmittelbarer Nähe können sich positiv auf Ihr Geschäft auswirken, da sie gleiche Kundschaft anzieht.
- Behördliche Auflagen: Können über, neben, vor dem Laden und Schaufenster die gewünschten Prospektständer, Werbetafeln oder Leuchtreklamen angebracht werden? Die Baubehörde informiert darüber.

Die Rechtsform

Firmengründer müssen ihrem Unternehmen von Gesetzes wegen eine Rechtsform verleihen. Dabei stehen mehrere Varianten zur Wahl. Das folgende Kapitel beschreibt die wichtigsten Rechtsformen, zeigt die Unterschiede auf und hilft, die optimale Form für das eigene Unternehmen zu finden.

7

Rechtsformen im Überblick

Firmengründer haben die Wahl zwischen verschiedenen Rechtsformen. Diese Wahl ist mehr als nur eine Formsache und sollte gut überlegt sein. Andererseits dürfen Sie diesen Entscheid aber auch nicht überbewerten, da er für den eigentlichen Geschäftserfolg des neuen Unternehmens von untergeordneter Bedeutung ist. Zudem lässt sich eine unpassende Rechtsform später jederzeit wechseln.

Zu den gängigsten Rechtsformen in der Schweiz zählen die Einzelfirma – auch Einzelunternehmen genannt –, die Kommandit-, die Kollektiv- und die Aktiengesellschaft (AG) sowie die Gesellschaft mit beschränkter Haftung (GmbH).

Beliebte Rechtsformen

Neben den oben genannten Rechtsformen existieren noch weitere: die Kommanditaktiengesellschaft, die Genossenschaft, der Verein und die einfache Gesellschaft. Auf sie geht der Ratgeber nicht oder nur am Rand ein. Denn die Kommanditaktiengesellschaft kommt in der Praxis kaum mehr vor, die Genossenschaft und der Verein sind für Neuunternehmer eher ungeeignet und die einfache Gesellschaft hat bei der Gründung eines neuen Betriebs höchstens den Charakter eines Lückenbüssers. Die einfache Gesellschaft besitzt keine eigene

Rechtsformen von Unternehmen in der Schweiz

	Einzelfirma	Kommandit-gesellschaft	Kollektiv gesellschaft	Gesellschaft mit beschränkter Haftung (GmbH)	Aktiengesell-schaft (AG)
1992	117 000	3 400	16 000	3 000	170 000
2007	151 500	2 500	14 100	98 700	178 200
	+ 34 500	– 900	– 1 900	+ 95 700	+ 8 200

Quelle: Eidgenössisches Amt für das Handelsregister (Zahlen gerundet)

Einzelfirma, Personen- und Kapitalgesellschaft		
	Gesellschaften	
Einzelfirma (natürliche Person)	**Personengesellschaften**	**Kapitalgesellschaften**
	Kollektivgesellschaft	Aktiengesellschaft (AG)
	Kommanditgesellschaft	Gesellschaft mit beschränkter Haftung (GmbH)

Rechtspersönlichkeit und keinen eigentlichen Namen. Es handelt sich lediglich um eine Interessengemeinschaft bzw. eine Vereinbarung zwischen zwei oder mehreren Personen, die in der Regel in einer bestimmten Zeit gemeinsam ein bestimmtes Ziel erreichen möchten – etwa ein Bauwerk erstellen. Bei der einfachen Gesellschaft haftet jedes Mitglied solidarisch und unbeschränkt für allfällige Geschäftsschulden. Aus diesem Grund ist diese Rechtsform Neuunternehmern nicht zu empfehlen.

Die häufigsten Firmenformen in der Schweiz sind die Einzelfirma, die AG und die GmbH. Wobei vor allem letztere in den vergangenen Jahren beliebt wurde.

Um es vorwegzunehmen: Die optimale Unternehmensform – die weder Haftungsrisiken noch Kapitalvorschriften mit sich bringt, die Unabhängigkeit voll gewährleistet und erst noch steuerlich die meisten Vorteile aufweist – die gibt es nicht.

Kriterien für die Wahl

Das Gesetz schreibt Unternehmern keine bestimmte Rechtsform vor. Ein regionaler, kleiner Familienbetrieb kann durchaus als AG geführt werden – und eine international tätige Unternehmung mit 200 Angestellten als Einzelfirma. Eine Änderung des Rechtsstatus ist jederzeit möglich, je nach Rechtsform aber mit beträchtlichen Kosten und allenfalls auch mit Steuerproblemen verbunden. Deshalb sollten Sie sich vorgängig gut überlegen, welche Rechtsform den Bedürfnissen Ihres Unternehmens am meisten entgegenkommt. Wägen Sie dabei folgende Aspekte gegeneinander ab:

Risiko, Haftung: Sie unterscheiden sich von Rechtsform zu Rechtsform. Als Neuunternehmer sollten Sie diesem Aspekt erste Priorität einräumen. Generell gilt: Je höher das Unternehmerrisiko und das finanzielle Engagement des Gründers oder der Gründerin, desto eher drängt sich eine Gesellschaftsform mit limitierter Haftung auf. Sie hält das Risiko für das private Vermögen in überschaubaren Grenzen.

Kapital, Kosten: Der Kapitalbedarf, das vorgeschriebene Mindestkapital und die Gründungskosten sind je nach Rechtsform unterschiedlich hoch. Neuunternehmer mit beschränkten Kapitalressourcen wählen deshalb mit Vorteil eine Gesellschaftsform mit niedrigen Gründungskosten und ohne gesetzliche Mindestkapitalvorschriften.

Unabhängigkeit: Der Einfluss und der Handlungsspielraum des Unternehmers unterscheiden sich bei den einzelnen Rechtsformen stark. Entscheidend ist deshalb, ob Sie Ihr Geschäft alleine oder mit einem oder mehreren Partnern führen wollen und ob Ihre Partner reine Kapitalgeber, Mitarbeitende oder Mitinhaber sind.

Entwicklungsperspektiven, Nachfolger: Die Rechtsform muss in erster Linie für den Geschäftsstart ideal sein. Sie sollte aber auch die absehbare Entwicklung der Firma nicht behindern und zur unternehmerischen Langzeitvision passen. Eine spätere Firmenfusion, Firmenspaltung oder Firmenumwandlung ist zwar möglich, verursacht jedoch Kosten und Umtriebe. Ältere Neuunternehmer sollten bei der Wahl der Rechtsform zudem an die Nachfolgeregelung denken.

Sozialversicherungen: Je nach Rechtsform sind gewisse Sozialversicherungen freiwillig, obligatorisch oder existieren für den Unternehmer gar nicht. So sind zum Beispiel anders als bei einer AG oder GmbH die Inhaber von Einzelfirmen und Kollektivgesellschaften nicht gegen Arbeitslosigkeit versichert, unterstehen nicht der obligatorischen Unfallversicherung und müssen sich auch keiner Pensionskasse anschliessen. In diesem Fall braucht es eine ganz andere Versicherungs- und Vorsorgestrategie (siehe Seite 180).

Steuern: Die einzelnen Rechtsformen unterliegen unterschiedlichen Besteuerungsgrundsätzen. Je nachdem werden dabei Privat- und Geschäftsvermögen des Unternehmers getrennt oder zusammen besteuert. Welche Rechtsform steuerlich am günstigsten kommt, lässt sich nicht generell beantworten. Das hängt unter anderem von den kantonalen Steuergesetzen, den Kosten der Finanzierung und den nur schätzbaren Unternehmensgewinnen ab. Bei geringen Gewinnen oder gar Verlusten sind Personengesellschaften tendenziell steuerlich günstiger als Kapitalgesellschaften (mehr zu den Steuern lesen Sie auf Seite 235).

Die Wahl der richtigen Rechtsform ist eine komplexe Angelegenheit. Nicht immer ist für Laien ersichtlich, welche längerfristigen Vor- und Nachteile die eine oder andere Variante mit sich bringt. Ziehen Sie deshalb einen versierten Treuhänder oder eine Anwältin mit Erfahrung im Bereich Firmengründungen bei. Diese beraten Sie nicht nur bei der Wahl der Rechtsform, sondern helfen Ihnen auch bei der Erstellung von Firmenstatuten und weiteren Gründungsformalitäten.

Ein Infoblatt mit einer Übersicht über alle im Ratgeber besprochenen Rechtsformen, in der die oben genannten Kriterien zusammengefasst sind, finden Sie auf der CD-ROM («Rechtsformen»).

Rechtsformen im Detail

Auf den folgenden Seiten werden die einzelnen Rechtsformen im Detail vorgestellt. Zur Verdeutlichung der Unterschiede wird jedes Mal das Beispiel des Malermeisters Werner Stern vorangestellt. Er ist 30 Jahre alt, heiratete letztes Jahr, wurde kürzlich Vater einer Tochter – und will nun sein eigenes Malergeschäft eröffnen. Seine Frau Marianne besitzt eine kaufmännische Grundausbildung. Sie will ihren Mann in der Buchhaltung, beim Erstellen von Offerten, bei der Fakturierung und Korrespondenz unterstützen.

Die Wahl der Rechtsform hat unter anderem einen grossen Einfluss auf die Vorsorgesituation des Unternehmers und seiner Familie (mehr dazu auf Seite 180). Deshalb finden Sie bei den Eingangsbeispielen immer auch die Überlegungen von Herrn und Frau Stern zu diesem Thema.

Einzelfirma

Werner und Marianne Stern möchten ihr Unternehmen flexibel starten und suchen maximale unternehmerische Freiheit mit einem Minimum an Vorschriften. Die Firmengründung soll unkompliziert sein und möglichst wenig kosten. Die Firmenführung wird bei Werner Stern liegen. Des Risikos der persönlichen Haftung sind sich beide bewusst; mit Versicherungspolicen wollen sie ein Sicherheitsnetz knüpfen. Marianne Stern wird als Angestellte gegen Lohn im Geschäft arbeiten, geniesst dadurch den üblichen Versicherungsschutz und erhält Kinderzulagen. Die Sterns wählen die Rechtsform der Einzelfirma.

Einzelfirmen sind nach kaufmännischer Art geführte Handels-, Fabrikations- oder Dienstleistungsbetriebe. Der Gründer hat bei der Einzelfirma als Inhaber das alleinige Sagen. Er muss sich beim Gründungskapital nicht an gesetzliche Vorschriften halten, kann seine Ideen ohne Einschränkungen verwirklichen, muss sich von keinem Dritten dreinreden lassen und mit niemandem den Gewinn teilen. Es ist deshalb kein Zufall, dass die meisten Neuunternehmer, die eine Kleinfirma gründen, diese Rechtsform wählen.

Haftung Bei der Einzelfirma haftet der Inhaber für allfällige Firmenschulden mit seinem gesamten Geschäfts- und Privatvermögen. Ein Firmenkonkurs kann ihn also auch privat ruinieren. Einzelunternehmer, die Wohneigentum besitzen, können im schlimmsten Fall ihr Dach über dem Kopf verlieren. Dies lässt sich nur verhindern, wenn private Vermögenswerte ihm Rahmen von eherechtlichen Vorkehrungen rechtzeitig auf den Ehepartner übertragen werden (mehr dazu auf Seite 223).

Steuern Bei der Einzelfirma ist die Trennung zwischen privatem und geschäftlichem Kapital weitgehend aufgehoben. Inhaber von

Einzelfirmen versteuern deshalb ihr gesamtes privates und geschäftliches Einkommen und Vermögen zusammen.

Gründung und Kosten Jedermann kann jederzeit allein eine Einzelfirma gründen und sofort zu arbeiten beginnen. Es ist kein spezieller Gründungsakt, kein Vertrag, keine öffentliche Beurkundung notwendig. Die Einzelfirma beginnt zu existieren, wenn der Neuunternehmer die regelmässige wirtschaftliche Tätigkeit aufnimmt. Beträgt der jährliche Umsatz einer Einzelfirma voraussichtlich mehr als 100 000 Franken, ist der Eintrag ins Handelsregister obligatorisch (siehe Seite 175). Beträgt der Umsatz weniger als 100 000 Franken, können Einzelunternehmer ihre Firma freiwillig eintragen; sie werden dadurch aber nicht buchführungspflichtig, sondern nur aufzeichnungspflichtig. Das heisst, sie müssen keine doppelte Buchhaltung führen, sondern lediglich sämtliche Einnahmen und Ausgaben aufzeichnen, damit die Steuerbehörde die steuerbaren Nettoeinkünfte ermitteln kann.

Die Gründungskosten für eine Einzelfirma sind bescheiden. Sie hängen davon ab, ob die Beratung einer Fachperson in Anspruch genommen und ob die Firma ins Handelsregister eingetragen wird. Im Normalfall reichen 500 Franken für die Gründung aus. Am schnellsten und einfachsten lässt sich eine Einzelfirma über die Web-Plattform www.kmuadmin.ch ins Handelsregister eintragen. Über diesen Onlinegründungsdienst des Staatssekretariats für Wirtschaft seco kann sich ein Einzelunternehmer zudem bei der AHV sowie bei der Mehrwertsteuer anmelden (siehe Seite 193 und 254).

Eine Einzelfirma lässt sich zu jedem Zeitpunkt problemlos in eine Kapitalgesellschaft umwandeln. Sie ist auch einfacher zu liquidieren als andere Rechtsformen.

Firmenname Der Name einer Einzelfirma muss aus dem Familiennamen des Inhabers gebildet werden, mit oder ohne Vornamen. Der Vorname ist mit Vorteil ausgeschrieben. Im Fall von Malermeister Stern hiesse die Firma also nicht «W. Stern», sondern «Werner Stern». Zulässig sind auch ergänzende Fantasie- oder Sachbezeichnungen. Besonders letztere sind zu empfehlen. Denn nur unter

«Werner Stern Farben» oder «Farbdesign Stern» können sich Aussenstehende und potenzielle Kunden konkret etwas vorstellen.

Übernimmt jemand eine Einzelfirma, kann er den Firmennamen des bisherigen Inhabers nur weiterführen, wenn dieser damit einverstanden ist. Dann muss dem Firmennamen jedoch ein Zusatz beigefügt werden, der den Inhaberwechsel ausdrückt. Aus dem ehemaligen «Malergeschäft Peter Bucher» würde dann zum Beispiel das «Malergeschäft Werner Stern, ehemals Peter Bucher» (siehe auch Markenschutz Seite 97).

Ist eine Einzelfirma im Handelsregister eingetragen, kann später kein anderer Geschäftsinhaber an demselben Ort diesen Firmennamen verwenden – auch wenn er den gleichen Vor- und Familiennamen hat.

Fazit Ist die Entwicklung Ihres Unternehmens höchst ungewiss, Ihr unternehmerisches Risiko und Kapital beschränkt und suchen Sie uneingeschränkte unternehmerische Freiheit, kann die Einzelfirma die ideale Rechtsform sein. Bei hohem Geschäftsrisiko drängt sich dagegen eine Kapitalgesellschaft auf.

Typische Merkmale der Einzelfirma

Gründung	Führung	Liquidation
– Handelsregistereintrag ab 100 000 Franken Umsatz – Keine Mindestkapitalvorschriften – Geringe Gründungskosten – Firmenname muss zwingend identisch mit Nachnamen sein – Zusatzbezeichnung im Firmennamen möglich	– Private Haftung und alleinige Verantwortung – Grosse unternehmerische Freiheiten – Nur Aufzeichnungspflicht – Buchführungspflicht bei Eintragungspflicht ins Handelsregister – Besteuerung zusammen mit dem Privateinkommen und -vermögen	– Einfaches Verfahren – Liquidations- und Verkaufsgewinne steuerbar – Umwandlung in andere Rechtsformen leicht möglich

Status des Inhabers: selbständige Erwerbstätigkeit

Kommanditgesellschaft

Marianne Stern wird ihren Ehemann in der Firma tatkräftig unterstützen und möchte deshalb nicht nur Angestellte, sondern Mitgesellschafterin sein. Da sie einiges an Geld in die Ehe einbrachte, will sie jedoch unter keinen Umständen mit ihrem Privatvermögen haften, höchstens mit 5000 Franken. Um die Gründungsfinanzierung sicherzustellen, werden die Eheleute ihre Pensionskassenguthaben beziehen. Sie wollen die Altersvorsorge jedoch so schnell wie möglich wieder durch einen freiwilligen Pensionskassenanschluss sichern und mit regelmässigen Einzahlungen in die Säule 3a steueroptimiert ausbauen. Aus diesen Überlegungen heraus wählen sie die Rechtsform der Kommanditgesellschaft.

An einer Kommanditgesellschaft sind zwei oder mehrere Gesellschafter beteiligt. Sie schliessen sich zusammen, um eine Handels- oder Produktionsfirma oder ein anderes nach kaufmännischer Art geführtes Gewerbe zu betreiben. Jeder Gesellschafter bringt dabei so viel Kapital ein, wie er möchte. Die Kommanditgesellschaft ist eine Rechtsform mit geringer Bedeutung. Die Zahl der neu gegründeten Gesellschaften dieser Form nimmt seit Jahren ab; wohl nicht zuletzt, weil die unterdessen breit akzeptierte GmbH ihr den Rang abgelaufen hat.

Haftung Von den Gesellschaftern muss mindestens einer, der sogenannte Komplementär, unbeschränkt für die Verbindlichkeiten der Kommanditgesellschaft haften. Der Komplementär muss eine natürliche Person sein. Er kann aber erst belangt werden, wenn die Gesellschaft aufgelöst oder erfolglos betrieben wurde. Die anderen Gesellschafterinnen und Gesellschafter (Kommanditäre) haften nur bis zu einer bestimmten Vermögenseinlage, der Kommanditsumme. Als Kommanditäre kommen auch juristische Personen infrage. Kommanditäre sind von der Geschäftsführung ausgeschlossen, haben nur beschränkte Kontrollrechte und unterliegen einer anderen Gewinn- und Verlustbeteiligung als Komplementäre. Kommanditäre können nicht betrieben werden.

Gründung und Kosten Gegründet wird eine Kommanditgesellschaft durch den Abschluss eines Gesellschaftsvertrags. Dieser ist zwar auch mündlich rechtsgültig, sollte aber auf jeden Fall schriftlich abgefasst sein – am besten mithilfe eines Treuhänders, einer Rechtsanwältin oder Notarin. Je grösser der Beratungsaufwand, desto höher sind die Gründungskosten. Die Kommanditgesellschaft muss im Handelsregister eingetragen werden.

Eine Checkliste mit allen Punkten, die in einen Gesellschaftsvertrag gehören, finden Sie auf der CD-ROM.

Firmenname Im Namen einer Kommanditgesellschaft darf nur der Familienname des Komplementärs verwendet werden. Wäre der Name eines Kommanditärs enthalten, würde dieser voll haften. Malermeister Sterns Kommanditgesellschaft hiesse aus diesem Grund beispielsweise «Stern und Partner». Allein aufgrund des Namens einer Firma lässt sich nicht feststellen, ob es sich um eine Kollektiv- oder eine Kommanditgesellschaft handelt.

Typische Merkmale der Kommanditgesellschaft

Gründung	Führung	Liquidation
– Handelsregistereintrag – Keine Mindestkapitalvorschriften – Geringe Gründungskosten – Firmenname zwingend identisch mit Nachnamen eines Komplementärs (mindestens ein Name erforderlich) – Zusatzbezeichnung im Firmennamen möglich – Gesellschaftsvertrag sinnvoll	– Private Haftung aller Komplementäre, und zwar solidarisch (jeder für alles) – Private Haftung aller Kommanditäre, und zwar solidarisch bis zur im Handelsregister eingetragenen Kommanditsumme – Geschäftsführung aufgrund mehrerer Gesellschafter einfach zu organisieren – Grosser Einfluss von Gesellschaftermutationen auf das Firmengeschehen – Buchführungspflicht – Besteuerung zusammen mit Privateinkommen und -vermögen	– Einfaches Verfahren – Liquidations- und Verkaufsgewinne steuerbar – Umwandlung in andere Rechtsformen leicht machbar

Status des Gesellschafters: selbständige Erwerbstätigkeit

Fazit Die Kommanditgesellschaft wird meist gewählt, wenn eine Einzelfirma oder eine Kollektivgesellschaft zusätzliche Eigenmittel benötigt, ohne dass die Geschäftsführung um einen neuen Teilhaber erweitert werden soll. In der Praxis übernimmt oft die Ehefrau eines Einzelunternehmers die Rolle der Kommanditärin. Damit schliesst die Kommanditgesellschaft im Prinzip die Lücke zwischen einer Kapitalgesellschaft (AG oder GmbH) und der Kollektivgesellschaft. Sie eignet sich deshalb für Neuunternehmer, die sich mit keiner dieser beiden Rechtsformen anfreunden können.

Kollektivgesellschaft

Werner und Marianne Stern möchten in ihrer Firma gleichgestellte Partner sein. Denn beide investieren ihre gesamte Arbeitskraft ins Malergeschäft und sind gleichwertige Unternehmerpersönlichkeiten. Aus diesem Grund akzeptieren sie auch, dass sie beide persönlich und solidarisch haften. Viele Risiken werden die Eheleute versichern können – das Restrisiko wollen sie selber tragen. Die Sterns beabsichtigen, mit grösseren Einzahlungen auf Säule-3a-Konten ihre Altersvorsorge voranzutreiben und so Steuern zu sparen. Aus diesen Überlegungen heraus wählen sie als Rechtsform die Kollektivgesellschaft.

Bei der Kollektivgesellschaft schliessen sich zwei oder mehrere natürliche Personen mit der Absicht zusammen, gemeinsam eine nach kaufmännischen Regeln geführte Firma zu betreiben. Dabei steuert jeder Gesellschafter so viel Kapital und Arbeit bei, wie er kann oder will. Die Kollektivgesellschaft besitzt keine eigene Rechtspersönlichkeit, ist also keine juristische Person. Auf der anderen Seite tritt sie im Geschäftsverkehr unter ihrem eigenen Namen auf. Sie kann Rechte erwerben, Verbindlichkeiten eingehen, vor Gericht als Klägerin auftreten oder verklagt werden, Betreibungen einleiten und selbst betrieben werden.

Haftung Die Gesellschafter haften für die Verbindlichkeiten der Firma mit ihrem eigenen Vermögen unbeschränkt und solidarisch – und das bis fünf Jahre nach Auflösung der Gesellschaft. Dabei spielt es keine Rolle, wer von den Gesellschaftern einen Verlust oder Konkurs verschuldet hat; betrieben werden kann jeder einzelne auf die volle ausstehende Schuld. Allerdings können die Gesellschafter nur persönlich belangt werden, wenn zuvor die Kollektivgesellschaft selbst erfolglos betrieben worden ist. Geht eine Kollektivgesellschaft Konkurs, gehen in der Praxis meist auch alle Gesellschafter Konkurs. Sie dürften nämlich zu diesem Zeitpunkt schon ihr ganzes Privatvermögen in die Firma gesteckt haben, um sie zu retten.

Was die Geschäftsführung betrifft, so haftet jeder Gesellschafter gegenüber den anderen im Rahmen der Sorgfaltspflicht. Wer diese Risiken eingeht, muss seinen Partnern voll und ganz vertrauen können.

Steuern Die Kollektivgesellschaft ist als Unternehmen nicht steuerpflichtig. Die einzelnen Gesellschafter werden aufgrund ihres Einkommens (Lohn, Gewinnanteil, Eigenkapitalzinsen) und ihres Vermögens direkt privat besteuert. Muss ein Gesellschafter aus privaten Gründen Konkurs anmelden, kann sein Liquidationsanteil gepfändet werden. Der Konkurs eines Gesellschafters stellt somit eine Gefahr für den Weiterbestand der Kollektivgesellschaft dar.

Gründung und Kosten Zur Gründung einer Kollektivgesellschaft reicht bereits ein mündlicher Vertrag zwischen zwei oder mehreren natürlichen Personen. Die Gesellschafter sollten jedoch unbedingt einen schriftlichen Gesellschaftsvertrag abschliessen, der die Beziehung unter ihnen im Detail regelt. Je sorgfältiger dieser Vertrag ausgearbeitet und auf die individuellen Verhältnisse abgestimmt ist, desto eher lassen sich spätere Konflikte vermeiden. Die nach kaufmännischer Art geführte Kollektivgesellschaft ist bei der Gründung auch im Handelsregister einzutragen. Die Gründungskosten hängen weitgehend vom Beratungsaufwand des Anwalts oder der Treuhänderin ab. Dazu kommen noch einige hundert Franken an Gebühren für den Handelsregistereintrag.

Wegen des hohen Haftungsrisikos sollten Sie unbedingt auf einem sorgfältig abgefassten Gesellschaftsvertrag bestehen. Welche Punkte darin geregelt sein müssen, sehen Sie in der Checkliste «Gesellschaftsvertrag» auf der CD-ROM.

Typische Merkmale der Kollektivgesellschaft

Gründung	Führung	Liquidation
– Handelsregistereintrag – Keine Mindestkapital-vorschriften – Geringe Gründungskosten – Firmenname zwingend identisch mit Nachnamen (mindestens ein Name und Zusatz, der auf weitere Gesellschafter hinweist) – Zusatzbezeichnung möglich – Gesellschaftsvertrag sinnvoll	– Private Haftung, und zwar solidarisch (jeder für alles) – Geschäftsführung aufgrund mehrerer Gesellschafter einfach zu organisieren – Grosser Einfluss von Gesellschaftermutationen auf das Firmengeschehen – Buchführungspflicht – Besteuerung zusammen mit Privateinkommen und -vermögen	– Einfaches Verfahren – Liquidations- und Verkaufsgewinne steuerbar – Umwandlung in andere Rechtsformen leicht machbar

Status des Gesellschafters: selbständige Erwerbstätigkeit

Firmenname Der Firmenname der Kollektivgesellschaft muss die Namen aller Gesellschafter enthalten. Möglich ist auch nur ein einziger Name, sofern eine Zusatzbezeichnung das Gesellschaftsverhältnis andeutet. Das wird zum Beispiel mit den Bezeichnungen «& Co.», «& Cie.», «+ Sohn», «Erben», «Gebrüder» erreicht. Im Fall des Malermeisters Werner Stern könnte die Firma «WEMA W. Stern + M. Stern» heissen.

Fazit Die Kollektivgesellschaft eignet sich für Neuunternehmer, die ihr Kapital und ihre Arbeitskraft mit einem Partner vereinen wollen, um am Markt potenter auftreten zu können. Sie nehmen dabei jedoch ein hohes, persönliches Haftungsrisiko in Kauf. Das wesentliche Element einer Kollektivgesellschaft ist folglich die echte Partnerschaft unter den Gesellschafterinnen und Gesellschaftern. Mit anderen Worten: Alle Beteiligten müssen sich bestens verstehen und dieselben Ziele verfolgen.

Aktiengesellschaft (AG) und Gesellschaft mit beschränkter Haftung (GmbH)

Werner Stern will seine Firma zu 100 Prozent allein besitzen und führen. Im Fall eines Konkurses will er nur mit dem Firmenvermögen haften, nicht aber das Eigenheim und das Privatvermögen aufs Spiel setzen. Er möchte zudem nicht mit seinem Namen in der Firmenbezeichnung erscheinen. Er beabsichtigt, mit seinem Geschäft rasch zu expandieren und dabei weitere Partner aufzunehmen. Sollte er den äusserst optimistischen Businessplan tatsächlich umsetzen können, will er das Geschäft teuer verkaufen – ohne auf dem Verkaufsgewinn Steuern zahlen zu müssen. Aufgrund dieser Pläne entscheidet sich Werner Stern für eine AG.

Die AG ist eine eigenständige Rechtspersönlichkeit – eine juristische Person –, für die sich mehrere natürliche oder juristische Personen zusammenschliessen, ein bestimmtes Kapital einbringen und dadurch zu Aktionären werden.

Das Ehepaar Stern will Firma und Privatleben möglichst klar trennen, um im Fall eines Konkurses nicht mit dem Privatvermögen haften zu müssen. Sie suchen auch die räumliche Trennung von der Firma und planen, in der Nähe ihres Eigenheims eine Werkstatt inklusive Büro zu mieten. Da sich beide mit ihrer Arbeitskraft und ihrem eigenen Geld für die Firma engagieren, wollen auch beide mit Einzelunterschrift für die Geschäftsführung zeichnen. Zudem möchten sie gegen Arbeitslosigkeit versichert sein, falls das Geschäft scheitert. Und sie wollen von der obligatorischen Unfallversicherung, der beruflichen Vorsorge, von Kinderzulagen und Mutterschaftstaggeldern profitieren. Aus diesen Überlegungen gründen die Sterns eine GmbH.

Auch die Gesellschaft mit beschränkter Haftung ist eine eigenständige juristische Person, bei der die Gesellschafter das sogenannte Stammkapital einbringen. Einst stand die GmbH im Schatten der AG und galt eher als Notlösung, wenn die Gründung einer AG nicht möglich war. Das hat sich in den letzten Jahren grundlegend geändert: Die GmbH ist zu einer valablen Alternative geworden. Mit der jüngsten Gesetzesrevision sind die Unterschiede nochmals kleiner geworden. Deshalb werden die Grundzüge der beiden Rechtsformen gemeinsam behandelt. Entsprechende Hinweise und die Zusammenstellungen am Ende der Ausführungen zeigen, wo Unterschiede bestehen.

Kapital Zur Gründung einer AG ist ein Mindestkapital von 100 000 Franken nötig. Bei Inhaberaktien ist immer das volle Kapital einzuzahlen. Bei Namenaktien ist es möglich, nur einen Teil davon einzubringen, also bloss eine sogenannte Teil-Liberierung vorzunehmen. Das Minimum beträgt 20 Prozent des Aktienkapitals, darf aber nie weniger als 50 000 Franken sein. Der restliche, nicht einbezahlte Betrag ist bei Bedarf, spätestens aber bei einem Konkurs der Gesellschaft einzubringen. Das Aktienkapital einer AG lässt sich auf eine fast beliebige Anzahl Aktien aufteilen; der kleinstmögliche Nennwert beträgt 1 Rappen.

Bei der GmbH beträgt das Mindestkapital 20 000 Franken. Es ist stets zu 100 Prozent einzuzahlen (Voll-Liberierung). Als kleinste Stückelung bei den Stammanteilen ist ein Nennwert von 100 Franken erlaubt. Bei einem Grundkapital von 20 000 Franken könnten also beispielsweise 200 Anteile zu 100 Franken ausgegeben werden.

Das Kapital muss nicht zwingend bar einbezahlt werden; es lässt sich auch in Form von Sachwerten einbringen (Immobilien, Waren, Maschinen, Fahrzeuge, Wertschriften). Die Aktionäre bzw. Gesellschafter erhalten im Verhältnis zu ihren Einlagen ein Stimmrecht, mit dem sie die Kontrolle über die Gesellschaft ausüben.

Gesellschaftsorgane Eine Kapitalgesellschaft ist mit Organen ausgestattet, die in ihrem Auftrag handeln und entscheiden. Oberste Entscheidungsinstanz ist die Versammlung der Eigentümer (Aktionäre bzw. Gesellschafter). Bei der AG ist dies die Generalversammlung, bei der GmbH die Gesellschafterversammlung. Diese Versammlung übt die ultimative Kontrolle aus und wählt anlässlich der obligatorischen Jahresversammlung auch die zwei anderen gesetzlich vorgeschriebenen Organe, die die juristische Person gegen aussen vertreten: einerseits den für die Geschäftsführung bzw. die Aufsicht darüber zuständigen Verwaltungsrat bei der AG bzw. den Geschäftsführer bei der GmbH, andererseits die Revisionsstelle, die die Bücher der AG oder GmbH überprüft (zwingend nötig für Betriebe mit zehn oder mehr Vollzeitstellen).

Haftung AG und GmbH sind im Handelsregister einzutragen. Vor dem Eintrag bilden die Gründerinnen und Gründer eine einfache Gesellschaft (siehe Seite 154); sie haften mit ihrem persönlichen Vermögen für alle eingegangenen Verpflichtungen im Zusammenhang mit der Firmengründung persönlich und solidarisch. Nach der Gründung haftet allein die Gesellschaft mit ihrem Vermögen für die Geschäftsschulden. Im Fall eines Konkurses verlieren die Aktionäre/Gesellschafter also höchstens ihr Aktienkapital/Stammkapital. Ihr persönliches Vermögen bleibt unangetastet.

Die meisten Neuunternehmer gründen eine juristische Person wegen dieser beschränkten Haftung. Diese ist jedoch zu relativieren; die Einschränkung der Haftung besteht nur, wenn der Unternehmer das Privat- und Geschäftsvermögen strikte trennt. Im Klartext: Für Geschäftsschulden dürfen auf keinen Fall Bürgschaften eingegangen oder private Vermögenswerte hinterlegt werden wie zum Beispiel Schuldbriefe auf der eigenen Liegenschaft, Wertschriften oder Versicherungspolicen.

Die Trennung zwischen Privat- und Firmenvermögen ist in der Realität oft illusorisch. Wer auf Fremdkapital angewiesen ist, muss den Kreditgebern Sicherheiten bieten. Und das ist meist nur mit privaten Vermögenswerten möglich. Dadurch ist das Privatvermögen jedoch indirekt mit der Firma verknüpft – und im Konkursfall verloren. Kommt dazu, dass man als Unternehmer in Krisenzeiten unter Umständen auch privates Geld in die Firma einschiessen muss und es vielleicht nie wieder sieht.

Zu beachten ist im Weiteren, dass das Gesetz den Mitgliedern des Verwaltungsrats bei der AG, den GmbH-Geschäftsführern sowie der Revisionsstelle eine hohe Verantwortung überträgt. Können Gläubiger oder Aktionäre/GmbH-Gesellschafter diesen Organen eine Verletzung der Sorgfaltspflicht nachweisen, müssen sie mit einem Verantwortlichkeitsprozess und mit Schadenersatzansprüchen rechnen. Zudem haften der Verwaltungsrat bzw. die GmbH-

Geschäftsführer im Prinzip für die Schulden des Unternehmens bei den Steuer- und Sozialabgaben (AHV). Mit anderen Worten: Die Organe der Gesellschaft haften mit ihrem Privatvermögen für den Schaden, den sie durch absichtliche oder fahrlässige Verletzung ihrer Pflichten der Gesellschaft, den Aktionären/Gesellschaftern oder den Gesellschaftsgläubigern zufügen. Unerfahrenheit, Unkenntnis oder Zeitmangel sind keine Argumente, um sich der Verantwortung zu entziehen.

Um möglichen Verantwortlichkeitsklagen vorzubeugen, sollten Sie folgende Punkte beachten: Verwaltungsräte, GmbH-Geschäftsführer und Revisionsstelle müssen fachlich qualifiziert sein und die vorgeschriebenen Formalitäten strikte einhalten. Die Generalversammlung/Gesellschafterversammlung ist beispielsweise spätestens 20 Tage vor der Durchführung einzuberufen – mit Ankündigung der Traktanden und Anträge. Und die Versammlung muss detailliert protokolliert werden.

Verwaltungsräte und GmbH-Geschäftsführer müssen zudem ihre gesetzlichen Aufgaben wahrnehmen. Dazu zählt unter anderem: die Gesellschaft leiten, die Organisation festlegen, das Rechnungswesen ausgestalten, einen Geschäftsführer einsetzen, einen Geschäftsbericht erstellen und bei Überschuldung das Gericht benachrichtigen. Im Weiteren dürfen sie die Substanz der Firma nicht aushöhlen – etwa mit einem übermässig hohen Darlehen an den Hauptaktionär bzw. Hauptgesellschafter. Höchste Vorsicht ist auch bei Spekulations- und Risikogeschäften geboten, denn sie können zu Verantwortlichkeitsklagen führen.

Steuern Bei den Kapitalgesellschaften besteht steuerlich eine klare Trennung zwischen Privat und Geschäft. Die Gesellschaft wird eigenständig als juristische Person besteuert, die Besitzer (Aktionäre/Gesellschafter) als Privatpersonen. Das führt zu einer teilweisen wirtschaftlichen Doppelbesteuerung: Der Reingewinn der juristischen Person wird nämlich einerseits als Ertrag bei der AG/GmbH besteuert, andererseits nochmals als privates Einkommen bei der Ausschüttung (Dividende) beim Aktionär/Gesellschafter. Das Gleiche gilt für das Eigenkapital des Unternehmens. Hier sind bei der AG/GmbH Kapitalsteuern fällig – der Firmeninhaber zahlt dann als Privatperson auf dem Wert seiner Aktien/Stammanteile nochmals Vermögenssteuern (siehe auch Seite 244). Der Unternehmensgewinn lässt sich jedoch durch die Lohn- und Reservepolitik beeinflussen, ebenso die Dividende.

Gründung und Kosten AGs und GmbHs lassen sich auf zwei Arten gründen: durch eine Bargründung (einfache Gründung) oder durch eine Sacheinlagengründung (qualifizierte Gründung). Die Bezeichnungen sprechen für sich: Bei der ersten Gründungsart muss das Kapital in Bargeld aufgebracht werden, bei der zweiten mit Sacheinlagen. Die Gründung selbst läuft folgendermassen ab:

- Gründer bestimmen; seit der letzten Gesetzesrevision genügt bei der AG und GmbH eine einzige Person.
- Firmensitz, -zweck und -name festlegen und beim Handelsregister die Zulässigkeit abklären.
- Gesellschaftsstatuten und eventuell Bindungsvertrag erstellen und von einer Fachperson überprüfen lassen.
- Gesetzlich verlangtes Mindestkapital bei einer Bank auf ein Sperrkonto einzahlen. Wird das Kapital durch Sacheinlagen eingebracht, braucht es einen schriftlichen Sacheinlagevertrag sowie einen Gründungsbericht einer anerkannten Revisionsstelle.
- Gründungsversammlung einberufen und im Beisein eines Notars abhalten (im Normalfall direkt auf dem Notariat). Dabei werden bei der AG der Verwaltungsrat mit einem oder mehreren Mitgliedern, bei der GmbH der oder die Geschäftsführer gewählt sowie bei beiden eine Revisionsstelle (falls erforderlich) ernannt. Die AG und die GmbH muss durch eine Person vertreten werden können, die Wohnsitz in der Schweiz hat. Dieses Erfordernis kann durch ein Mitglied des Verwaltungsrats bzw. durch einen Geschäftsführer oder durch einen Direktor erfüllt werden. Der Notar beurkundet das Protokoll der Gründungsversammlung und die Gesellschaftsstatuten öffentlich.
- Firma beim zuständigen Handelsregisteramt anmelden; mit dem Eintrag erlangt die Gesellschaft ihre Rechtspersönlichkeit.
- Bei der AG: Aktien bzw. Aktienzertifikate sowie ein Aktienbuch erstellen; bei der GmbH: Anteilscheine bzw. Anteilzertifikate sowie ein Anteilbuch.

Das Entscheidende bei der Gründung einer juristischen Person ist das Festlegen der internen Machtstrukturen. Wer besitzt wie viele Stimmen? Wer hat Einsitz im Verwaltungsrat bzw. wer wird GmbH-Geschäftsführer? Wie werden Beschlüsse gefasst? Engagieren sich in einer Kapitalgesellschaft mehrere Personen mit Kapital und Arbeit, sind solche Fragen von zentraler Bedeutung. Um Missverständnissen vorzubeugen und spätere Streitigkeiten zu vermeiden, empfiehlt es sich, gleich bei der Gründung mit einem Aktionärsbindungsvertrag bzw. Gesellschafterbindungsvertrag klare Verhältnisse zu schaffen.

Auf der CD-ROM finden Sie ein Infoblatt zu den Gründungskosten von AG und GmbH sowie Muster und Checklisten für die Statuten und für den Aktionärs- oder Gesellschafterbindungsvertrag.

Die Gründungskosten einer Kapitalgesellschaft hängen ab von der beanspruchten Beratung (Anwalt, Treuhänderin, Unternehmensberater), von den Gebühren des Notars und der Höhe des Aktien- bzw. Stammkapitals.

Neben diesen einmaligen Aufwendungen fallen jährlich wiederkehrende Kosten an: für die Revisionsstelle (wo vorgeschrieben), für die General- bzw. Gesellschafterversammlung sowie bei der AG für Verwaltungsratshonorare. Vor allem die Kosten für die Revisions-

So viel kostet das Gründen einer AG oder GmbH im Kanton Zürich

Obligatorische Kosten

- Notariatsgebühren: 550 Franken
- Handelsregistereintrag: 600 Franken

Weitere Kosten

- Prüfen der Unterlagen: ca. 250 bis 350 Franken
- Namensabklärung (pro Name): 50 Franken
- Führen des Gründungskontos durch die Bank: ca. 250 Franken (die Spesen werden bei einigen Banken zurückvergütet, wenn das spätere Geschäftskonto dort eröffnet wird)
- Treuhänderische Beratung und Begleitung: 500 bis 1000 Franken

stelle und den Verwaltungsrat belaufen sich rasch auf einige tausend Franken.

Firmenname Der Firmenname einer Kapitalgesellschaft darf frei gewählt werden. Er kann aus einem Personennamen oder einer Fantasiebezeichnung bestehen – muss aber immer mit dem Zusatz AG bzw. GmbH ergänzt werden. Malermeister Stern und seine Frau könnten ihrem Geschäft also beispielsweise folgende Namen geben: «Wema AG» (aus den beiden Vornamen konstruiert) oder «Werner Stern GmbH» (wenn die Bekanntheit von Werner Stern als ausgezeichnetem Malermeister betont werden soll). Sinnvollerweise hat der Firmenname einen Bezug zum Tätigkeitsgebiet oder zum Produkt der Firma, damit die Kunden auf Anhieb erkennen, was ihnen die Firma bietet. In diesem Sinn würde sich zum Beispiel der Firmenname «Farbdesign Stern GmbH» eignen.

Anonymität Bei der Aktiengesellschaft können die Eigentümer – also die Aktionäre – völlig anonym bleiben, denn nur die Organe der Gesellschaft werden im Handelsregister eingetragen, die Aktionäre nicht. Bei Namensaktien weiss zwar die Gesellschaft, wer die momentanen Eigentümer sind, denn das Unternehmen muss ein Aktienregister oder Aktienbuch führen. Bei Inhaberaktien hingegen ist das Eigentum an den Besitz der Aktie gebunden. Die Aktionäre bleiben damit gegenüber dem Unternehmen und nach aussen völlig anonym.

Im Gegensatz dazu werden bei der GmbH alle Gesellschafter mit vollem Namen im Handelsregister eingetragen; interessierte Kreise können also sofort ersehen, wem welcher Prozentsatz einer GmbH gehört.

Verkauf und Übertragung von Aktien/Anteilen, Liquidierung Da die Namen der Aktionäre nicht im Handelsregister publiziert sind, ist es bei einer AG einfach, Aktien an neue Eigentümer zu übertragen. Inhaberaktien lassen sich frei und ohne Zustimmung der Unternehmung an interessierte Käufer verkaufen. Bei Namenaktien erfolgt der Besitzerwechsel mit einem Vermerk auf der Aktie bzw. dem Aktienzertifikat.

Bei der GmbH sind die Eigentümer der Gesellschaftsanteile im Handelsregister eingetragen und auch ein Eigentümerwechsel ist dem Handelsregisteramt zu melden. Bei häufig ändernden Eigentumsverhältnissen ist die GmbH deshalb im Vergleich mit der AG die mühsamere Rechtsform.

Um in einer AG oder GmbH unerwünschten, fremden Einfluss zu verunmöglichen, lässt sich mit sogenannten Vinkulierungsbestimmungen ganz legal verhindern, dass Aktien oder Anteile in die Hände von Drittpersonen gelangen. Dieses Vorgehen ist vor allem bei Familiengesellschaften beliebt, die ihre Aktien / Stammanteile nur im Kreis von Familienangehörigen und engen Freunden gestreut haben möchten. Vinkulierungsbestimmungen werden in den Statuten oder einem Aktionärs- bzw. Gesellschafterbindungsvertrag festgehalten (siehe Muster auf der CD-ROM). Bei AGs ist dies nur mit Namensaktien und bei Gesellschaften möglich, die nicht an der Börse kotiert sind.

Gründen Sie eine AG, sollten Sie möglichst die Kapitalmehrheit behalten. Ist dies aufgrund Ihrer finanziellen Mittel nicht möglich, können Sie Ihren Einfluss mit Stimmrechtsaktien sichern. Das sind Aktien mit tiefem Nennwert und einem Stimmrecht, die auf den Namen lauten und voll einbezahlt sein müssen. Bei einem Aktienkapital von 100 000 Franken könnte dies so aussehen: Sie selbst halten zehn Aktien mit einem Nennwert von 1000 Franken, die restlichen Aktionäre besitzen zusammen neun Aktien mit einem Nennwert von je 10 000 Franken. So besitzen Sie mit einem Anteil von 10 Prozent am gesamten Aktienkapital einen Stimmenanteil von 52,63 Prozent (10 von insgesamt 19 Aktienstimmen).

Wer sich für eine Kapitalgesellschaft wie die AG oder die GmbH entschieden hat, kann diesen Schritt nur mit einigem Aufwand wieder rückgängig machen. Es braucht dazu unter anderem einen sogenannten Schuldenruf, eine einjährige Sperrfrist, Änderungen im Handelsregister und einen Liquidator. Das kostet Zeit und Geld.

Fazit Die meisten Neuunternehmer entscheiden sich wegen der beschränkten Haftung für eine AG oder eine GmbH: Im Konkursfall

Typische Merkmale der GmbH

Gründung	Führung	Liquidation
– Spezielle Gründungsformalitäten vorgeschrieben – Handelsregistereintrag nötig – Kapitalvorschriften – Höhere Gründungskosten – Firmenname zwingend mit Zusatz GmbH (Fantasiebezeichnung möglich) – Revisionsstelle ab zehn Vollzeitstellen obligatorisch	– Keine private Haftung (möglicherweise Nachschusspflicht gemäss Statuten) – Private Haftung als Geschäftsführer bei Fahrlässigkeit – Intakte Einflussnahme durch Stimmrechts- und Unterschriftenregelung – Klarere Abgrenzung zwischen Privat und Geschäft – Fehlende Anonymität wegen des detaillierten Handelsregistereintrags – Änderungen der Beteiligungsverhältnisse (Kauf und Verkauf von Stammanteilen) relativ kompliziert – Buchführungspflicht mit strengeren Bilanzierungsvorschriften – Separate Besteuerung von Firma und Firmenbesitzer – Wirtschaftliche Doppelbesteuerung	– Kosten- und zeitintensives Liquidationsverfahren – Liquidationsgewinn steuerbar – Kapitalverkaufsgewinn nicht steuerbar – Umwandlung in andere Rechtsformen möglich

Status des Gesellschafters: unselbständige Erwerbstätigkeit

verlieren die Aktionäre / Gesellschafter höchstens ihr Aktienkapital / Stammkapital. Ein weiterer Vorteil ist, dass der Unternehmer als Arbeitnehmer gilt, was ihn zum Bezug von Sozialleistungen berechtigt. Dem stehen mehr Verantwortung bei der Geschäftsführung, mehr Vorschriften und mehr Kosten gegenüber. Aufzupassen gilt es, wenn sich mehrere Personen in der Gesellschaft engagieren. Um Streitigkeiten zu vermeiden, ist der Abschluss eines Bindungsvertrags zu empfehlen. Eine AG / GmbH ist folglich vor allem für Neuunternehmer geeignet, die privates Vermögen zu verlieren haben und den Mehraufwand bei der Geschäftsbesorgung nicht scheuen.

Typische Merkmale der Aktiengesellschaft

Gründung	Führung	Liquidation
– Spezielle Gründungsformalitäten vorgeschrieben – Handelsregistereintrag nötig – Kapitalvorschriften – Höhere Gründungskosten – Firmenname zwingend mit Zusatz AG (Fantasiebezeichnung möglich) – Revisionsstelle ab zehn Vollzeitstellen obligatorisch	– Keine private Haftung – Private Haftung als Verwaltungsrat bei Fahrlässigkeit – Intakte Einflussnahme durch Stimmrechts- und Unterschriftenregelung – Klarere Abgrenzung zwischen Privat und Geschäft – Anonymität gesichert – Änderungen der Beteiligungsverhältnisse (Kauf und Verkauf von Aktien) sehr unkompliziert – Buchführungspflicht mit strengeren Bilanzierungsvorschriften – Separate Besteuerung von Firma und Firmenbesitzer – Wirtschaftliche Doppelbesteuerung	– Kosten- und zeitintensives Liquidationsverfahren – Liquidationsgewinn steuerbar – Kapitalverkaufsgewinn nicht steuerbar – Umwandlung in andere Rechtsformen möglich

Status des Gesellschafters: unselbständige Erwerbstätigkeit

Eintrag im Handelsregister

Das Handelsregister ist ein öffentliches Institut und wird von den Kantonen geführt. Es soll die rechtlichen und tatsächlichen Verhältnisse von kaufmännischen Unternehmen sowie bestimmten Vereinen und Stiftungen transparent und publik machen. Im Handelsregister werden deshalb die wichtigsten Daten einer Unternehmung eingetragen, dazu die Zeichnungsberechtigungen der Inhaber und Mitarbeiter.

Eintragen lassen müssen sich AGs und GmbHs, Kollektiv- und Kommanditgesellschaften sowie alle natürlichen Personen, die ein nach kaufmännischer Art geführtes Gewerbe betreiben – also die Einzelfirmen, das Handelsregister spricht von Einzelunternehmen. Als «nach kaufmännischer Art» geführtes Gewerbe gilt jede selbständige, auf dauernden Erwerb ausgerichtete wirtschaftliche Tätigkeit. «Dauernd» heisst für das Bundesgericht drei Monate. Einzelfirmen sind erst bei jährlichen Roheinnahmen von 100 000 Franken zum Eintrag im Handelsregister verpflichtet.

Wer sich im Handelsregister eintragen lassen muss, untersteht der Buchführungspflicht. Andererseits ist der Firmenname geschützt. Zudem gibt ein Handelsregistereintrag Geschäftspartnern Einblick in die Verhältnisse des Unternehmens und signalisiert, dass im Betrieb aufgrund der gesetzlichen Vorschriften eine gewisse Struktur vorliegt. Ein Eintrag erhöht auch die Kreditwürdigkeit des Unternehmens, weil die Gläubiger im Fall eines Konkurses besser geschützt sind.

Ob eine Firma im Handelsregister eingetragen ist, lässt sich am schnellsten unter www.zefix.ch überprüfen. Einzelne Kantone – zum Beispiel Zug – stellen den kompletten Handelsregisterauszug im Internet gratis zur Verfügung. In absehbarer Zeit, soll dies in allen Kantonen möglich sein.

Je nachdem, welche Rechtsform Ihre Firma hat, gehen Sie bei der Eintragung unterschiedlich vor:

Einzelfirmen Die Eintragung ins Register erfolgt direkt beim Handelsregisteramt des Kantons, in dem die Firma ihr Domizil hat. Gestützt auf Ihre Angaben, erstellt der Registerführer eine Handelsregisteranmeldung, die von Ihnen und weiteren Zeichnungsberechtigten – nach dem Nachweis der Identität(en) – unterzeichnet werden muss. Einige kantonale Handelsregisterämter stellen auf dem Internet Formulare und Merkblätter für die Anmeldung zur Verfügung, beispielsweise das Handelsregisteramt des Kantons Zürich. Bei einer schriftlichen Anmeldung müssen die Unterschriften der zeichnungsberechtigten Personen durch eine Urkundsperson beglaubigt werden. Einzelfirmen können sich auch über die Internetseite www.kmuadmin.ch anmelden.

Nach der Prüfung sendet der kantonale Handelsregisterführer den Eintrag zur Genehmigung an das Eidgenössische Amt für das Handelsregister (EHRA). Ist alles in Ordnung, folgen innerhalb von rund vier Tagen automatisch die Publikation im Schweizerischen Handelsamtsblatt und die definitive Eintragung im Register.

Kollektiv- und Kommanditgesellschaft, AG und GmbH Vor dem Eintrag ins Handelsregister ist bei diesen Unternehmen die Durchführung einer Gründungsversammlung und die Erstellung der gesetzlich vorgesehenen Dokumente im Beisein eines Amts- oder freiberuflichen Notars nötig. Die von ihm beglaubigten Statuten oder sonstigen Gründungsdokumente dienen dann als Grundlage für die Handelsregisteranmeldung. Danach läuft das Verfahren gleich ab wie beim Eintrag einer Einzelfirma.

Definieren Sie den Unternehmenszweck nicht zu eng. Sonst müssen Sie bei einer späteren Ausweitung Ihrer Geschäftsaktivitäten im Handelsregister einen gebührenpflichtigen Nachtrag vornehmen. Geben Sie also beispielsweise nicht «Handel mit Ziegelsteinen» als Zweck an, sondern «Handel mit Baumaterialien».

Muster für die Handelsregisteranmeldung einer AG und einer GmbH finden Sie auf der CD-ROM, ebenso eine Erklärung, dass Ihre Firma auf die Revisionsstelle verzichten kann (siehe Seite 168).

Kosten des Handelsregistereintrags

Die Kosten eines Eintrags im Handelsregister hängen von der Rechtsform Ihres Unternehmens ab. Mindestens mit folgenden Grundgebühren müssen Sie rechnen:

- Einzelfirma: 120 Franken
- Kollektiv- und Kommanditgesellschaft: 240 Franken
- GmbH und AG: 600 Franken

Hinzu kommen weitere Gebühren: etwa für die Eintragung der Funktion einer Person, beglaubigte Anmeldungsbelege oder Auszüge (siehe auch Infoblatt «Gründungskosten AG GmbH» auf der CD-ROM).

Der Versicherungsschutz

Selbständigerwerbende sollten für einen optimalen Versicherungsschutz sorgen, denn jede unternehmerische Tätigkeit birgt Risiken. Manche sind unversicherbar, einige müssen obligatorisch, andere können freiwillig versichert werden.

8

Berufliche und private Existenz absichern

Firmengründer sind unzähligen Risiken ausgesetzt: Sie können verunfallen, krank werden, haften für ihre Produkte und ihre Arbeit, erleiden einen Brand- oder Wasserschaden im Betrieb. Gefahren ausgesetzt sind aber auch ihre Familie und ihr Personal. Ein einziges Schadenereignis im Privat- oder Geschäftsleben kann die gesamte private und berufliche Existenz gefährden. Firmengründer müssen sich deshalb für absehbare Risiken optimal schützen.

Versicherungsschutz ist nie gratis zu haben und wird bei der Abdeckung von speziellen Risiken schnell teuer. Firmengründer müssen sich deshalb Klarheit über mögliche Risiken verschaffen und sorgfältig abwägen, wie viel Schutz notwendig und finanziell verkraftbar ist. Schliesslich benötigen sie ihr Geld primär für den Firmenaufbau und nicht für Versicherungsprämien.

Was Sie als Firmengründer, als Neuunternehmerin obligatorisch versichern müssen und freiwillig versichern können, hängt von der Rechtsform des Unternehmens bzw. von Ihrem sozialversicherungsrechtlichen Status bei der Alters- und Hinterlassenenversicherung (AHV) ab:

- Gründer von Einzelfirmen, Kollektiv- oder Kommanditgesellschaften (siehe Seite 155) sind für die Sozialversicherungen in der Regel «echte Selbständigerwerbende». Sie unterstehen nur wenigen obligatorischen Versicherungen und sind für ihre eigene Sicherheit weitgehend selbst verantwortlich. Details finden Sie ab Seite 190.
- Gründer einer AG oder GmbH sind zwar Unternehmer, zugleich aber Angestellte ihres eigenen Betriebs und gelten deshalb für die Sozialversicherungen als Unselbständigerwerbende, sind also «Arbeitnehmer». Zahlreiche Versicherungen sind gesetzlich vorgeschrieben; Details finden Sie ab Seite 199. Für den Versicherungsschutz der Firma ist grösstenteils das Unternehmen als juristische Person verantwortlich.

Risikoanalyse

Wenn Sie Ihre unternehmerischen Pläne im Businessplan zu Papier bringen, sollten Sie sich Ihrer Risiken bewusst werden. Dazu dient die Risikoanalyse. Nicht selten stossen Sie dabei auf Gefahren, die Sie im ersten Moment gar nicht vermutet hätten.

Laura H. ist Schreinermeisterin und übernahm vor einem halben Jahr den Betrieb ihres Onkels mit drei Angestellten. Die Auftragslage ist gut, das Geschäft läuft. Mitarbeiter, Maschinenpark und eingelagertes Material hat Frau H. ausreichend versichert. Doch in einer gewittrigen Sommernacht überflutet der Dorfbach die Werkstatt. Drei Wochen dauern die Aufräumarbeiten, die Installation der neuen Maschinen und das Auffüllen des Warenlagers. Die laufenden Aufträge lässt Laura H. in dieser Zeit von befreundeten Betrieben ausführen, um die Kunden nicht zu verärgern. Ihre eigenen Mitarbeiter benötigt sie für die Aufräumarbeiten. Zwar zahlt die Versicherung den materiellen Schaden, nicht aber die Umsatzverluste: Geld kommt in dieser Zeit keines herein, die Löhne der Angestellten jedoch laufen weiter. Nur dank der finanziellen Hilfe des Onkels kann die Schreinermeisterin einen Konkurs vermeiden.

Peter B. machte sich vor einem Jahr als Informatiker selbständig und arbeitet von zu Hause aus. Das Einkommen reicht gerade aus, um die vierköpfige Familie zu ernähren – aber nur, weil er fast Tag und Nacht arbeitet. Frau B. betreut den Haushalt und die beiden Kinder im Vorschulalter. Plötzlich erkrankt sie schwer und muss für drei Monate zur Rehabilitation in eine Klinik. Peter B. kann nicht gleichzeitig die Kinder betreuen und die Kunden bedienen. Die Grosseltern wohnen zu weit weg und so muss er eine Tagesmutter engagieren. Eine Versicherung für diesen Fall hat er nicht, den Lohn der Tagesmutter muss er selber zahlen.

Mithilfe der Risikoanalyse können Sie abschätzen, ob Risiken sich aus eigener Kraft vermeiden oder begrenzen lassen und in welchen Bereichen Sie einen Versicherungsschutz benötigen. Risiken analysieren Sie am besten in drei Schritten:

1. Erstellen Sie eine Liste aller möglichen Risiken. Spielen Sie alle denkbaren Szenarien durch, auch unwahrscheinliche. Stellen Sie sich insbesondere folgende Fragen:
   — Woher droht Gefahr?
   — Welchen Risiken sind Sie und Ihre Mitarbeitenden ausgesetzt (Krankheit, Unfall, Invalidität, Tod, Kündigung)?
   — Welche Risikoquellen gibt es durch äussere Einflüsse (Feuer, Einbruch, Wasser)?
   — Welche Risiken können aus dem Betrieb entstehen (Anlage-, Betriebs- und Produktehaftpflicht)?

2. Bewerten Sie die Risiken nach folgenden Kriterien:
   — Wie oft treten die Schadensereignisse ein?
   — Wie gross kann der Schaden sein?
   — Wie schwer trifft der Schaden die Liquidität, Lieferbereitschaft und Existenz des Betriebs?

   Am besten nehmen Sie dabei eine Einteilung in Bagatellrisiken, mittelschwere und existenzgefährdende Risiken vor.

Beispiel einer Risikoanalyse

Art der Risiken	Risikoeinstufung			Schadenssumme
Schäden an Waren, Mobiliar, Maschinen, Einrichtungen, EDV-Anlagen, Datenträgern, Fahrzeugen und Geldwerten durch:	Bagatellrisiken	Mittlere Risiken	Existenzgefährdende Risiken	
Feuer- und Elementarereignisse (Unwetter usw.)			X	3 000 000.–
Einbruchdiebstahl, Beraubung		X		300 000.–
Wasser		X		350 000.–
Glasbruch	X			6 000.–
Transporte	X			2 000.–
Montage		X		80 000.–
Vandalismus		X		300 000.–

3. Prüfen Sie Ihre Risikoanalyse und die Resultate mit einem versierten, neutralen Versicherungsberater. Das soll sicherstellen, dass Sie nichts vergessen haben und dass Ihre Einschätzungen der Risiken und der daraus entstehenden möglichen Schäden realistisch sind.

Ein Beispiel für eine Risikoanalyse sehen Sie im nebenstehenden Kasten. Als Hilfsmittel für Ihre eigene Beurteilung finden Sie auf der CD-ROM die detaillierte Checkliste «Risikoanalyse».

Risiken vermeiden, vermindern, überwälzen

Versicherungen sind nur eine Möglichkeit, um sich vor Risiken zu schützen. Wichtiger ist es, Risiken durch geeignete Massnahmen von Beginn weg auszuschliessen oder stark zu begrenzen. Viele Versicherungen fordern dies sogar explizit. Wer sich nicht daran hält, zahlt überproportional hohe Prämien oder muss im Schadensfall Leistungseinbussen in Kauf nehmen.

Um in Ihrem Unternehmen die Risiken zu vermeiden oder zu begrenzen, stehen folgende Möglichkeiten zur Verfügung:

- **Risiken vermeiden durch Schadensverhütung**
  - Die Firmeninhaberin geht bei der Arbeit oder in der Freizeit bewusst keine unnötige Risiken ein.
  - Das Unternehmen verwendet keine gefährlichen Rohstoffe. Es werden nur unbedenkliche Produkte produziert oder gelagert.

- **Risiken vermindern durch Schadensbegrenzung**
  - Die Firmenliegenschaft wird mit baulichen Massnahmen abgesichert, etwa mit Sicherheitstüren, Zäunen, Safes, Brandmeldeanlagen oder einem Wachdienst.
  - Im Betrieb werden organisatorische Massnahmen durchgesetzt, etwa das Tragen von Schutzkleidung und Helmen, das Erstellen von Backups im IT-Bereich und deren Lagerung ausserhalb des Betriebs.
  - Der Finanzbereich wird abgesichert, etwa durch Eigentumsvorbehalte oder Bürgschaften.

- Die Rechtsfragen werden geklärt und schriftlich festgehalten, etwa in Bezug auf das Ehe- und Erbrecht und die Unternehmensnachfolge.

- **Risiken auf Dritte überwälzen**
  - Die Risiken werden mit Versicherungsverträgen auf Versicherungen überwälzt.
  - Die Risiken werden durch vertragliche Vereinbarungen mit Lieferanten und Kunden abgedeckt.

- **Risiken selbst tragen**
  - Die Selbstbehalte in Versicherungsverträgen werden zugunsten tieferer Prämien erhöht.
  - Für die absehbare Schadenssumme durch unversicherbare oder bewusst unversicherte Schäden werden Rücklagen gebildet.

Risiken laufend überprüfen

Risiken analysieren und Massnahmen treffen müssen Sie nicht nur vor Beginn der Selbständigkeit, sondern dauernd. Denn jede Veränderung in der Firma birgt neue Risiken: etwa wenn sich die Mitarbeiterzahl erhöht, wenn Sie zusätzliche Kredite aufnehmen, ein neues Produktionsverfahren einführen oder einen Grossauftrag akquirieren. Periodisches Risk-Management ist deshalb für jedes Unternehmen Pflicht. In kleinen Firmen ist das Risk-Management meist Chefsache. Grössere Unternehmen wenden sich an externe Berater.

Versicherungsschutz im Überblick

Das Angebot an Versicherungen ist gross, fast jedes denkbare Risiko lässt sich abdecken. Welche Produkte Sie für Ihr Unternehmen wirklich brauchen, hängt von verschiedensten Faktoren ab. Dazu zählen unter anderem: Ihre persönliche Lebenssituation, die Grösse und die Rechtsform Ihres Unternehmens, die Resultate Ihrer Risikoanalyse.

Die für Sie und Ihr Unternehmen wichtigen Versicherungen lassen sich in drei Gruppen einteilen: Personenversicherungen für Sie und Ihr Personal, Betriebs- und Berufshaftpflichtversicherungen sowie Sachversicherungen (siehe nebenstehenden Kasten).

Versicherungen für Selbständigerwerbende und Unternehmen

Versicherungsart	Versicherte Ereignisse	Versicherungsdeckung
Personenversicherungen (für Selbständigerwerbende und Arbeitnehmer)	– Heilungskosten (ambulant, Spital) – Lohnausfall (kurzfristig) – Lohnausfall (langfristig, also bei Invalidität) – Hinterlassenenvorsorge (Witwe, Witwer, Waisen) – Altersvorsorge	– Unfallfolgen – Krankheitsfolgen – Alter
Betriebs- und Berufshaftpflichtversicherung (für das Unternehmen)	– Schäden, die durch die Berufsausübung Drittparteien gegenüber entstehen	– Sachen (Beispiel: beschädigte Gegenstände) – Personen (Beispiel: Verletzungen) – Vermögen (Beispiel: falsche Beratung)
Sachversicherungen (für das Unternehmen)	– Schäden an eigenen Werten verursacht durch: Feuer, Wasser, Einbruch, Diebstahl	– Sachen (Beispiel: Betriebseinrichtungen) – Umsatzausfall, Mehrkosten – Spezielles (Beispiel: EDV, Transport)

Quelle: VZ Insurance Services AG, Zürich

Sozialversicherungen in der Schweiz

Um den Versicherungsschutz für Invalidität und Tod sowie die Vorsorge für das Alter zu garantieren, besteht in der Schweiz ein System, das staatliche, betriebliche und individuelle Vorsorge kombiniert: das Drei-Säulen-System.

— Die **1. Säule** soll den Existenzbedarf der Versicherten decken. Dazu dienen die Alters- und Hinterlassenenversicherung (AHV) sowie die Invalidenversicherung (IV). AHV- und IV-Rentner in ungünstigen wirtschaftlichen Verhältnissen erhalten zudem Ergänzungsleistungen (EL). Grundlagen sind die entsprechenden Bundesgesetze.

- Die **2. Säule**, die berufliche Vorsorge, soll zusätzlich zur 1. Säule im Alter, für Hinterlassene und für Invalide die Fortführung des gewohnten Lebensstandards sichern. Grundlagen sind das Bundesgesetz über die berufliche Vorsorge (BVG), das Obligationenrecht (OR) und die einzelnen Vorsorgeverträge mit den Pensionskassen. Diese richten Leistungen in Form von Renten oder einer Kapitalauszahlung aus. Das BVG schreibt obligatorische Mindestleistungen vor. Darüber hinaus gibt es in der Regel überobligatorische Leistungen.
- Die **3. Säule** fördert mit steuerlichen Anreizen die individuelle, freiwillige Selbstvorsorge der Erwerbstätigen, um den weiteren persönlichen Bedarf zu decken, vor allem in Form von Versicherungs- und Banksparen. Die Säule 3a umfasst die gebundene, die Säule 3b die freie Selbstvorsorge. Aus der 3. Säule können auch Todesfall- und Invaliditätsleistungen fliessen, welche die Renten der 1. und 2. Säule ergänzen.

Wichtig zur Deckung weiterer persönlicher Risiken sind zudem die folgenden, teils obligatorischen, teils freiwilligen Versicherungen:
- Die **Erwerbsersatzordnung** (EO) deckt teilweise den Einkommensausfall während Militär-, Zivil- und Zivilschutzdiensten sowie Mutterschaft (obligatorisch).
- Die **Arbeitslosenversicherung** (ALV) zahlt Arbeitnehmenden einen Teil des Lohnausfalls bei Arbeitslosigkeit (Arbeitslosenentschädigung), bei Kurzarbeit (Kurzarbeitsentschädigung), bei Arbeitsausfall durch ungünstige Witterung (Schlechtwetterentschädigung) oder bei Zahlungsunfähigkeit des Arbeitgebers (Insolvenzentschädigung). Die Arbeitslosenversicherung fördert zudem mit finanziellen Leistungen die Umschulung, Weiterbildung und Eingliederung arbeitsloser Personen (für Arbeitnehmer obligatorisch, Selbständigerwerbende können sich nicht versichern).
- Die **Unfallversicherung** gemäss Unfallversicherungsgesetz (UVG) trägt die Behandlungskosten nach Unfällen, deckt vorübergehenden Lohnausfall mit Taggeldern, zahlt bei unfallbedingter Invalidität Renten und unterstützt Hinterbliebene beim Tod des Versicherten (für Arbeitnehmer obligatorisch, für Selbständige auf

freiwilliger Basis möglich). Gegen Betriebsunfälle sind alle Angestellten obligatorisch versichert, gegen Nichtbetriebsunfälle (NBU) nur diejenigen mit einem wöchentlichen Pensum von mindestens acht Stunden beim gleichen Arbeitgeber.

— Die **Krankenpflegeversicherung** (KVG) finanziert die Kosten für medizinische Behandlungen bei Krankheit und, wenn eine spezielle Unfallversicherung fehlt, bei Unfall (Grundversicherung obligatorisch, Zusatzversicherungen nach dem Versicherungsvertragsgesetz VVG sind freiwillig).

Personenversicherungen im Überblick

Versicherung	Selbständigerwerbende (Einzelfirma, Kommanditgesellschaft, Kollektivgesellschaft)	Inhaber einer AG oder GmbH	Mitarbeiter
AHV/IV/EO	Obligatorisch	Obligatorisch	Obligatorisch
ALV	Keine Absicherung möglich	Obligatorisch	Obligatorisch
Mutterschaft	Obligatorisch*	Obligatorisch*	Obligatorisch*
Familienausgleichskasse (FAK)	Keine freiwillige Absicherung möglich**	Obligatorisch	Obligatorisch
BVG (Pensionskasse)	Freiwillig	Obligatorisch	Obligatorisch
3. Säule (Bank- und Versicherungssparen)	Freiwillig	Freiwillig	Freiwillig
Berufsunfall (UVG) und Nichtberufsunfall (NBU)	Freiwillig	Obligatorisch (NBU ab acht Stunden pro Woche)	Obligatorisch (NBU ab acht Stunden pro Woche)
Krankenkasse (Grundversicherung)	Obligatorisch	Obligatorisch	Obligatorisch
Krankentaggeld	Freiwillig	Freiwillig	Freiwillig***

* Prämienzahlung über EO

** in einigen Kantonen obligatorisch

*** Lohnfortzahlungspflicht durch den Arbeitgeber, Dauer abhängig von der Anstellungsdauer

Quelle: Alpha Media AG, Winterthur

— Die **Krankentaggeldversicherung** trägt den krankheitsbedingten Erwerbsausfall in vertraglich bestimmter Höhe für den vereinbarten Zeitraum (freiwillig).

Achten Sie beim Wechsel vom bisherigen Arbeitnehmerstatus zur Selbständigkeit bei allen Versicherungen darauf, dass keine Deckungslücken entstehen und Sie lückenlos weiterversichert sind.

Versicherungen überlegt abschliessen

Die Auswahl der infrage kommenden Versicherungen zu Ihrer eigenen Absicherung sowie zur Absicherung Ihres Betriebs (Betriebs- und Berufshaftpflicht, Sachversicherungen, siehe Seite 213) ist gross. Welchem Bereich Sie mehr Gewicht beimessen, hängt vor allem von Ihrer persönlichen Situation ab.

Insbesondere beim freiwilligen Versicherungsschutz müssen sich Neuunternehmer gut überlegen, ob sie eher den Personen- oder den Betriebsversicherungen mehr Gewicht beimessen. In beschränktem Ausmass ist die individuelle Gewichtung sogar bei den obligatorischen Versicherungen möglich. So können Sie beispielsweise für sich selbst im Bereich der beruflichen Vorsorge nur den minimalen Lohn versichern, auf eine Krankentaggeldversicherung verzichten und Einzahlungen in die 3. Säule auf einen späteren Zeitpunkt verschieben. Das ist insbesondere dann sinnvoll, wenn Sie noch jung sind und keine Familie haben. Dann bleibt auch später noch Zeit, die Vorsorge auszubauen. Das so gesparte Geld können Sie für den Aufbau Ihres Unternehmens oder für den Abschluss von wichtigen Betriebsversicherungen verwenden.

Bevor ab Seite 190 die Versicherungen im Detail besprochen werden, sollen drei Beispiele von unterschiedlichen Unternehmern zeigen, wie ein optimaler Versicherungsschutz aussehen könnte:

Cornelia S., Computerprogrammiererin, 26 Jahre alt, ledig, ist seit einem halben Jahr selbständig. Sie arbeitet von ihrer Wohnung aus mit einfacher Infrastruktur (Computer, Telefon, Handy, Internetanschluss).

— Persönliche Versicherungen: obligatorische Beiträge an AHV/IV und EO, Krankentaggeldversicherung ab dem 60. Krankheitstag für maximal 720 Tage
— Betriebs- und Berufshaftpflicht: Berufshaftpflichtversicherung für Schäden aufgrund ihrer Programmierarbeit
— Sachversicherungen: Versicherung für Schäden an der Büroinfrastruktur

Christoph D., Dachdecker, 36 Jahre alt, ist verheiratet und hat zwei Kinder (3- und 5-jährig). Er ist seit drei Jahren selbständig, hat zwei Mitarbeiter und besitzt eine kleine Werkstatt, zwei Lieferwagen, diverse Werkzeuge sowie Maschinen.

— Persönliche Versicherungen: obligatorische Beiträge an AHV/IV und EO, Krankentaggeldversicherung ab dem 30. Krankheitstag für maximal 720 Tage, Versicherung Säule 3a als Vorsorge für Alter und Invalidität, Todesfallkapitalversicherung
— Betriebs- und Berufshaftpflicht: Betriebshaftpflichtversicherung
— Sachversicherungen: Versicherungen für Fahrzeuge und für Schäden an der Werkstatt samt Infrastruktur, Versicherung für Betriebsausfälle
— Personalversicherungen: obligatorische Beiträge an AHV/IV, EO, Arbeitslosen- und Unfallversicherung, Pensionskasse, Beiträge an die Familienausgleichskasse, Krankentaggeldversicherung ab dem 30. Krankheitstag für maximal 720 Tage

Susanne H., Unternehmensberaterin, 58 Jahre alt, ist verheiratet und hat zwei erwachsene Kinder. Sie ist seit acht Jahren selbständig, hat ein kleines Büro und einen Firmenwagen und beschäftigt eine Sekretärin. Frau H. ist vermögend und hat aufgrund ihrer früheren, langjährigen Anstellung im Kader einer grossen Beratungsfirma eine gut gefüllte Pensionskasse.

— Persönliche Versicherungen: obligatorische Beiträge an AHV/IV und EO, Krankentaggeldversicherung ab dem 60. Krankheitstag für maximal 720 Tage, regelmässige Beiträge auf ein Säule-3a-Konto
— Betriebs- und Berufshaftpflicht: Berufshaftpflichtversicherung

- Sachversicherungen: Versicherungen für Büroeinrichtung und Motorfahrzeug
- Personalversicherungen: obligatorische Beiträge an AHV/IV, EO, Arbeitslosen- und Unfallversicherung, Pensionskasse, Beiträge an die Familienausgleichskasse, Krankentaggeldversicherung ab dem 30. Krankheitstag für maximal 720 Tage

Versicherungen sind ein komplexes Thema und das Risiko ist gross, falsche oder zu teure Policen abzuschliessen. Lassen Sie sich deshalb von einem neutralen Versicherungsexperten beraten (Adressen auf der CD-ROM). Vertreter von Versicherungsgesellschaften sind meist nicht die richtigen Ansprechpartner. Denn die wenigsten werden Ihnen von einer Versicherung abraten oder die günstigste Variante anbieten. Schliesslich leben die Versicherer vom Abschluss von Policen.

Eine noch detailliertere Übersicht über alle wichtigen Versicherungen bieten die Beobachter Ratgeber «Richtig versichert. Haftpflicht-, Hausrat-, Auto- und andere Versicherungen im Überblick», «Richtig vorsorgen. Finanziell gesichert in die Pensionierung» und «Pensionskasse. Vorsorge, Finanzierung, Sicherheit, Leistung» (www.beobachter.ch/buchshop).

Personenversicherungen für Selbständigerwerbende

Wenn Sie eine Einzelfirma, eine Kollektiv- oder eine Kommanditgesellschaft gründen (siehe Seite 155), gelten Sie in der Regel als selbständigerwerbend. Sie unterstehen dann nur wenigen obligatorischen Versicherungen.

Um den Status eines Selbständigerwerbenden zu erlangen, müssen Sie sich bei der zuständigen AHV-Ausgleichskasse anmelden (Adressen unter www.ahv.ch) und sich die Selbständigkeit bestätigen lassen.

Versicherungsrechtlich sind Sie für die AHV nur dann selbständig, wenn Sie ein eigenes wirtschaftliches Risiko tragen. Dazu gehört beispielsweise, dass Sie auf eigenen Namen und eigene Rechnung handeln, ein gewisses Kapital einsetzen, bedeutende Investitionen tätigen, Geschäftskosten und -verluste selber tragen, eine selbständige Betriebsorganisation aufweisen, über eigene Geschäftsräume verfügen, ihre Arbeitszeit selbst festlegen, nicht an Weisungen von Dritten gebunden sind, regelmässig Aufträge für selbst gewählte Kunden ausführen und allenfalls Personal beschäftigen.

Haben Sie nur einen Hauptauftraggeber – beispielsweise weil Sie als Subunternehmerin für eine Firma tätig sind –, kann es sein, dass Ihnen die AHV-Ausgleichskasse die Anerkennung als Selbständigerwerbende verweigert. Vertragliche Abmachungen mit einem Auftraggeber, der Sie als selbständigerwerbend bezeichnet, sind für die AHV nicht massgebend. Sie beurteilt nur das tatsächliche Vertragsverhältnis.

Akzeptiert Sie die AHV nicht als selbständigerwerbend, ist Ihr Auftraggeber verpflichtet, Sie wie einen Angestellten bei der AHV, ALV, Unfallversicherung und – je nach Höhe der Entlöhnung – bei der Pensionskasse anzumelden und die entsprechenden Beiträge zu zahlen. Die Unfallversicherung und die Pensionskassen wenden übrigens bei der Frage der selbständigen Erwerbstätigkeit die gleichen Kriterien an wie die AHV.

Wollen Sie Ihren AHV-Status überprüfen? Auf der CD-ROM finden Sie dazu die Checkliste «AHV-Kriterien Selbständigkeit».

Obligatorisch ist nur wenig

Obligatorisch sind für Selbständigerwerbende nur die Basisversicherungen AHV, IV und EO (siehe Seite 193). Ein Beitritt zur einer Unfallversicherung (UVG) und zu einer Pensionskasse ist auf freiwilliger Basis möglich; der Arbeitslosenversicherung können Selbständigerwerbende nicht beitreten.

Welche Versicherungen Sie darüber hinaus benötigen, hängt vor allem von Ihrer persönlichen Lebenssituation ab: Wer ist von Ihrem

Einkommen abhängig? Wie viel Geld brauchen Sie pro Monat im Minimum? Wie lange können Sie sich mit persönlichen Rücklagen über Wasser halten?

Ihr Konzept für Ihren persönlichen Versicherungsschutz sollte fünf Bereiche umfassen: Heilungskosten, kurzfristige Erwerbsunfähigkeit, langfristige Erwerbsunfähigkeit, Tod und Altersvorsorge. Wenn Sie sich nicht freiwillig einer Unfallversicherung anschliessen, achten Sie bei der Krankenkasse darauf, dass auch die Heilungskosten nach einem Unfall versichert sind. Wie Sie die anderen vier Bereiche abdecken können, sehen Sie in der unten stehenden Zusammenstellung.

Beschäftigen Sie als Selbständigerwerbender Angestellte müssen Sie diese versichern (siehe Seite 210). Dann haben Sie die Möglichkeit, Ihren Versicherungsschutz analog auszugestalten und sich zusätzlich zur AHV/IV/EO (Obligatorium) gegen Unfall (gemäss UVG) und bei der Pensionskasse (gemäss BVG) zu versichern.

Versicherungskonzept für Selbständigerwerbende

Beispiel: Jahreseinkommen von 80 000 Franken, verheiratet, ein Kind

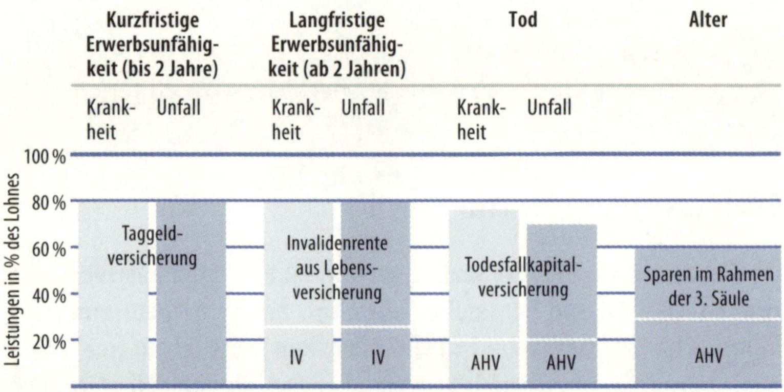

Quelle: VZ Insurance Services AG, Zürich

AHV, IV und Erwerbsersatzordnung

Diesen Sozialversicherungen sind auch Selbständigerwerbende obligatorisch unterstellt. Als Neuunternehmer müssen Sie sich bei der kantonalen Ausgleichskasse oder bei der Ausgleichskasse Ihres Branchenverbands anmelden. Gehören Sie einem Berufsverband mit eigener Ausgleichskasse an, ist diese für Sie zuständig.

Ein Muster für die Mitteilung des Statuswechsels finden Sie auf der CD-ROM («AHV Statuswechsel»).

Beiträge Selbständigerwerbende zahlen für die AHV, IV und EO zusammen 9,5 Prozent ihres Einkommens: 7,8 Prozent für die AHV, 1,4 für die IV und 0,3 Prozent für die EO. Liegt Ihr Einkommen unter 53 100 Franken werden reduzierte Beiträge erhoben. Ist Ihr Einkommen tiefer als 8900 Franken, bezahlen Sie pauschal 445 Franken pro Jahr (Stand 2008). Zusätzlich zu den Beiträgen erheben die AHV-Ausgleichskassen zur Deckung der Betriebskosten einen Betrag in der Höhe von ein bis drei Prozent der AHV-Prämie. In einigen Kantonen müssen Selbständigerwerbende zudem Beiträge an die Familienausgleichskasse (FAK) bezahlen.

Erhoben werden alle Beiträge auf dem steuerbaren Einkommen. Das heisst, Sie können von Ihrem Bruttoeinkommen zuerst die Gewinnungskosten, den Zins für das im Betrieb investierte Eigenkapital, Abschreibungen, Rückstellungen und Geschäftsverluste abziehen.

Leistungen der AHV Haben Sie keine Beitragslücken, erhalten Sie nach Erreichen des Rentenalters (65 für Männer, 64 für Frauen) eine volle AHV-Rente. Diese beträgt je nach Höhe der geleisteten Beiträge zwischen 1105 und 2210 Franken pro Monat (Stand 2008). Die AHV zahlt zudem im Todesfall Renten für Witwen und Witwer, hinterbliebene eingetragene Partner und Partnerinnen sowie für Waisen.

Leistungen der IV Die IV richtet Leistungen an Menschen aus, die invalid sind oder denen Invalidität droht. Seit dem Inkrafttreten der 5. IV-Revision am 1. Januar 2008 steht die Wiedereingliederung ins

Erwerbsleben noch stärker als bisher im Vordergrund; Stichworte sind: Früherfassung, Frühintervention, Integrationsmassnahmen und berufliche Massnahmen (Umschulung). Erst wenn all diese Anstrengungen nicht zum Erfolg führen, prüft die IV die Ausrichtung einer Rente. Diese berechnet sich analog zur AHV-Rente, ist aber nach dem Grad der Invalidität abgestuft und wird ab einer mindestens 40-prozentigen Invalidität ausgezahlt. Versicherte mit Kindern erhalten zusätzlich Kinderrenten. Bis eine IV-Rente ausgezahlt wird, können zwei Jahre und mehr vergehen (gerechnet vom Zeitpunkt der Erkrankung oder des Unfalls). Zur Überbrückung dieser Zeit dient in der Regel eine Krankentaggeld- oder Unfallversicherung (siehe Seite 197 und 206).

Leistungen der EO Die Erwerbsersatzordnung bezahlt den Erwerbsausfall während eines Mutterschaftsurlaubs, bei Einsätzen im Militär, in Zivildienst oder Zivilschutz, beim Roten Kreuz oder in Kaderkursen von «Jugend und Sport». Bezahlt wird während der Dienstzeit in der Regel 80 Prozent des durchschnittlichen vordienstlichen Erwerbseinkommens. Hinzu kommen Kinder- und Betriebszulagen.

Mütter haben Anspruch auf 14 Wochen Mutterschaftsurlaub, sofern sie vor der Geburt des Kindes während neun Monaten bei der AHV versichert waren und in dieser Zeit mindestens fünf Monate lang eine Erwerbstätigkeit ausgeübt haben. Auch ihnen werden 80 Prozent des Einkommens bezahlt, maximal aber 172 Franken pro Tag – das entspricht einem Jahreslohn von 77 400 Franken.

Kinderzulagen Selbständigerwerbende erhalten nur in den Kantonen Appenzell Ausser- und Innerrhoden, Basel-Land, Genf, Graubünden, Luzern, Schaffhausen, Schwyz, St. Gallen, Uri und Zug Kinderzulagen. Vorraussetzung ist aber – mit Ausnahme der Kantone Appenzell Ausserrhoden, Basel-Land, Genf und Graubünden –, dass das Jahreseinkommen eine gewisse Höhe nicht übersteigt.

Arbeitslosenversicherung

Selbständigerwerbende können sich nicht gegen Arbeitslosigkeit versichern – auch nicht freiwillig. Dies kann unter Umständen gravierende Konsequenzen haben, wenn Sie mit Ihrem Unternehmen scheitern und nicht sofort wieder eine Anstellung finden.

Anspruch auf Arbeitslosenentschädigung haben nur Arbeitnehmer. Diese müssen unter anderem in den letzten zwei Jahren vor der Anmeldung beim Regionalen Arbeitvermittlungszentrum (RAV) während mindestens zwölf Monaten angestellt gewesen sein (Rahmenfrist für die Beitragszeit). Waren Sie vor Ihrer Selbständigkeit angestellt tätig und müssen Sie Ihre Selbständigkeit nach relativ kurzer Zeit wieder beenden, besteht eventuell noch ein Anspruch auf Taggelder. Dann verlängert sich nämlich Ihre Rahmenfrist für die Beitragszeit um die Dauer der selbständigen Erwerbstätigkeit, längstens jedoch um zwei Jahre. Beispiel: Wenn Sie 14 Monate selbständig waren, haben Sie eine Rahmenfrist von drei Jahren und zwei Monaten. Waren Sie in dieser Zeit zwölf Monate als Angestellter tätig, haben Sie Anspruch auf Arbeitslosentaggelder.

Etwas besser dran sind Selbständigerwerbende, die ihr Unternehmen aus der Erwerbslosigkeit heraus mit Unterstützung der Arbeitslosenversicherung aufbauten. Sie können innerhalb einer verlängerten Rahmenfrist von vier Jahren noch nicht verbrauchte Taggelder beziehen (siehe Seite 39).

Als Selbständigerwerbender erhalten Sie von der Arbeitslosenversicherung keine Kurzarbeits- oder Schlechtwetterentschädigungen ausbezahlt.

Berufliche Vorsorge (2. Säule)

Die Versicherung in der 2. Säule ist für Selbständigerwerbende nicht obligatorisch. Der Anschluss an eine Pensionskasse ist jedoch auf freiwilliger Basis möglich:

- Wenn Sie Personal beschäftigen, können Sie der Pensionskasse Ihrer Angestellten beitreten, sofern dies das Reglement erlaubt.
- Verfügt Ihre Branche oder der Branchenverband über eine eigene Pensionskasse, können Sie sich dieser anschliessen.
- Sie können sich auch der Stiftung Auffangeinrichtung BVG anschliessen. Der Versicherungsschutz umfasst dann aber nur die obligatorischen Mindestleistungen.

Selbständigerwerbende mit Personal schliessen sich mit Vorteil einer Sammelstiftung an (Zusammenschluss unterschiedlichster Firmen diverser Branchen mit je eigenem Vorsorgereglement) oder wählen eine Gemeinschaftsstiftung (Zusammenschluss von Firmen der gleichen Branche oder eines Berufsverbands mit einheitlichem Vorsorgereglement). Worauf bei der Auswahl der geeigneten Vorsorgeeinrichtung zu achten ist, lesen Sie auf Seite 211.

Beiträge Die Vorsorgeeinrichtungen regeln ihre Finanzierung weitgehend selbst, müssen aber Gewähr dafür bieten, dass sie den Versicherten jederzeit die reglementarischen Leistungen ausrichten können. Daher fallen die Beiträge für die berufliche Vorsorge unter-

Was tun mit den Pensionskassengeldern?

Treten Sie aus Ihrer bisherigen Pensionskasse aus, haben Sie Anspruch auf Ihr erworbenes Vorsorgeguthaben, die Freizügigkeitsleistung. Diese müssen Sie beim Eintritt in eine neue Vorsorgeeinrichtung wieder einbringen. Schliessen Sie sich keiner Pensionskasse an, können Sie sich Ihr Freizügigkeitskapital bar auszahlen lassen und es als Startkapital ins Unternehmen investieren. Die meisten Kassen setzen für den Bezug eine zeitliche Frist. Es lohnt sich deshalb nachzufragen (siehe auch Seite 279). Beziehen Sie Ihre Freizügigkeitsleistung, sollten Sie für Invalidität und für Todesfall Risikoversicherungen abschliessen und Ihre Altersvorsorge im Rahmen der 3. Säule ausbauen (mehr dazu auf Seite 207).
Treten Sie keiner neuen Pensionskasse bei und lassen Sie sich das Freizügigkeitsguthaben auch nicht auszahlen, müssen Sie das Geld auf ein Freizügigkeitskonto oder in eine Freizügigkeitspolice einzahlen. Dort bleibt es bis zu einem Bezug oder bis zur Pensionierung blockiert. Dasselbe gilt für Freizügigkeitskapital, das nicht zum Einkauf in eine neue Vorsorgeeinrichtung benötigt wird.
Guthaben auf einem Freizügigkeitskonto werden zu einem Vorzugszins verzinst; Zinserträge und Guthaben sind steuerfrei. Bei der Freizügigkeitspolice ist in der Regel das Todesfallrisiko versichert. Stirbt die versicherte Person, erhalten die Hinterbliebenen die in der Police festgesetzte Summe ausbezahlt.

schiedlich hoch aus, je nach Umfang der Leistungen und Risikostruktur des Versichertenbestands.

Leistungen Bei der Pensionierung erbringt die Pensionskasse eine Altersrente. Auf Wunsch lässt sich ein Teil des Altersguthabens – je nach Reglement auch das ganze – als Kapital beziehen. Bei Invalidität wird eine Rente ausbezahlt. Die Pensionskasse richtet auch Leistungen an Witwen und Witwer, an hinterbliebene eingetragene Partner und Partnerinnen sowie an Waisen aus. Je nach Reglement können auch Konkubinatspartner Hinterlassenenleistungen erhalten.

Das BVG-Minimum müssen alle Pensionskassen gewähren, viele kennen zusätzlich sogenannte überobligatorische Leistungen. Was genau bei einer Vorsorgeeinrichtung gilt, lässt sich im Reglement und im jährlich zugestellten Versicherungsausweis nachlesen.

Vor allem wegen des Risikoschutzes kann der Beitritt zu einer Vorsorgeeinrichtung sinnvoll sein. Sind Sie jedoch ledig, bezahlen Sie mit Ihren Pensionskassenbeiträgen auch für nicht beanspruchbare Leistungen (Rente an Hinterbliebene im Todesfall). Die übrigen Risiken können Sie gezielter im Rahmen der 3. Säule abdecken (siehe Seite 207).

Unfallversicherung

Die Unfallversicherung nach UVG ist für Selbständigerwerbende nicht obligatorisch – aber oft sinnvoll. Denn ein Unfall bei der Arbeit oder in der Freizeit ist schnell passiert, und die Folgen können zu einer längeren oder gar lebenslangen Arbeitsunfähigkeit führen.

Der Abschluss einer UVG-Versicherung ist sowohl bei der Schweizerischen Unfallversicherungsanstalt (Suva) als auch bei den meisten privaten Unfallversicherern möglich. Einige Branchen (zum Beispiel das Baugewerbe) müssen die Unfallversicherung obligatorisch bei der Suva abschliessen. Während die Suva nur die obligatorische Grundversicherung anbietet, lassen sich bei privaten Versicherern auch weitere Leistungen abdecken. Zum Beispiel ein Taggeld von 100 statt nur 80 Prozent – was je nach persönlicher Situation wichtig sein kann. Ob eine Unfallversicherung bei der SUVA oder bei einem privaten Anbieter sinnvoller ist, hängt vom Einzelfall ab. Das Einholen und Vergleichen mehrerer Offerten lohnt sich – vor allem wenn Sie zusätzliche Leistungen versichern wollen.

Beiträge Die Berechnung der Prämien hängt vom Versicherer ab. Basis ist aber in jedem Fall das mit der AHV abgerechnete Einkommen. Maximal versichert werden kann ein Lohn von 126 000 Franken pro Jahr (Stand 2008). Der versicherte Lohn darf bei Selbständigerwerbenden nicht weniger als die Hälfte dieses Maximalbetrags ausmachen – das sind mindestens 63 000 Franken. Für mitarbeitende Familienmitglieder liegt die untere Grenze bei einem Drittel, also bei 42 000 Franken. Die Höhe der Prämien ist bei den meisten Versicherern von der Branche abhängig. Je höher das Risiko einer Berufsgruppe, desto höher fällt die Prämie aus. Ein Dachdecker beispielsweise bezahlt einiges mehr als ein Computerprogrammierer.

Leistungen Die Leistungen der Unfallversicherung umfassen die Heilungskosten sowie ein Taggeld von 80 Prozent des versicherten Lohns. Dieses wird bezahlt, bis der Verunfallte die Erwerbstätigkeit wieder aufnehmen kann oder bis zum Beginn des Anspruchs auf eine Invalidenrente. Dann zahlt die Unfallversicherung zusätzlich zur IV eine Rente aus. Dazu kommen eine sogenannte Integritätsentschädigung für unfallbedingte Dauerschäden sowie Rentenzahlungen an Hinterbliebene im Todesfall.

Achten Sie zwischen alter und neuer Erwerbstätigkeit darauf, dass keine Deckungslücke entsteht. Beim bisherigen Versicherer sind Sie 30 Tage über das Ende des Arbeitsverhältnisses hinaus abgesichert (Nachdeckung). Zusätzlich können Sie für wenig Geld eine Abredeversicherung (maximal 180 Tage) abschliessen, sodass sie insgesamt für 210 Tage vollen Versicherungsschutz geniessen. Die Prämie für die Abredeversicherung müssen Sie – vor Beendigung des Arbeitsverhältnisses – beim UVG-Versicherer Ihres bisherigen Arbeitgebers bezahlen.

Personenversicherungen für Inhaber einer AG oder GmbH

Führen Sie Ihr Unternehmen als AG oder GmbH, ist ein Grossteil der persönlichen Versicherungen obligatorisch vorgegeben. Denn Sie gelten für die Sozialversicherung nicht als Selbständigerwerbender, sondern als Arbeitnehmer bzw. Unselbständigerwerbender. Die entsprechenden Vorschriften gelten nicht nur für Ihr Personal, sondern auch für Sie selbst als Firmeninhaber und Lohnbezüger.

Die folgenden Seiten zeigen, welche Beiträge Sie als Angestellter in Ihrem eigenen Betrieb zu zahlen haben und welche Leistungen Ihnen zustehen.

Obligatorisch gut abgesichert

Sind Sie Inhaber einer Kapitalgesellschaft, sind für Sie – und für Ihr Personal – folgende Sozialversicherungen obligatorisch: AHV/IV,

Versicherungskonzept für Inhaber einer AG oder GmbH

Beispiel: Jahreseinkommen von 80 000 Franken, verheiratet, ein Kind

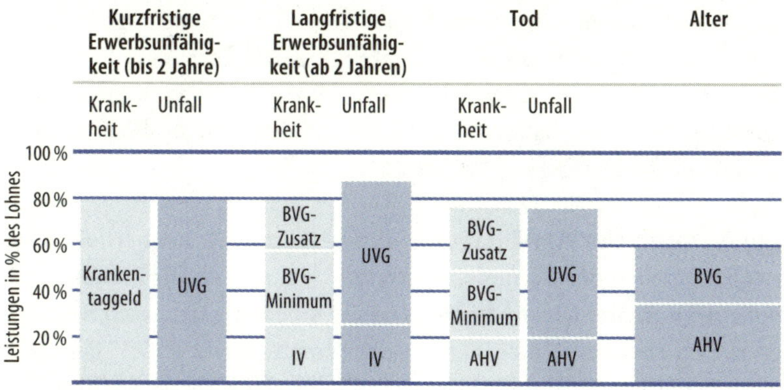

Quelle: VZ Insurance Services AG, Zürich

Erwerbsersatzordnung, Familienzulagen, Arbeitslosenversicherung, berufliche Vorsorge und Unfallversicherung. Je nach Bedarf können Sie darüber hinaus weitere Versicherungen abschliessen (siehe Seite 205). Ihr Konzept für Ihren persönlichen Versicherungsschutz sollte folgende Bereiche umfassen: Heilungskosten, kurzfristige Erwerbsunfähigkeit, langfristige Erwerbsunfähigkeit, Tod und Altersvorsorge. Für die Heilungskosten können Sie bei der Krankenkasse die Unfalldeckung ausschliessen, da Sie über die Unfallversicherung genügend abgesichert sind. Wie Sie die anderen Bereiche abdecken können, sehen Sie in der Zusammenstellung auf Seite 199.

AHV, IV und Erwerbsersatzordnung

Als Gründer einer AG oder GmbH müssen Sie Ihre Firma nach dem Eintrag ins Handelsregister bei der kantonalen Ausgleichskasse oder bei der Ausgleichskasse Ihres Branchenverbands anmelden. Gehören Sie einem Berufsverband mit eigener Ausgleichskasse an, ist diese für Sie zuständig.

Das Formular, mit dem Sie Ihre Firma bei der AHV anmelden können, finden Sie auf der Homepage der kantonalen Ausgleichskasse (Adressen unter www.ahv.ch).

Beiträge Arbeitgeber und Arbeitnehmer zahlen je die Hälfte der Beiträge an die AHV, IV und EO; der Gesamtbetrag beläuft sich auf 10,1 Prozent des Bruttolohns: 8,4 Prozent für die AHV, 1,4 für die IV und 0,3 Prozent für die EO. Zusätzlich zahlt die Firma der AHV-Kasse noch einen Betrag von bis zu drei Prozent der AHV-Prämie zur Deckung der Betriebskosten. Zudem sind Beiträge an die Familienausgleichskasse (FAK) zu bezahlen.

Leistungen der AHV Haben Sie keine Beitragslücken, erhalten Sie nach Erreichen des Rentenalters (65 für Männer, 64 für Frauen) eine volle AHV-Rente. Diese beträgt je nach Höhe der geleisteten Beiträge zwischen 1105 und 2210 Franken pro Monat (Stand 2008). Die AHV zahlt zudem im Todesfall Renten für Witwen und Witwer, hinterbliebene eingetragene Partner und Partnerinnen sowie für Waisen.

Leistungen der IV Die IV richtet Leistungen an Menschen aus, die invalid sind oder denen Invalidität droht. Seit dem Inkrafttreten der 5. IV-Revision am 1. Januar 2008 steht die Wiedereingliederung ins Erwerbsleben noch stärker als bisher im Vordergrund; Stichworte sind: Früherfassung, Frühintervention, Integrationsmassnahmen und berufliche Massnahmen (Umschulung). Erst wenn all diese Anstrengungen nicht zum Erfolg führen, prüft die IV die Ausrichtung einer Rente. Diese berechnet sich analog zur AHV-Rente, ist aber nach dem Grad der Invalidität abgestuft und wird ab einer mindestens 40-prozentigen Invalidität ausgezahlt. Versicherte mit Kindern erhalten zusätzlich Kinderrenten. Bis eine IV-Rente ausgezahlt wird, können zwei Jahre und mehr vergehen (gerechnet vom Zeitpunkt der Erkrankung oder des Unfalls). Zur Überbrückung dieser Zeit dient in der Regel eine Krankentaggeld- oder Unfallversicherung (siehe Seite 204 und 206).

Leistungen der EO Die Erwerbsersatzordnung bezahlt den Erwerbsausfall während eines Mutterschaftsurlaubs, bei Einsätzen im Militär, Zivildienst oder Zivilschutz, beim Roten Kreuz oder in Kaderkursen von «Jugend und Sport». Bezahlt wird während der Dienstzeit in der Regel 80 Prozent des durchschnittlichen vordienstlichen Erwerbseinkommens. Hinzu kommen Kinderzulagen und Betriebszulagen.

Mütter haben Anspruch auf 14 Wochen Mutterschaftsurlaub, sofern sie vor der Geburt des Kindes während neun Monaten bei der AHV versichert waren und in dieser Zeit mindestens fünf Monate lang eine Erwerbstätigkeit ausgeübt haben. Auch ihnen werden 80 Prozent des Erwerbseinkommens bezahlt, maximal aber 172 Franken pro Tag – das entspricht einem Jahreseinkommen von 77 400 Franken.

Kinderzulagen Die Kinderzulagen variieren je nach Kanton zwischen 160 und 273 Franken für das erste Kind. Bei weiteren Kindern liegen sie zum Teil höher. Üblicherweise werden die Zulagen bis zum 16. Altersjahr bezahlt; befinden sich die Kinder dann noch in der Ausbildung, kann die Frist bis maximal zum 25. Altersjahr verlängert werden. Je nach Kanton gibt es in dieser Phase weiter Kinder- oder spezielle Ausbildungszulagen. Zehn Kantone kennen zudem Geburtszulagen.

Voraussichtlich am 1. Januar 2009 tritt das neue gesamtschweizerische Gesetz zu den Familienzulagen in Kraft. Dieses legt Minimalbeträge fest: 200 Franken für Kinder bis 16 Jahre und 250 Franken für Jugendliche in Ausbildung bis 25 Jahre.

Arbeitslosenversicherung

Für angestellt Erwerbstätige und damit auch für mitarbeitende Inhaber von Kapitalgesellschaften ist die Arbeitslosenversicherung (ALV) obligatorisch. Die Anmeldung erfolgt automatisch mit derjenigen bei der AHV-Ausgleichskasse.

Beiträge Die Prämie für die ALV beträgt zwei Prozent des Bruttolohns und wird je zur Hälfte vom Unternehmen und vom Arbeitnehmer bezahlt.

Leistungen Nach einer Wartezeit von fünf Tagen erhalten Arbeitslose innerhalb von zwei Jahren maximal 400 Taggelder ausbezahlt. Über 55-Jährige mit einer Beitragszeit von mindestens 18 Monaten erhalten 520 Taggelder.

Der versicherte Lohn entspricht dem AHV-Bruttolohn, nach oben ist er auf jährlich 126 000 Franken begrenzt (Stand 2008). Als Taggeld werden üblicherweise 80 Prozent des versicherten Lohnes ausbezahlt. Personen, die keine Unterhaltspflichten gegenüber Kindern haben, nicht invalid sind und ein volles Taggeld von mehr als 140 Franken erreichen, erhalten nur 70 Prozent.

Wer Angestellter in der eigenen AG oder GmbH ist, im Verwaltungsrat eines Betriebs sitzt oder zur obersten Geschäftsleitung gehört, zählt zu den «arbeitgeberähnlichen Personen». Für diese gibt es bei der ALV gewisse Einschränkungen. Verlieren solche Personen ihre Stelle, können sie erst Arbeitslosenentschädigung beziehen, wenn sie ihre Arbeitgebereigenschaft völlig aufgeben. Das heisst, sie müssen ihre Firma liquidieren oder verkaufen (Stilllegung genügt nicht) bzw. aus dem Verwaltungsrat austreten. Tun sie das nicht, haben sie keinen Anspruch auf Taggelder.

Berufliche Vorsorge (2. Säule)

Die berufliche Vorsorge oder 2. Säule ist – ab einem bestimmten Mindesteinkommen – für mitarbeitende Inhaber von Kapitalgesellschaften obligatorisch. Neu gegründete Unternehmen schliessen sich mit Vorteil einer Sammelstiftung an (Zusammenschluss unterschiedlichster Firmen diverser Branchen mit je eigenem Vorsorgereglement) oder wählen eine Gemeinschaftsstiftung (Zusammenschluss von Firmen der gleichen Branche oder eines Berufsverbands mit einheitlichem Vorsorgereglement).

Beiträge Die Vorsorgeeinrichtungen regeln ihre Finanzierung weitgehend selbst, müssen aber Gewähr dafür bieten, dass sie den Versicherten jederzeit die reglementarischen Leistungen ausrichten können. Daher fallen die Beiträge für die berufliche Vorsorge unterschiedlich hoch aus, je nach Umfang der Leistungen und Risikostruktur des Versichertenbestands.

Leistungen Bei der Pensionierung erbringt die Pensionskasse eine Altersrente. Auf Wunsch lässt sich ein Teil des Altersguthabens – je nach Reglement auch das ganze – als Kapital beziehen. Bei Invalidität wird eine Rente ausbezahlt. Die Pensionskasse richtet auch Leistungen an Witwen und Witwer, an hinterbliebene eingetragene Partner und Partnerinnen sowie an Waisen aus. Je nach Reglement können auch Konkubinatspartner Hinterlassenenleistungen erhalten.

Das BVG-Minimum müssen alle Pensionskassen gewähren, viele kennen zusätzlich sogenannte überobligatorische Leistungen. Was genau bei einer Vorsorgeeinrichtung gilt, lässt sich im Reglement und im jährlich zugestellten Versicherungsausweis nachlesen.

Die Höhe der Prämien und die Leistungen der Vorsorgeeinrichtungen unterscheiden sich stark. Holen Sie deshalb mehrere Offerten ein und vergleichen Sie diese. Achten Sie vor allem auf die Verwaltungskosten, die Risikokosten – Firmen aus Branchen mit überdurchschnittlichem Invaliditätsrisiko zahlen extrem hohe Prämien –, die Abzüge am Deckungskapital bei Rückkäufen sowie die Verzinsung der Beiträge und den Umwandlungssatz im überobligatorischen Bereich. Prüfen Sie auch die Vertragsdauer und die Kündigungsfristen – und den Deckungsgrad der Pensionskasse. Am besten lassen Sie sich von einem neutralen Versicherungsberater beraten.

Unfallversicherung

Der Abschluss der obligatorischen Versicherung gemäss UVG ist sowohl bei der Schweizerischen Unfallversicherungsanstalt (Suva) als auch bei den meisten privaten Unfallversicherern möglich. Einige Branchen (zum Beispiel das Baugewerbe) müssen die Unfallversicherung obligatorisch bei der Suva abschliessen. Während die Suva nur die obligatorische Grundversicherung anbietet, lassen sich bei privaten Versicherern auch weitere Leistungen abdecken. Zum Beispiel ein Taggeld von 100 statt nur von 80 Prozent – was je nach persönlicher Situation wichtig sein kann. Ob eine Unfallversicherung bei der SUVA oder bei einem privaten Anbieter sinnvoller ist, hängt vom Einzelfall ab. Das Einholen und Vergleichen mehrerer Offerten lohnt sich – vor allem wenn Sie zusätzliche Leistungen versichern wollen.

Mitarbeitende Inhaber einer AG und mitarbeitende Gesellschafter einer GmbH sind grundsätzlich erst dann versichert, wenn die Gesellschaft im Handelsregister eingetragen ist.

Beiträge Die Berechnung der Prämien hängt vom Versicherer ab. Basis ist aber in jedem Fall das mit der AHV abgerechnete Einkommen. Maximal versichert werden kann ein AHV-Lohn von 126 000 Franken pro Jahr (Stand 2008). Der versicherte Lohn darf bei Selbständigerwerbenden nicht weniger als die Hälfte dieses Maximalbetrags ausmachen – das sind mindestens 63 000 Franken. Für mitarbeitende Familienmitglieder liegt die untere Grenze bei einem Drittel, also bei 42 000 Franken. Die Höhe der Prämien ist bei den meisten Versicherern von der Branche abhängig. Je höher das Risiko einer Berufsgruppe, desto höher fällt die Prämie aus. Eine Tiefbaufirma beispielsweise bezahlt einiges mehr als ein Sekretariatsdienst.

Leistungen Die Leistungen der Unfallversicherung umfassen die Heilungskosten sowie ein Taggeld von 80 Prozent des versicherten Lohns. Dieses wird bezahlt, bis der Verunfallte die Erwerbstätigkeit wieder aufnehmen kann oder bis zum Beginn des Anspruchs auf eine Invalidenrente. Dann zahlt die Unfallversicherung zusätzlich zur IV eine Rente aus. Dazu kommen eine sogenannte Integritätsentschädigung für unfallbedingte Dauerschäden sowie Rentenzahlungen an Hinterbliebene im Todesfall.

Sind Sie Suva-pflichtig, meldet sich die Suva nach dem Handelsregistereintrag automatisch bei Ihnen. Sind Sie nicht im Handelsregister eingetragen, melden Sie sich mit Vorteil selbst bei der Suva, spätestens vierzehn Tage nach dem Geschäftsstart.

Achten Sie zwischen alter und neuer Erwerbstätigkeit darauf, dass keine Deckungslücke entsteht. Beim bisherigen Versicherer sind Sie 30 Tage über das Ende des Arbeitsverhältnisses hinaus abgesichert (Nachdeckung). Zusätzlich können Sie für wenig Geld eine Abredeversicherung (maximal 180 Tage) abschliessen, sodass sie insgesamt für 210 Tage vollen Versicherungsschutz geniessen. Die Prämie für die Abredeversicherung müssen Sie – vor Beendigung des Arbeitsverhältnisses – beim UVG-Versicherer Ihres bisherigen Arbeitgebers bezahlen.

Personenversicherungen für alle Neuunternehmer

Bei den folgenden persönlichen Versicherungen gibt es für Selbständigerwerbende und Inhaber von Kapitalgesellschaften keine Unterschiede. Für beide Gruppen gelten die gleichen Voraussetzungen und Grundsätze.

Allen hier beschriebenen Versicherungen ist zudem gemeinsam, dass sie nicht obligatorisch sind. Je nach Ihrer persönlichen Situation und der Rechtsform Ihres Unternehmens empfiehlt sich aber der Abschluss. Vor allem für «echte» Selbständigerwerbende ist die Säule 3a eine beliebte Alternative zur Pensionskasse.

Krankentaggeldversicherung

Die Krankentaggeldversicherung deckt den Einkommensausfall bei Krankheit. Sie ist sowohl für Selbständigerwerbende wie auch für Inhaber von Kapitalgesellschaften sinnvoll. Auf diese Versicherung kann nur verzichten, wer es sich leisten kann, ohne Verdienst krank zu sein.

Krankentaggeldversicherungen werden von allen grossen Versicherern angeboten. In Branchen mit überdurchschnittlich hohen Absenzen kann es aber schwierig sein, einen Anbieter zu finden. Auch hier gilt: Möglichst verschiedene Offerten einholen und die Prämien sowie das Kleingedruckte genau vergleichen. Ein Teil der Versicherer behält sich beispielsweise vor, im Schadensfall vom Vertrag zurückzutreten oder die Leistungen wegen Grobfahrlässigkeit zu kürzen.

Prämien: Die Höhe der Prämie bemisst sich normalerweise in Prozenten des Lohns bzw. Einkommens und hängt von den versicherten Leistungen ab. Setzt die Versicherung nicht bereits am ersten Tag der Krankheit ein, sondern erst nach einer Frist zwischen 3 und 180 Tagen, sinkt die Prämie.

Leistungen: Üblicherweise bezahlt die Krankentaggeldversicherung während 720 Tagen 80 Prozent des versicherten Lohns bzw. Einkommens. Dadurch wird vor allem die Zeit überbrückt, bis die Rente der IV einsetzt.

Startet Ihre Taggeldversicherung erst 30 oder 60 Tage nach Beginn der Krankheit, fällt die Prämie einiges günstiger aus. Denken Sie aber unbedingt daran, für die ungedeckten Tage Rückstellungen vorzunehmen. Damit können Sie den Verdienstausfall durch einzelne Krankheitstage oder die Zeit bis zum Einsetzen der Versicherung überbrücken.

Säule 3a und 3b

Die Versicherung der Risiken Alter, Invalidität und Tod lässt sich über die 3. Säule ergänzen. Dabei unterscheidet man zwischen der «gebundenen» Vorsorge (Säule 3a) und der «freien» Vorsorge (Säule 3b). Die wichtigsten Unterschiede liegen in der Laufzeit und der Besteuerung. Die 3. Säule ist insbesondere für verheiratete Selbständigerwerbende mit Kindern wichtig. Im Gegensatz zu den Arbeitnehmern sind sie ja nicht allen Einrichtungen der Sozialversicherung obligatorisch unterstellt und müssen ihre Vorsorge weitgehend selbst aufbauen.

Säule 3a – gebundene Vorsorge Sowohl Banken wie Versicherungen bieten im Rahmen der Säule 3a unterschiedliche Produkte an. Die einbezahlten Beträge dürfen vom steuerbaren Einkommen abgezogen werden und senken so die Steuerbelastung. Die Höhe der jährlichen Einzahlung ist begrenzt:

- Wer einer Pensionskasse angehört, kann maximal 6365 Franken einzahlen (Stand 2008).
- Selbständigerwerbende ohne 2. Säule können 20 Prozent ihres Erwerbseinkommens, maximal aber 31 824 Franken in die Säule 3a investieren.

Bei der Bankenlösung zahlen Sie Ihre Beiträge in ein sogenanntes Säule-3a-Konto ein – ganz nach Ihren finanziellen Möglichkeiten. Die Risiken Invalidität und Tod sind mit einem Säule 3a-Konto nicht abgesichert. Bei der Versicherungslösung überweisen Sie eine fixe oder variable Summe auf eine 3a-Vorsorgepolice. Das ist entweder eine kapitalbildende Lebensversicherung mit Risikoschutz bei Invalidität und/oder Tod oder eine reine Risikoversicherung.

Sowohl bei der Banken- wie bei der Versicherungslösung lässt sich das angesparte Altersguthaben frühestens fünf Jahre vor Erreichen des regulären Pensionsalters beziehen. Möglich ist ein Bezug zudem bei einer definitiven Auswanderung oder für den Kauf von selbst genutztem Wohneigentum. Aufgrund der langen Laufzeit wird das Altersguthaben bei beiden Varianten zu Vorzugskonditionen verzinst.

Ob eine Banken- oder Versicherungslösung sinnvoller ist, lässt sich nur im Einzelfall beurteilen – und nach fundiertem Vergleich mehrerer Offerten. Mit einer 3a-Police gehen Sie eine langjährige Verpflichtung ein. Müssen Sie den Vertrag vor Ablauf auflösen, führt das zu Verlusten, weil Sie nur den Rückkaufswert erhalten. Wollen Sie primär Kapital ansparen, ist das 3a-Konto meist vorteilhafter. Die Risiken Invalidität und Tod decken Sie mit Vorteil in einer separaten Risikoversicherung der «freien» Vorsorge 3b ab, denn diese können Sie jederzeit an die aktuellen Verhältnisse anpassen oder auflösen. Falls Sie eine 3a-Police wählen: Vereinbaren Sie wegen der langen Laufzeit keine fixen Prämien, sondern halten Sie den Sparteil flexibel.

Säule 3b – freie Vorsorge Zur Säule 3b zählt alles, was Sie freiwillig an Vorsorge betreiben: Sparkonten, Wertschriften, das Eigenheim, Versicherungsprodukte. Auf das Banksparen im Rahmen der Säule 3b mit Spar-, Anlagekonti oder Wertschriften geht der Ratgeber nicht näher ein, sondern beschränkt sich auf einen kurzen Überblick über die Angebote der Versicherer.

Die Produktpalette ist gross: Kapitalbildende Sparversicherungen (Lebensversicherungen), reine Risikoversicherungen für Invalidität und Tod oder auch gemischte Versicherungen (Kombination von Risikoabdeckung und Sparen) fallen unter die Säule 3b. Die Prämien sind je nach Versicherungsvertrag monatlich, jährlich oder einmalig fällig und hängen vom gewählten Versicherungsschutz ab. Die Höhe der Einzahlungen ist nicht begrenzt. Steuerlich können 3b-Beiträge dagegen kaum je abgezogen werden, denn der Pauschalabzug für Versicherungsprämien ist in aller Regel mit den Krankenkassenprämien bereits ausgeschöpft.

Die Leistungen hängen von der Art der Versicherung und vom Versicherungsvertrag ab:

Sparversicherungen: Die versicherte Person erhält bei Erreichen eines bestimmten Alters bzw. des vertraglich vereinbarten Auszahlungszeitpunkts den vereinbarten Betrag in Form einer einmaligen Ausschüttung oder als Rente ausbezahlt. Stirbt sie vorzeitig, fällt der Rückkaufswert den Begünstigten zu. Für Unternehmer macht dieses Zwangssparen wenig Sinn.

Reine Risikoversicherungen: Bei Invalidität und/oder Tod der versicherten Person wird eine zum Voraus vereinbarte Leistung ausgerichtet (einmalige Auszahlung oder Rente). Nach Ablauf der Versicherungsdauer erlöscht die Versicherung ohne Rückerstattung der Prämien. Solche Versicherungen bieten für relativ geringe Kosten einen hohen Schutz und sind deshalb verheirateten Neuunternehmern zu empfehlen. Die versicherte Summe sollte einerseits so hoch sein, dass beim Tod des Unternehmers mindestens die Betriebsschulden gedeckt sind. Andererseits sollte die Risikoversicherung die Witwen- und Waisenrenten der AHV ergänzen. Für Neuunternehmer, die nur den gesetzlich vorgeschriebenen Versicherungsschutz haben, sind auch Erwerbsunfähigkeitsrenten sinnvoll – für den Fall, dauernd zu einem bestimmten Prozentsatz arbeitsunfähig zu werden. Im Schadensfall erhalten sie so bis zum Pensionierungsalter eine jährliche garantierte Rente.

Gemischte Versicherungen: Bei diesen Produkten erhält der Versicherungsnehmer beim Erreichen eines bestimmten Alters die vereinbarte Summe (Erlebensfallkapital). Stirbt er vorher, werden die vereinbarten Todesfallleistungen an die Begünstigten ausbezahlt.

Begünstigung Bei Lebensversicherungen der Säule 3b lässt sich ein beliebiger Kreis von Personen begünstigen. Diese erhalten bei einem vorzeitigen Tod des Versicherten die Versicherungssumme ausbezahlt. Sind die Ehefrau oder die Kinder begünstigt, müssen sie die Versicherungssumme auch bei einer Pfändung oder einem Konkurs des Unternehmens nicht an die Gläubiger herausgeben (Konkursprivileg). Oft verlangt allerdings die kreditgebende Bank eine Begünstigung, damit ihr Kredit abgedeckt ist (siehe Seite 291).

Setzen Sie die jährliche Prämie für Ihre Versicherung nicht zu hoch an; bei einem schlechten Geschäftsverlauf wird diese sonst zur Belastung. Idealerweise teilen Sie die Säule-3b-Vorsorge in eine Versicherungs- und eine Banklösung auf. Bei letzterer können Sie die Einzahlungen frei variieren – gemäss Ihrem Geschäftsergebnis. Holen Sie vor dem Abschluss verschiedene Offerten ein und vergleichen Sie die Leistungen, Prämien und Kündigungsfristen. Die Unterschiede können gross sein.

Versicherungen für das Personal

Stellen Sie Personal ein, werden Sie – unabhängig von der Rechtsform Ihrer Firma – zum Arbeitgeber und unterstehen den Obligatorien der staatlichen Sozialversicherungen. Dabei spielt es in der Regel keine Rolle, ob es sich bei Ihren Mitarbeitern um Familienmitglieder handelt oder nicht.

In vielen Branchen schreiben Gesamtarbeitsverträge (GAV) vor, wie Arbeitgeber ihre Angestellten versichern müssen. Ist ein GAV als allgemein verbindlich erklärt, gilt er für alle Betriebe der Branche, auch wenn sie nicht einem beteiligten Verband angehören. Ein nicht allgemein verbindlicher GAV gilt nur für Mitglieder der Vertragspartner (mehr zum GAV auf Seite 314).

Obligatorische Versicherungen

Mitarbeiterinnen und Mitarbeiter müssen obligatorisch bei der AHV/IV und der EO angemeldet werden. Die Beiträge und Leistungen sind dieselben wie für mitarbeitende Inhaber einer AG oder GmbH (siehe Seite 200); die Hälfte der Beiträge muss der Arbeitgeber übernehmen. Zudem muss er für sein Personal Beiträge an die Familienausgleichskasse bezahlen.

Für mitarbeitende Familienmitglieder gelten bei den Beiträgen Sonderbestimmungen – informieren Sie sich bei der zuständigen Ausgleichskasse.

Arbeitslosenversicherung Für das Personal muss der Arbeitgeber die gesetzlichen Beitragszahlungen an die Arbeitslosenversicherung leisten; die Hälfte davon kann er den Angestellten vom Lohn abziehen (siehe Seite 316). Arbeitnehmer erhalten dann bei Arbeitslosigkeit Arbeitslosentaggelder und haben Anspruch auf Insolvenz-, Kurzarbeits- und Schlechtwetterentschädigung.

— Die Insolvenzentschädigung deckt die Lohnforderung der Mitarbeiterinnen und Mitarbeiter, wenn der Arbeitgeber zahlungsunfähig wird. Gedeckt sind die letzen vier Monate vor Ende des Arbeitsverhältnisses.

— Die Kurzarbeitsentschädigung deckt 80 Prozent des Lohnausfalls, den Angestellte durch eine temporäre, vom Arbeitgeber verordnete Kurzarbeit erleiden. Dies soll dem Betrieb ermöglichen, eine begrenzte «Durststrecke» zu überstehen, und so Arbeitsplätze sichern. Kurzarbeitsentschädigung wird innerhalb von zwei Jahren während maximal zwölf Abrechnungsperioden (Monaten) ausgerichtet.

— Die Schlechtwetterentschädigung übernimmt 80 Prozent des Lohnausfalls der Arbeitnehmer, wenn schlechtes Wetter das Arbeiten verunmöglicht. Sie wird nur in bestimmten Branchen ausgerichtet, unter anderem im Hoch- und Tiefbau. Die Schlechtwetterentschädigung ist auf maximal sechs Abrechnungsperioden innerhalb von zwei Jahren beschränkt.

Berufliche Vorsorge Jeder Arbeitgeber muss die berufliche Vorsorge für sein Personal organisieren und seinen Betrieb einer Pensionskasse anschliessen. Obligatorisch versichert werden müssen alle Angestellten, die den Mindestlohn verdienen. Dieser liegt bei 19 980 Franken. Für tiefe Einkommen gilt ein minimaler versicherter Lohn von 3315 Franken. Von höheren Einkommen wird der sogenannte Koordinationsbetrag von 23 205 Franken abgezogen. Die Obergrenze im BVG-Obligatorium liegt bei 79 560 Franken, abzüglich Koordinationsbetrag. Maximal versichert sind also 56 355 Franken (Stand 2008). Der Arbeitgeber muss mindestens die Hälfte der Beiträge an die Pensionskasse übernehmen; der Rest wird den Mitarbeitenden vom Lohn abgezogen (siehe auch Seite 317).

Arbeitgeber können frei bestimmen, ob sie ihr Personal für die obligatorischen BVG-Minimalleistungen oder besser versichern wollen – etwa indem sie höhere Leistungen für Invalidität und / oder Tod vereinbaren, den Lohn auch über der oberen Grenze des BVG versichern oder Konkubinatspartner mit in die Versicherung einschliessen.

Unfallversicherung Arbeitnehmer müssen gemäss UVG gegen Unfall versichert werden. Das gilt auch für Familienmitglieder des

Arbeitgebers, die im Betrieb mitarbeiten, sofern sie einen Barlohn beziehen und / oder AHV-Beiträge bezahlen. Mitarbeitende Familienmitglieder sind mindestens zum orts- und berufsüblichen Lohn für vergleichbare Tätigkeiten versichert – auch wenn der abgerechnete AHV-Lohn tiefer ist. Arbeitgeber, die nicht an die Suva gebunden sind, schliessen für ihr Personal normalerweise eine kollektive Unfallversicherung gemäss UVG ab (mehr dazu auf Seite 204).

Für Betriebsunfall sind alle Angestellten obligatorisch zu versichern, für Unfälle in der Freizeit (NBU) nur diejenigen, die mindestens acht Stunden pro Woche im Betrieb arbeiten. Die Prämie für Betriebsunfall geht zulasten des Arbeitgebers, die NBU-Prämie kann er den Mitarbeitern vom Lohn abziehen.

Lohnfortzahlung und Krankentaggeldversicherung

Arbeitgeber müssen ihren Angestellten bei Krankheit den Lohn für eine «angemessene Zeit» weiterzahlen. Die Dauer der Lohnfortzahlung ist in den sogenannten Berner, Basler oder Zürcher Skalen geregelt und beträgt zum Beispiel im ersten Dienstjahr drei Wochen, im zweiten vier Wochen. Mit zunehmendem Dienstalter steigt die Dauer des Krankenlohnanspruchs.

Das Risiko der Krankenlohnzahlung können Arbeitgeber mit einer Krankentaggeldversicherung abdecken. Solche Versicherungen decken den Lohnausfall der Angestellten über das gesetzliche Minimum hinaus ab. Meist werden 80 Prozent des Lohnes während maximal 720 Tagen (innerhalb von 900 Tagen) abgedeckt. Die Versicherungsprämien dürfen Arbeitgeber ihren Angestellten zur Hälfte belasten.

Schliessen Sie möglichst alle Personalversicherungen beim gleichen Versicherer ab. Dadurch erhalten Sie bessere Prämienkonditionen.

Versicherungen fürs Unternehmen

Firmengründer müssen sich nicht nur um den Versicherungsschutz für sich und ihr Personal kümmern, sondern auch um die Absicherung von Risiken im Betrieb. Je nach Branche gibt es hier Risiken, die im Schadensfall die Existenz eines Unternehmens gefährden.

Im Gegensatz zu den Personenversicherungen können Sie bei den Versicherungen für das Unternehmen grundsätzlich frei entscheiden, welche Sie abschliessen wollen und wie hoch die Deckung sein soll. Davon ausgenommen sind einige Branchen, in denen bestimmte Grundversicherungen vorgeschrieben sind. Der Besitzer eines Tanklastwagens für gefährliche Güter beispielsweise muss das Fahrzeug und mögliche Schäden durch einen Unfall zwingend versichern. Sonst erhält er gar keine Bewilligung für Gefahrenguttransporte.

Bei den Betriebsversicherungen spielt die Rechtsform Ihres Unternehmens keine Rolle. Solche Versicherungen betreffen immer das Unternehmen als Ganzes und nicht den Unternehmer als Privatperson.

Vor dem Abschluss von Betriebs- und Sachversicherungen sollten Sie unbedingt Offerten verschiedener Anbieter vergleichen, denn es gibt grosse Unterschiede. Schliessen Sie mehrere Versicherungen bei der gleichen Gesellschaft ab, können Sie Kombirabatte herausholen.

Betriebshaftpflichtversicherung

Betriebshaftpflichtversicherungen sind nicht obligatorisch, aber ein Muss für jeden Unternehmer. Sie haben den gleichen Zweck wie private Haftpflichtversicherungen: Sie decken Schäden, die der Versicherungsnehmer – das heisst Sie als Betriebsinhaber, Ihre Stellvertreter oder Angestellten – Dritten zufügt. Gedeckt sind in der Regel Personenschäden (Tötung, Verletzung oder sonstige Gesundheitsschädigungen) und Sachschäden (Zerstörung, Beschädigung oder Verlust) sowie Vermögensschäden als Folge von versicherten Sach- oder Personenschäden.

Die Haftpflichtrisiken hängen stark von der Branche und der Firma ab; Bürobetriebe etwa sind anderen Risiken ausgesetzt als produzierende Betriebe. Da Betriebshaftpflichtfälle oft zu sehr hohen Schadenforderungen führen, ist eine präzise Risikoanalyse nötig (siehe Seite 181).

Das Wichtigste beim Abschluss einer Haftpflichtversicherung ist die präzise Umschreibung der Berufstätigkeit. Denn die Versicherung deckt nur Schäden, die aus der definierten Tätigkeit entstehen. Einzelne Risiken können dabei explizit ein- oder ausgeschlossen werden. In der Regel beschreibt die Haftpflichtversicherung vor allem, was nicht versichert ist.

Deckungsumfang Grundsätzlich deckt eine Betriebshaftpflichtversicherung die folgenden Risiken ab:

Anlagerisiken: Darunter fallen Schäden, die aus der Haftpflicht als Eigentümer, Mieter oder Pächter von Grundstücken, Gebäuden oder Räumlichkeiten entstehen, die dem Betrieb dienen. Beispiel:

Versicherungen à la carte

Neben der Abdeckung der Grundrisiken lassen sich bedürfnisgerecht einzelne, branchenspezifische Sonderrisiken einschliessen, zum Beispiel:

— die Übernahme von Kosten aus der Ermittlung und Behebung von Mängeln
— Haftpflichtansprüche aus Belade- und Entladeschäden an Fahrzeugen
— Schäden an gemieteten, geleasten oder gepachteten Grundstücken, Gebäuden oder Räumlichkeiten
— Bearbeitungs- und Obhutschäden
— der Verlust von anvertrauten Schlüsseln
— Schadenverhütungskosten (Aufwendungen zur Verhütung eines noch nicht eingetretenen, aber drohenden versicherten Schadens)
— Aus- und Einbaukosten von Sachen, die ein Versicherter herstellte, bearbeitete oder lieferte (Ersatz von mangelhaften Sachen)
— Schäden an gemieteten Telekommunikationsanlagen

Vom Betriebsgebäude löst sich eine Dachlawine und begräbt das Auto eines Kunden. Bei einigen Versicherern sind auch «nicht dem Betrieb dienende Gebäude» mitversichert – oft zuschlagsfrei.

Betriebsrisiken: Dazu gehören Schäden im Zusammenhang mit den betrieblichen Vorgängen und Abläufen. Beispiele: Bei der Montage einer Gegensprechanlage bohrt der Angestellte eine Heizungsleitung an, Wasser fliesst aus und das Parkett der Wohnung muss ersetzt werden. Oder: Ein Baumeister sprengt Felsen; dabei lösen sich grössere Steine als erwartet und beschädigen Häuser in der Umgebung. Oder: Ein Wirt schüttet beim Servieren heisse Suppe auf die Hose des Gastes, wobei sich dieser verbrennt. Gedeckt sind normalerweise auch Schäden an der Umwelt. Beispiele: Chemikalien verseuchen das Grundwasser, Altöl sickert ins Erdreich.

Produktrisiken: Das sind Risiken, die auf fehlerhafte Produkte, auf Konstruktions- oder Entwicklungsfehler des Herstellers zurückzuführen sind. Beispiele: Die Sprinkleranlage funktioniert bei einem Brand nicht; ein Kurzschluss in der Bohrmaschine tötet einen Handwerker; eine Gasflasche explodiert und verletzt den Benützer; in einem Müesli befindet sich ein Fremdkörper, an dem sich die Konsumentin einen Zahn ausbeisst.

Die Produkthaftung ist eine gesetzliche Haftpflicht und deshalb grundsätzlich in den Betriebshaftpflichtpolicen mitgedeckt. Die Produkthaftpflicht spielt auch beim indirekten Export. Führt ein defekter Bestandteil, der in einem anderen Land eingebaut oder weiterbearbeitet wird, zu einem Schaden, haftet der ursprüngliche Hersteller. Die Produkthaftpflicht deckt nur Schäden, die durch das Produkt verursacht werden; Schäden, die am hergestellten oder gelieferten Produkt selber entstehen, sind nicht versichert.

Unversicherbare Risiken Einige Risiken, die aus der Betriebsführung entstehen, sind unversicherbar: So etwa Schäden an Sachen, die das Unternehmen zur Bearbeitung, Beförderung, zum Gebrauch oder zur Aufbewahrung übernimmt (sogenanntes Unternehmerrisiko); Schäden, die der Unternehmer selbst (Eigenschäden) oder seine Familienangehörigen (Verwandtenklausel) erleiden. Die Betriebshaftpflichtversicherung des einzelnen Gesellschafters deckt im Normalfall auch keine Schäden, die Arbeitsgemeinschaften bzw. einfache Gesellschaften verursachen. Dafür ist eine separate Haftpflichtversicherung nötig.

Geltungsbereich Der Geltungsbereich von Betriebshaftpflichtversicherungen beschränkt sich üblicherweise auf ganz Westeuropa. Mit wenigen Ausnahmen wird aber auch eine weltweite Deckung ohne USA / Kanada angeboten.

Produktionsbetriebe und Handelsunternehmen, die mit Firmen in den USA oder Kanada geschäften, sollten im Vertrag den Geltungsbereich anpassen, denn in diesen Ländern besteht ein hohes Risiko im Bereich der Produkthaftpflicht. Hier muss die Versicherungssumme für den Fall von Serienschäden – wenn aus einem Ereignis viele einzelne Schäden entstehen – hoch genug angesetzt werden. Für einen weltweiten Geltungsbereich inklusive USA und Kanada, sollte die Garantiesumme pro Schadensfall mindestens zehn Millionen Franken betragen.

Für Europa genügt üblicherweise eine Deckung von drei bis fünf Millionen Franken pro Schadensfall, wobei die Mehrprämie für eine Garantiesumme bis fünf Millionen sehr gering ausfällt. Zum Teil schreiben Auftraggeber (etwa Bund, Kantone, Gemeinden) jedoch eine bestimmte Deckung vor.

Prämienhöhe Die Prämien der Betriebshaftpflichtversicherung werden normalerweise aufgrund des Umsatzes und / oder der AHV-pflichtigen Lohnsumme der Firma und aufgrund ihres Risikopotenzials berechnet. Da Sie sich beim Firmenstart nur auf Schätzungen stützen können, zahlen Sie zu Beginn der Versicherungsperiode vorerst eine provisorische Prämie. Definitiv abgerechnet wird nach Ablauf der Versicherungsperiode.

Auf Sachschäden lasten in der Regel geringe Selbstbehalte. Wählen Sie einen hohen Selbstbehalt, können Sie die Prämie erheblich senken. Das sollten besonders Kleinbetriebe bedenken, die statistisch wenig Haftpflichtrisiken bieten. Für Personenschäden wird fast nie ein Selbstbehalt vereinbart.

Berufshaftpflichtversicherung

Eine Berufshaftpflichtversicherung ist nicht obligatorisch. Sie deckt Haftpflichtansprüche aus der Berufsausübung. Versichert sind Personen-, Sach- und Vermögensschäden.

Die Berufshaftpflichtversicherung deckt eigentlich spezielle Risiken einer gewissen Berufsgruppe ab – etwa für Ärzte, Zahnärztinnen, Architekten, Ingenieurinnen, Treuhänderinnen, Rechtsanwälte oder Notare. Im Unterschied zur Betriebshaftpflichtversicherung sind mit der Berufshaftpflichtpolice die durch die Tätigkeit verursachten Schäden gedeckt. Berechnet zum Beispiel ein Ingenieur die Statik eines Hauses falsch und stürzt es ein, übernimmt seine Berufshaftpflichtversicherung den Fall. Dieser zusätzliche Deckungsumfang widerspiegelt sich in hohen Prämien.

Motorfahrzeugversicherung

Wie die privaten Wagen müssen auch Ihre Firmenfahrzeuge versichert sein:

- Die obligatorische Motorfahrzeughaftpflichtversicherung deckt das Haftpflichtrisiko des Motorfahrzeughalters, wenn bei Unfällen Dritte zu Schaden kommen.
- Mit einer zusätzlichen freiwilligen Kaskoversicherung sind auch allfällige Sachschäden am Fahrzeug versichert. Eine Teilkaskoversicherung deckt grundsätzlich Feuer-, Elementar-, Diebstahl- und Glasschäden sowie Kollisionen mit Tieren auf öffentlichen Strassen (auf Wunsch auch Marderschäden). Sie ist jedem Fahrzeughalter zu empfehlen. Eine Vollkaskoversicherung deckt zusätzlich das Kollisionsrisiko und lohnt sich in der Regel nur bei Neuwagen bis zu einem Alter von drei bis vier Jahren, bei häufiger Benützung durch verschiedene Betriebsangehörige oder bei teuren Fahrzeugen wie Last-, Mess- und Spezialwagen.

Einen Überblick über das vielfältige Angebot an Autoversicherungen bietet www.comparis.ch. Die Prämienunterschiede sind zum Teil markant. Bei einer grösseren Fahrzeugflotte können Sie allenfalls einen Flottenrabatt aushandeln.

Sachversicherungen

Bei den Sachversicherungen wird unterschieden zwischen dem Gebäude und der Fahrhabe, also dem beweglichen Besitz des Unternehmens.

Gebäudeversicherung Mit der Gebäudeversicherung müssen Sie sich nur beschäftigen, wenn Ihr Unternehmen eine Liegenschaft kauft oder besitzt. Die Gebäudefeuerversicherung ist in den meisten Kantonen obligatorisch und verstaatlicht; sie untersteht der kantonalen Gebäudeversicherungsgesellschaft. Ein Obligatorium, aber freie Wahl des Versicherers besteht in Obwalden, Schwyz und Uri. Kein Obligatorium gibt es in den Kantonen Appenzell Innerrhoden, Genf, Tessin und Wallis.

In der Gebäudeversicherung eingeschlossen sind alle festen Einrichtungen, die zum Gebäude gehören. Durch die obligatorische Versicherung gedeckt sind Feuer- und Elementarschäden. Zusätzlich lassen sich weitere Risiken versichern, etwa Schäden durch geborstene Wasserleitungen oder Einbrüche.

Versicherung der Fahrhabe Einrichtungen, die Sie als Mieterin oder Besitzer in ein Gebäude hineinstellen – zum Beispiel Maschinen mit Fundament –, sind nicht über die Gebäudeversicherung gedeckt. Sie gelten als Fahrhabe. Darauf müssen insbesondere Neuunternehmer achten, die in den Räumen der eigenen Liegenschaft einen Betrieb führen.

Jeder Kanton besitzt eine Broschüre «Abgrenzungskatalog Gebäude : Fahrhabe», aus der klar ersichtlich ist, welche Sachen und Einrichtungen über das Gebäude und welche über die Fahrhabe versichert werden müssen.

Den Schutz Ihrer Fahrhabe sollten Sie auf keinen Fall vernachlässigen. Unterschieden werden folgende Bereiche:

Waren: Selber hergestellte und eingekaufte Waren

Einrichtungen: Betriebseinrichtungen wie Maschinen, Werkzeuge, Instrumente, Apparate, Ersatzteile, Betriebs- und Lagermöbel, Gleisanlagen, Betriebsmotorfahrzeuge (zum Beispiel Hubstapler) und Anhänger ohne Kontrollschilder, Büroeinrichtungen, IT-Anlagen, Fahrnisbauten (zum Beispiel kleine Baracken), anvertrautes Dritteigentum (Kundengut)

Besondere Sachen und Kosten: Modelle, Muster, Formen, Motorfahrzeuge und Anhänger mit Kontrollschildern, Personaleffekten, Geldwerte, Wiederherstellungskosten, Aufräumungskosten, Debitorenausstände, Marktpreisschwankungen

Deckungsumfang Alle Sachversicherungen decken grundsätzlich Schäden, die durch Feuer und Elementarereignisse, Einbruchdiebstahl, Wassereinbruch und zum Teil auch durch Glasbruch entstehen. Die Grunddeckung sieht folgendermassen aus:

Feuerversicherung: Sie deckt Schäden an Gebäuden und an der Fahrhabe bei Brand und Elementarschadenereignissen (etwa Blitzschlag, Explosion, Sturm, Hagel). Wichtig: Implosions- und Sengschäden sollten versichert sein.

Risiko Unterversicherung

Wichtig ist, dass Sie den richtigen Deckungsumfang wählen. Versichern Sie immer den Neuwert, also den Betrag, den die Neuanschaffung oder Neuherstellung einer Sache kosten würde. Damit vermeiden Sie eine Unterversicherung. Diese liegt vor, wenn die Versicherungssumme niedriger ist als der Neuwert aller versicherten Sachen (Ersatzwert).

Wollen Sie im Schadensfall den vollen Neuwert erhalten, müssen Sie die Versicherungssumme so hoch ansetzen, wie der Preis für Ihre gesamten – und nicht nur einzelne – versicherten Sachen wäre. Teilschäden sind nur im Verhältnis zur gesamten Versicherungssumme gedeckt: Besitzt ein Neuunternehmer beispielsweise vier Maschinen im Wert von je 5000 Franken, muss er sie für 20 000 Franken versichern, um bei einem Teilschaden pro Maschine den Neuwert zu erhalten. Versichert er seine Maschinen nur für 10 000 Franken, weil er glaubt, dass sowieso nicht alle vier gleichzeitig beschädigt werden, erhält er pro Maschine nur 2500 Franken.

Im Weiteren sollten Sie daran denken, Waren und Gebrauchsgegenstände direkt nach dem Kauf und nicht erst auf den Zeitpunkt der Geschäftseröffnung zu versichern.

Diebstahlversicherung: Sie erbringt Leistungen bei Verlust, Zerstörung oder Beschädigung durch Einbruchdiebstahl und Beraubung. Der einfache Diebstahl ist nicht versicherbar. Für Handwerker wichtig: Sind Werkzeuge auf Baustellen, in Autos und an allen Aussenstandorten versichert (Aussenversicherung)? Ladenbesitzer sollten Geldwerte (in der Kasse) genügend versichern. Allenfalls müssen Sie auch Vandalismus einschliessen (extended coverage oder erweiterte Deckung).

Wasserversicherung: Sie gewährt Deckung bei Schäden durch Wasserleitungsbrüche in Liegenschaften und durch eingedrungenes Regen-, Schnee- oder Schmelzwasser.

Glasbruchversicherung: Diese Police deckt unabhängig von der Ursache das Risiko eines Glasbruchs an Gebäuden oder Mobiliar. Die Versicherung kann pauschal oder für einzelne Gläser abgeschlossen werden. Ladenbesitzer sollten zusätzlich Schaufenster, Neonbeleuchtungen, Firmenschilder und Schaufensterbeschriftungen versichern.

Spezialversicherungen

Je grösser die Gefahr eines massiven Vermögensschadens bei einem möglichen Schadenereignis, desto eher drängt sich neben den Haftpflicht- und Sachversicherungen auch der Abschluss einer der folgenden Spezialversicherungen auf.

Maschinenversicherung Sie versichert unter anderem installierte oder fahrbare Maschinen, Apparate, Instrumente und technische Anlagen gegen unvorhergesehene und plötzlich eintretende Schäden aus eigenem oder fremdem Verschulden (etwa Bedienungsfehler, Fahrlässigkeit, Kurzschluss, Montagefehler, Versagen). Sie kann für den ganzen Maschinenpark oder nur für einzelne Maschinen abgeschlossen werden und lohnt sich bei Maschinen, deren Ausfall zu Engpässen führen würde.

Die Brauerei «Starbräu» hat kürzlich eine moderne Verpackungsmaschine in Betrieb genommen. Diese packt die neu eingeführten 25-cl-Flaschen mithilfe einer Kartonhülle jeweils vollautomatisch zu den bei Kunden beliebten Sixpacks zusammen. Mehrere tausend Kartons können so pro Tag abgepackt werden. Doch dann passiert es: Wegen einer Fehlschaltung bei Arbeiten am Stromnetz der Firma erhält der Motor der neuen Maschine kurzfristig eine Überspannung und brennt durch. Die Reparatur ist teuer, dauert einige Tage und der Produktionsprozess ist unterbrochen. Die «Starbräu» muss ihre Flaschen in dieser Zeit zu einer anderen Brauerei transportieren und dort verpacken lassen. Das verursacht hohe Extraausgaben. Mit einer Maschinenversicherung wären die Kosten für die Maschinenreparatur, der Mehraufwand für das auswärtige Verpacken und die Überstunden des Personals für den mehrmaligen Umlad gedeckt gewesen.

Betriebsunterbrechungsversicherung Diese Police deckt die finanziellen Folgen (fixe Kosten, entgangener Gewinn) eines Unterbruchs, sofern dem Unterbrechungsschaden ein nach den schweizerischen allgemeinen Versicherungsbedingungen (AVB) versicherter Sachschaden vorausgegangen ist. Sie kann praktisch für alle Risiken abgeschlossen werden (beispielsweise Feuer, Einbruchdiebstahl, Wasser). Eine solche Police lohnt sich für Firmen, die bei Betriebsunterbrüchen keine alternativen Produktionsmöglichkeiten besitzen. Weniger empfehlenswert ist sie für reine Handels- oder Bürobetriebe, sofern ein Engpass nicht existenzbedrohend werden kann.

EDV-Versicherung Wenn der Computer aussteigt (zum Beispiel wegen Fahrlässigkeit, Böswilligkeit, Sabotage oder Materialfehlern), kann dies für eine Firma heutzutage verheerende Folgen haben. Versicherbar sind unter anderem die Anlage, die Datenträger samt den Daten sowie die Mehrkosten, wenn auf eine andere Anlage ausgewichen werden muss.

Allgemeine Versicherung für technische Anlagen (ATA) Darin sind Schäden versichert, die plötzlich und unvorhergesehen entstehen – als Folge von menschlichen Einwirkungen (zum Beispiel unsachgemässer Handhabung, Fahrlässigkeit), elektrischen Einflüssen (Kurzschluss, Spannungsschwankungen), Diebstahl-, Wasser-,

Feuer- und Elementarereignissen. Diese Versicherung kann sinnvoll sein bei teuren Maschinen, die von verschiedenen Betriebsangehörigen benützt werden.

Rechtsschutzversicherung: empfehlenswert

Auch wenn Sie gut versichert sind, müssen Sie bei grösseren Schadensfällen oder Forderungen von Dritten oft Juristen beiziehen. Das kann schnell ins Geld gehen. Zu empfehlen ist deshalb der Abschluss einer Rechtsschutzversicherung. Sie deckt die Kosten, die Ihnen aus Verfahren vor Gerichten und Behörden oder für die Abwehr von unberechtigten Ansprüchen entstehen. Das letztere Risiko wird zwar schon durch die Haftpflichtversicherung gedeckt (passiver Rechtsschutz), bei der aktiven Durchsetzung eigener Ansprüche aber hilft die Haftpflichtversicherung nicht.

Beim Abschluss einer Rechtsschutzversicherung sollten Sie genau hinsehen, denn nicht immer halten die angebotenen Produkte, was sie versprechen. Wichtig ist beispielsweise die freie Wahl des Anwalts, die nicht bei allen Versicherungen gegeben ist. Sie ermöglicht Ihnen, den für Ihren Fall passenden Juristen auszuwählen.

Der Abschluss einer Rechtsschutzversicherung bedeutet auch nicht, dass Sie in jedem Fall Ihr Recht vor Gericht geltend machen können. Meist sehen die Verträge vor, dass der Versicherer den Fall zuerst intern prüfen und eine Einigung mit der Gegenpartei anstreben kann. Zudem behält sich der Versicherer oft das Recht vor, einen seiner Meinung nach aussichtslosen Prozess abzulehnen. Sind Sie anderer Ansicht, haben Sie aber die Möglichkeit einen von beiden Seiten akzeptierten Anwalt mit der Abklärung des Prozessrisikos zu beauftragen. Die Kosten für diese Abklärung muss die unterliegende Partei bezahlen.

Schutz der Familie und der Firma

Eine selbständige Erwerbstätigkeit tangiert nicht nur das Berufs-, sondern auch das Privatleben. Auch in diesem Bereich gibt es Risiken, die Sie als Neuunternehmer, als Firmengründerin kennen sollten. Stellt beispielsweise das Einkommen aus der selbständigen Erwerbstätigkeit die Haupteinnahmequelle dar, können finanzielle Engpässe das Familienleben völlig durcheinanderbringen. Unter Umständen gefährden Schulden des Unternehmens die Existenz der Familie.

Umgekehrt kann durch grundlegende Veränderungen im Privatleben auch die Existenz des Unternehmens auf dem Spiel stehen. Je nach Güterstand, Rechtsform der Firma und Regelung der Vermögensverhältnisse ist das beispielsweise bei einer Scheidung möglich.

Auch wenn es unangenehm ist, sich in der Euphorie der Firmengründung Gedanken zu Tod, Schulden oder Scheidung zu machen, sollten Sie sich mit diesen Themen befassen und die nötigen Vorkehrungen treffen. Ehe-, Erbverträge und Testamente bieten verschiedene Möglichkeiten, die Zukunft des Unternehmens zu sichern. Es geht dabei nicht darum, mit raffinierten Tricks die Ehepartnerin, den Partner zu benachteiligen, sondern um sinnvolle Vorkehrungen für den Notfall. Schon manches Unternehmen musste wegen Erbstreitigkeiten oder einer Scheidung verkauft werden.

Schutz vor Schuldenhaftung

Verheiratete Neuunternehmer dürften vor allem zwei Fragen beschäftigen: Wie ist mein Privatvermögen bei einer Verschuldung geschützt? Haftet die Ehepartnerin, der Ehemann für meine Geschäftsschulden mit? Die Antworten auf diese Fragen hängen von der Rechtsform Ihres Unternehmens (siehe Seite 154) und von Ihrem Güterstand ab. Das Eherecht unterscheidet drei Güterstände:

— Errungenschaftsbeteiligung
— Gütertrennung
— Gütergemeinschaft

Für alle Ehepaare, die nicht in einem Ehevertrag besondere Vereinbarungen getroffen haben, gilt die Errungenschaftsbeteiligung.

Errungenschaftsbeteiligung Die Errungenschaftsbeteiligung ist der ordentliche Güterstand im schweizerischen Eherecht. Damit will der Gesetzgeber im Todesfall oder bei einer Scheidung eine gerechte Aufteilung des gemeinsam in der Ehe erarbeiteten Vermögens auf Mann und Frau erreichen. Bei der Errungenschaftsbeteiligung unterscheidet man vier Vermögensteile: das Eigengut und die Errungenschaft der Frau sowie das Eigengut und die Errungenschaft des Mannes.

- Zum **Eigengut** zählt: alles, was dem Mann oder der Frau zu Beginn des Güterstands gehörte; alles, was sie später als Schenkung oder Erbe erhalten; die Gegenstände, die ausschliesslich zum persönlichen Gebrauch dienen (Kleider, Hobby, Schmuck); Genugtuungsansprüche (zum Beispiel wegen einer Körperverletzung); Ersatzanschaffungen für Eigengut (die in die Ehe gebrachte Stereoanlage wird durch eine neue ersetzt).
- Die **Errungenschaft** setzt sich zusammen aus dem Arbeitserwerb, den Leistungen von Vorsorgeeinrichtungen, Sozialversicherungen und den Entschädigungen aufgrund von Arbeitsunfähigkeit, dem Ertrag des Eigenguts (etwa Zinsen auf einem Sparkonto oder für ein Darlehen) und den Ersatzanschaffungen für die Errungenschaft.

Bei der Errungenschaftsbeteiligung sind Mann und Frau für die Verwaltung und Nutzung ihres Eigenguts und ihrer Errungenschaft selbst zuständig und dürfen darüber grundsätzlich frei verfügen. Für Selbständigerwerbende besonders wichtig zu wissen: Kein Ehepartner haftet für Geschäfts- oder persönliche Schulden des andern. Jede Seite haftet nur für eigene Schulden und für Schulden aus dem gemeinsamen Haushalt.

Auch eingetragene Partnerinnen oder Partner haften nicht gegenseitig für Schulden des anderen. Und Konkubinatspartner sind vermögensrechtlich sowieso völlig unabhängig voneinander.

Wird die Ehe aufgelöst – sei es durch Tod oder Scheidung –, behalten Mann und Frau je ihr Eigengut für sich. Die beiden Errungenschaften werden nach dem Gesetz hälftig geteilt; im Ehevertrag kann auch eine andere Teilung vereinbart werden (siehe Seite 229).

Sofern nicht massive Gründe dagegen sprechen, ist die Errungenschaftsbeteiligung für Selbständigerwerbende die wohl beste Lösung. Sie berücksichtigt die Interessen des nicht im Betrieb mitarbeitenden Partners und gibt eine gewisse Sicherheit im Fall einer Verschuldung des Unternehmens. Möchten Sie eine der anderen Formen wählen, sollten Sie die Vor- und Nachteile gut abwägen und Ihre Bedürfnisse mit einer Fachperson (Juristin, Notar) besprechen.

Lara E. ist verheiratet und hat vor drei Jahren als eingetragene Einzelfirma einen Onlinehandel mit Kinderkleidern aufgezogen. Das Geschäft lief von Beginn weg schlecht. Mit der Zeit konnte sie die Rechnungen der Lieferanten nicht mehr bezahlen und musste schliesslich Konkurs anmelden. Das Vermögen ihres Ehemanns blieb dank den Regeln der Errungenschaftsbeteiligung von der konkursamtlichen Versteigerung verschont, da Lara E. alleinige Inhaberin des Unternehmens war. Ihr Schmuck, den sie in die Ehe mitgebracht hatte, und die von ihrem Vater geerbten Briefmarkenalben mit wertvollen Stücken wurden hingegen versteigert, um die Gläubiger des Unternehmens auszuzahlen.

Gütertrennung Bei der Gütertrennung sind die Finanzen von Mann und Frau klar getrennt – auch im Fall einer Scheidung. Beide können mit ihrem Einkommen und Vermögen weitgehend frei schalten und walten. Wie bei der Errungenschaftsbeteiligung haften Selbständigerwerbende nur mit ihrem eigenen Vermögen für ihre Geschäftsschulden. Dies setzt allerdings voraus, dass beide Seiten ihre Vermögenswerte immer klar auseinanderhalten und zum Beispiel in einem regelmässig aktualisierten Inventar auflisten, wem was gehört.

Auf den ersten Blick scheint die Gütertrennung für Selbständigerwerbende eine optimale Form zu sein. Doch sie birgt auch gewichtige Nachteile, vor allem wenn nur eine Seite erwerbstätig ist. Widmet sich beispielsweise die Frau ausschliesslich Haushalt und Kindern, wird sie mangels Erwerbstätigkeit kein eigenes Vermögen äufnen können. Rentiert das Unternehmen ihres Mannes, ist sie bei einer Scheidung weder an seinen Ersparnissen noch an den Gewinnen beteiligt und geht leer aus. Nur wenn sie eigene Mittel in sein Geschäft investierte oder mitarbeitete, hat sie einen begrenzten Entschädigungsanspruch. Das kann sehr ungerecht sein.

Wählen Sie als selbständiger Unternehmer die Gütertrennung, sollten Sie zumindest für den Todesfall in einem Testament oder Erbvertrag (siehe Seite 230) die Betriebsnachfolge regeln und Ihre Partnerin oder Ihren Partner, die auf jegliche güterrechtlichen Ansprüche verzichteten, angemessen abfinden und absichern.

Gütergemeinschaft Die Gütergemeinschaft kennt drei Vermögensteile: das Eigengut der Frau, das Eigengut des Mannes und das gemeinsame Gesamtgut. Viele Bestimmungen entsprechen denjenigen der Errungenschaftsbeteiligung. In der Praxis hat die Gütergemeinschaft nur eine geringe Bedeutung; verheirateten Unternehmern ist davon abzuraten. Denn dieser Güterstand ist zu umständlich und birgt vor allem hohe Haftungsrisiken. So haftet für Schulden im Zusammenhang mit einer selbständigen Erwerbstätigkeit jeder Ehegatte gegenüber Dritten mit seinem Eigengut und dem ganzen Gesamtgut.

Vorkehrungen für den Todesfall

Das Thema Tod sollte für Neuunternehmer kein Tabu sein. Im Gegenteil: Je besser sie die Bestimmungen des Güter- und Erbrechts kennen, desto besser können sie Vorkehrungen treffen, die bei einem Todesfall den Bedürfnissen der Hinterbliebenen entsprechen.

Stirbt ein verheirateter Unternehmer oder eine verheiratete Unternehmerin, wird in einem ersten Schritt das eheliche Vermögen getrennt. In dieser güterrechtlichen Auseinandersetzung wird festgelegt, welcher Vermögensteil der hinterbliebenen Seite aus dem Güterrecht zusteht und welcher den Nachlass des oder der Verstorbenen bildet. Die güterrechtliche Auseinandersetzung lässt sich mit einem Ehevertrag beeinflussen.

In einem zweiten Schritt folgt die erbrechtliche Auseinandersetzung, also die Aufteilung des Nachlasses unter den Erben. Die gesetzliche Erbfolge lässt sich mit einem Erbvertrag oder Testament abändern.

Die rechtliche Absicherung von Firma und Familie ist ein komplexes Thema und verlangt Kenntnisse im Erb- und Scheidungsrecht. Lassen Sie sich deshalb von einem Notar oder einer Rechtanwältin ausführlich beraten. Sprechen Sie dabei auch die Nachfolgeregelung in der Firma an.

Schutzmöglichkeiten im Güterrecht

Wird das eheliche Vermögen beim Güterstand der Errungenschaftsbeteiligung infolge Tod oder Scheidung aufgelöst, steht jedem Ehepartner sein Eigengut (siehe Seite 224) und die Hälfte des sogenannten Vorschlags zu. Dieser Vorschlag setzt sich zusammen aus der

Was gilt in einer eingetragenen Partnerschaft?

Für eingetragene Partner oder Partnerinnen gilt – wenn sie nichts anderes vereinbart haben – die Gütertrennung; keine Seite hat also Ansprüche an das Vermögen der anderen. Zwei Punkte sollten eingetragene Paare sich überlegen:

- Wollen Sie Ihren Partner, Ihre Partnerin für den Fall Ihres Todes besser absichern, können Sie in einem Vermögensvertrag die Errungenschaftsbeteiligung wählen. So haben Sie dieselben Möglichkeiten wie Ehepaare, können sich also zum Beispiel gegenseitig den ganzen Vorschlag zuweisen. Ein solcher Vermögensvertrag muss öffentlich beurkundet werden.
- Lassen Sie es bei der Gütertrennung und leisten Sie einen grösseren finanziellen Beitrag an das Unternehmen Ihres Partners, Ihrer Partnerin, sollten Sie schriftlich eine Mehrwertbeteiligung vereinbaren. Nur so haben Sie, wenn das Unternehmen floriert, Anspruch auf einen Anteil am zusätzlichen Wert.

eigenen Errungenschaft und der Errungenschaft des Partners. Eheleute sind also zu gleichen Teilen am während der Ehe gesparten Verdienst des anderen beteiligt. Arbeitete die Ehefrau im Betrieb des Partners in einem Mass mit, das den üblichen Anteil am ehelichen Unterhalt überstieg, darf sie zusätzlich ausserordentliche Beiträge verlangen – sofern die Mithilfe nicht vertraglich geregelt war und entschädigt wurde (mehr dazu auf Seite 307). Häufig kommt es auch vor, dass zum Beispiel die Ehefrau ihr eigenes Geld in die Firma ihres Mannes investiert. Dafür hat sie bei der güterrechtlichen Auseinandersetzung eine Ersatzforderung zugut. Falls die Firma an Wert gewonnen hat, steht ihr auch eine entsprechende Beteiligung an diesem Mehrwert zu.

In der Schweiz wird heute fast jede zweite Ehe geschieden. Deshalb sollten Sie sich schon bei der Firmengründung überlegen, welche Auswirkungen eine Scheidung auf das eigene Unternehmen hätte. Mehr Informationen dazu und auch zum ehelichen Güterrecht finden Sie im Beobachter-Ratgeber «Scheidung. Alles, was Sie wissen müssen» (www.beobachter.ch/buchshop).

Massgeschneiderte Lösungen im Ehevertrag Mit einem Ehevertrag können Eheleute ihre Vermögensverhältnisse individuell regeln. Sie können beispielsweise die Gütertrennung wählen oder sich bei der Errungenschaftsbeteiligung gegenseitig begünstigen, indem sie den ganzen Vorschlag dem überlebenden Partner zuweisen. Für einen Ehevertrag braucht es das Einverständnis beider Eheleute und die Beurkundung durch eine öffentliche Urkundsperson (in den meisten Kantonen ist dies der Notar).

Der Ehevertrag bietet Ihnen auch verschiedene Möglichkeiten, das Fortbestehen des Unternehmens zu sichern; die wichtigsten:

— Sie können Vermögenswerte der Errungenschaft, die für die Ausübung eines selbständigen Berufs oder für den Betrieb eines Gewerbes bestimmt sind, zu Eigengut erklären. Die Vermögenswerte müssen aber für Ihre berufliche Tätigkeit notwendig oder hilfreich sein, und diese Tätigkeit muss über die blosse Verwaltung des Vermögens hinausgehen. In diesem Sinn dürfen sogar Aktien mittels Ehevertrag zu Eigengut erklärt werden. Als Geschäftsführer müssen Sie sich dabei einen Lohn gutschreiben, der in die Errungenschaft fällt. Dank dieser Zuweisung wird die Firma aus der güterrechtlichen Auseinandersetzung herausgehalten und fällt ungeschmälert in die Erbmasse. Diese Regelung ist insbesondere für Unternehmer sinnvoll, die während der Ehe ein Geschäft neu aufbauen.

- Erträge des Eigenguts (Zinsen, Dividenden), die eigentlich als Errungenschaft gelten, können Sie ehevertraglich dem Eigengut zuschlagen. Ideal ist dies beispielsweise für Ehegattinnen, die ein grosses Vermögen in die Ehe einbringen, oder für Unternehmer, die das Geschäftsvermögen zu Eigengut erklärt haben. Dadurch fliessen die Erträge aus dem Geschäft nicht in die Errungenschaft und müssen bei güterrechtlichen Streitigkeiten auch nicht mit dem Ehepartner geteilt werden. Dies ist sinnvoll, wenn Sie während einer Ehe ein Geschäft aufbauen, wenn ein Ehepartner eine Firma erbt oder ein Unternehmen in die Ehe einbringt.
- Durch eine Änderung der Vorschlagsteilung können Sie die Betriebsnachfolge bereits zu Lebzeiten absichern. Dies ist empfehlenswert, wenn Ihr Sohn oder Ihre Tochter das Unternehmen weiterführen wird. Die geänderte Vorschlagsteilung sollte dann aber auch im Fall von Scheidung, Trennung oder gerichtlicher Gütertrennung gelten, was im Ehevertrag ausdrücklich festgehalten sein muss.
- Haben Sie Gütertrennung vereinbart, unterstützen aber Ihren Partner oder Ihre Partnerin beim Aufbau des Unternehmens finanziell, sollten Sie sich eine Mehrwertbeteiligung zusichern lassen. Dadurch haben Sie, sollte die Ehe aufgelöst werden, Anrecht auf einen Anteil am entstandenen Mehrwert.

Überprüfen Sie zu Beginn Ihrer Selbständigkeit bestehende Eheverträge auf Richtigkeit und Aktualität. Falls Sie vor 1988 einen Ehevertrag abgeschlossen und diesen seither nicht mehr angepasst haben, gilt für Sie nach wie vor das alte Ehegüterrecht. Überprüfen Sie auch in Zukunft regelmässig, ob die einmal getroffenen Vereinbarungen weiterhin den aktuellen Verhältnissen und Ihren persönlichen Bedürfnissen entsprechen.

Schutzmöglichkeiten im Erbrecht

Im Erbrecht ist festgehalten, wer die gesetzlichen Erben eines Verstorbenen sind und welcher Anteil des Nachlasses (Pflichtteil) diesen nicht entzogen werden kann. Mit einem Ehevertrag, einem Erbvertrag oder Testament können Sie von der gesetzlichen Erbfolge abweichende Regelungen treffen; insbesondere für den besseren Schutz des überlebenden Ehepartners und für die Zukunft des Unternehmens.

Eingetragene Partner oder Partnerinnen sind erbrechtlich den Ehegatten gleichgestellt. Sie sind also gesetzliche Erben, haben denselben Pflichtteil und dieselben Möglichkeiten über ihren Nachlass zu verfügen.

Im **Testament** können Unternehmer über die verfügbare Quote – das ist derjenige Teil des Nachlasses, der nicht der Pflichtteilsregelung unterliegt – frei bestimmen. Sie können Teilungsvorschriften erlassen sowie Zuwendungen mit Bedingungen und Auflagen verknüpfen. Ein Testament kann jedermann für sich allein aufsetzen. Das eigenhändige Testament muss von A bis Z von Hand aufge-

Was gilt für Konkubinatspaare?

Leben Sie im Konkubinat, sollten Sie sich bewusst sein, dass Ihre Partnerschaft erbrechtlich nicht existiert. Soll Ihr Partner, Ihre Partnerin an Ihrem Nachlass beteiligt sein, müssen Sie dies ausdrücklich im Testament oder Erbvertrag festhalten.

- Im Testament müssen Sie die Pflichtteile der gesetzlichen Erben berücksichtigen. Wenn Sie Kinder haben, sind das drei Viertel Ihres Nachlasses; wenn Ihre Eltern beide noch leben, ist die Hälfte des Nachlasses pflichtteilsgebunden.
- Der Erbvertrag bietet mehr Gestaltungsmöglichkeiten. Zum Beispiel können pflichtteilsgeschützte Erben darin zugunsten des Konkubinatspartners auf den Pflichtteil verzichten. Achtung: Wenn Ihre Kinder noch nicht 18 sind, können sie keinen Erbvertrag abschliessen. Das dürfen nur mündige Personen.

schrieben, unterzeichnet und mit dem Ort und dem Datum der Errichtung versehen sein. Ein öffentliches Testament wird vor einem Notar im Beisein zweier Zeugen unterzeichnet und anschliessend bei der zuständigen Amtsstelle hinterlegt. Ein Testament lässt sich jederzeit widerrufen oder abändern.

Der **Erbvertrag** wird zwischen zwei oder mehreren Parteien abgeschlossen. Jeder Ehegatte kann dadurch den überlebenden Partner oder Nachkommen begünstigen. Im Erbvertrag können auch Fragen der Unternehmensnachfolge ohne Berücksichtigung der Pflichtteile verbindlich geregelt werden. Der Erbvertrag lässt sich nur im gegenseitigen Einvernehmen der Vertragsparteien erstellen und ist nur für die Mitunterzeichnenden verbindlich. Er muss im Beisein von zwei Zeugen öffentlich beurkundet werden. Auch für eine Ergänzung oder Änderung braucht es eine öffentliche Beurkundung.

Ergänzend zum Ehevertrag bieten Erbvertrag und Testament unter anderem folgende Möglichkeiten, das Fortbestehen des Unternehmens zu sichern:

— Als Erblasser können Sie einen bestimmten Teil Ihres Nachlasses (verfügbare Quote) einer Person frei zuweisen und so beispielsweise den designierten Betriebsnachfolger begünstigen. Nicht frei über den Nachlass verfügen können Sie, wenn Sie Erben mit Pflichtteilsschutz hinterlassen. Dazu zählen der überlebende Ehepartner bzw. die Ehepartnerin, Nachkommen und – falls diese fehlen – die Eltern. Den Umfang des Nachlasses bzw. der verfügbaren Quote können Ehepaare mit einem Ehevertrag beeinflussen, indem sie zum Beispiel die Vorschlagsteilung abändern. Eingetragene Partner sind den Ehegatten gleichgestellt.
— Mit Teilungsvorschriften können Sie bestimmen, welcher Erbe auf Anrechnung an seinen Erbteil die Geschäftsliegenschaft erhalten soll.
— Sie können das Eigentum am ganzen Nachlass den gemeinsamen Nachkommen zuweisen, diesen aber mit der Nutzniessung zugunsten des überlebenden Ehepartners belasten. Damit bleibt den Nachkommen die Substanz der Erbschaft erhalten.
— Setzen Sie Nacherben ein. Damit verpflichten Sie beispielsweise Ihre Ehepartnerin (die Vorerbin), den Nachlass an die Tochter (Nacherbin) auszuliefern, sobald diese die Berufsausbildung ab-

geschlossen hat und die Unternehmensnachfolge antreten kann. Der Pflichtteil der Gattin darf allerdings nicht mit der Nacherbeneinsetzung belastet werden.

- In einem Erbvertrag regeln Sie sämtliche Fragen der Nachfolge für alle Mitunterzeichnenden verbindlich. Im Erbverzichtsvertrag beispielsweise können der überlebende Ehepartner oder andere Miterben im Interesse der Unternehmensnachfolge auch auf pflichtteilsgeschützte Ansprüche verzichten – etwa gegen Auszahlung einer einmaligen Abfindung. Allerdings kann niemand zu diesem Verzicht gezwungen werden.

Die richtige Lösung lässt sich nicht im Testament oder Erbvertrag allein erreichen. Dazu ist meist eine Kombination von Ehevertrag und erbrechtlichen Anordnungen nötig. Lassen Sie sich beraten. Ausführliche Informationen zum Erbrecht und zur fairen Regelung Ihres Nachlasses finden Sie auch im Beobachter-Ratgeber «Testament, Erbschaft. Wie Sie klare und faire Verhältnisse schaffen» (www.beobachter.ch/buchshop).

Weitere Vorkehrungen Neben diesen Varianten gibt es im Zusammenhang mit Ihrem Unternehmen verschiedene andere Begünstigungsmöglichkeiten der Ehepartnerin oder eines künftigen Nachfolgers:

Die eheliche Liegenschaft

Das Erbrecht kennt ein Vorzugsrecht für überlebende Ehegatten: Sie können verlangen, dass ihnen am gemeinsam bewohnten Haus oder an der Wohnung das Eigentum, die Nutzniessung oder ein Wohnrecht zugeteilt wird.

Von dieser Regelung gibt es eine Ausnahme, welche Unternehmer, die ihr Geschäft in der privaten Liegenschaft betreiben, besser stellt: Hat der verstorbene Ehegatte im bisher gemeinsam bewohnten Haus oder in der Wohnung ein Unternehmen geführt und benötigt ein Nachkomme die Räumlichkeiten für die Weiterführung des Betriebs, kann die überlebende Seite weder die Nutzniessung noch das Wohnrecht verlangen.

- Ein Unternehmer kann beispielsweise zu Lebzeiten seiner Ehefrau oder einem vorgesehenen Nachfolger Beteiligungsrechte an der Firma übertragen.
- Bei Aktiengesellschaften besteht die Möglichkeit, Ehepartner oder Nachfolger mit Stimmrechtsaktien zu begünstigen.
- Hat eine Geschäftsinhaberin mehrere Erben, kann sie die Nachfolge auch in einem Aktionärsbindungsvertrag mit Vorkaufs-, Kauf- und Stimmrechten regeln (siehe Seite 171).

Bei all diesen Massnahmen sind jedoch güter- und erbrechtliche Ansprüche zu berücksichtigen sowie steuerliche Folgen abzuklären.

Die Steuern

Steuern sind ein wesentlicher Kostenfaktor, den Neuunternehmer schon vor dem Geschäftsstart berücksichtigen sollten – sonst erleben sie bei der ersten Steuerrechnung eine böse Überraschung. Ziel muss es sein, die Steuerbelastung durch legale Massnahmen tief zu halten, um möglichst viele Mittel für den Auf- und Ausbau der Firma zu haben.

9

Grundbegriffe des Steuersystems

Damit Firmengründer die Besteuerung des eigenen Unternehmens in der Planung optimal berücksichtigen können, müssen sie die Grundzüge des Schweizer Steuersystems verstehen.

In der Schweiz erheben Bund, Kantone und Gemeinden indirekte und direkte Steuern. Unter die indirekten Steuern fallen die Verbrauchs-, Besitz- oder Aufwandsteuern. Das sind zum Beispiel Steuern auf Tabak, Alkohol und Motorfahrzeugen oder die Mehrwertsteuer (siehe Seite 254) und Zölle. Zu den direkten Steuern zählen Einkommens- und Vermögenssteuern, Gewinn- und Kapitalsteuern sowie Grundstückgewinn- und Handänderungssteuern. Und schliesslich zieht der Staat auch für die Landeskirchen Steuern ein: von den Mitgliedern der Kirchgemeinde und je nach Kanton auch von juristischen Personen.

Die Erhebung einer Steuer beruht immer auf fünf Voraussetzungen, die im Gesetz geregelt sind:
- Steuerhoheit: Wer erhebt die Steuer?
- Steuersubjekt: Wer schuldet die Steuer?
- Steuerobjekt: Was begründet die Steuer?
- Steuerberechnungsgrundlage: Auf welcher Basis wird die Steuer berechnet?
- Steuermass: Wie hoch fällt die Besteuerung aus?

Der Kanton Zürich und die Gemeinde Zollikon (Steuerhoheit) verlangen von Max V. (Steuersubjekt) für seine im Ort ansässige Einzelfirma (Steuerobjekt) auf dem Betriebsgewinn von 100 000 Franken (Steuerberechnungsgrundlage) eine Einkommenssteuer von 11,7 Prozent (Steuermass).

Das Steuergesetz des Bundes (direkte Bundessteuer), die unterschiedlichen kantonalen und kommunalen Steuergesetze (Staats- und Gemeindesteuer) ändern laufend. Deshalb kann der Ratgeber keine verbindlichen Aussagen zur Steuerbelastung machen, sondern nur grundlegende Mechanismen erklären.

Steuersubjekt

Steuersubjekt ist der Steuerpflichtige. Dies kann eine natürliche oder juristische Person sein. Der Steuerpflichtige hat vor allem Pflichten: Er muss beispielsweise der Steuerbehörde die Steuererklärung und Unterlagen dazu einreichen und ihr Auskunft geben. Auf der anderen Seite besitzt er auch Rechte: etwa das Recht auf Mitwirkung an der Steuerveranlagung oder auf Rechtsschutz (Einsprache, Rekurs).

Einzelfirmen und Personengesellschaften Einzelfirmen, Kollektiv- und Kommanditgesellschaften gelten steuerlich als natürliche Personen und sind deshalb nicht als Unternehmen steuerpflichtig. Das heisst: Einzelunternehmer und Gesellschafter von Kollektiv- und Kommanditgesellschaften versteuern ihr Privat- und Geschäftseinkommen sowie ihr Privat- und Geschäftsvermögen als Ganzes im Rahmen ihrer herkömmlichen Steuererklärung.

AG und GmbH AGs und GmbHs sind juristische Personen und werden als solche eigenständig besteuert. Sie unterliegen beim Bund, bei den Kantonen und Gemeinden einer Gewinnsteuer sowie in den meisten Kantonen und Gemeinden zusätzlich einer Kapitalsteuer. Für juristische Personen gibt es spezielle Steuerformulare.

AGs und GmbHs können steuerlich auch als Holdinggesellschaft geführt werden. Da dies aber keine typische Gesellschaftsform für Neuunternehmer ist, geht der Ratgeber nicht darauf ein.

Steuerobjekt

Die objektive Steuerpflicht ist im Steuerjargon durch Zustände und Vorgänge begründet: Zustände sind zeitlich andauernde Tatbestände, zu denen das Vermögen zählt. Vorgänge sind Ereignisse, die einmalig sind oder sich wiederholen. Dazu gehören Einkommen aus einer Erwerbstätigkeit, Warenlieferungen oder aus Vermögenserträgen. Auf dieser Rechtsbasis dürfen Steuerbehörden von natürlichen und juristischen Personen Steuern verlangen.

Steuerberechnungsgrundlage

Beim selbständigen Einzelunternehmer und Personengesellschafter gelten das Einkommen und das Vermögen als Basis für die Steuerberechnung. Bei der AG und der GmbH ist der erwirtschaftete Reingewinn eines Geschäftsjahrs (Gewinnsteuer) bzw. das Kapital am Ende des Geschäftsjahrs (Kapitalsteuer) ausschlaggebend. Zusätzlich bezahlen Unternehmen in vielen Kantonen Kirchensteuern.

Einzelfirmen und Personengesellschaften Das steuerbare Einkommen setzt sich aus dem Gewinn, dem Zins und dem Unternehmerlohn zusammen und wird ergänzt mit dem übrigen (privaten) Einkommen. Dieses Gesamteinkommen ist beim Bund, beim Kanton und bei der Gemeinde aufgrund einer progressiven Skala zu versteuern. Das heisst: Je höher das Einkommen, desto mehr Steuern sind zu bezahlen. Verluste aus dem Geschäft lassen sich mit dem übrigen Einkommen verrechnen. Das gilt teilweise auch für Geschäftsverluste aus den Vorjahren. Bezahlte Steuern dürfen weder beim Bund noch beim Kanton vom steuerbaren Reingewinn abgezogen werden.

Das Privat- und Geschäftsvermögen von Einzelunternehmern und Personengesellschaftern unterliegt den kantonalen und kommunalen Steuern, nicht aber der direkten Bundessteuer.

AG und GmbH Die Berechnungsgrundlage für die Steuer einer AG oder GmbH entspricht nicht dem erwirtschafteten Reingewinn aus der Erfolgsrechnung (Ertrag minus Aufwand). Zuerst werden noch Berichtigungen vorgenommen. So sind etwa sämtliche Abzüge aufzurechnen, mit denen das Unternehmen den Gewinn in der Buchhaltung künstlich verringert hat: beispielsweise verdeckte Gewinnausschüttungen, geschäftsmässig nicht begründete Abschreibungen oder Rückstellungen (siehe Seite 252) sowie geschäftsmässig nicht begründeter Aufwand.

Auf der anderen Seite können AGs und GmbHs beim Bund wie auch in den meisten Kantonen ihre während der Berechnungsperiode bezahlten eidgenössischen, kantonalen und kommunalen Steuern vom Reingewinn abziehen. Beim Bund und in allen Kantonen ist es für AGs und GmbHs zudem möglich, die Verluste aus sieben vorangegangenen Geschäftsjahren geltend zu machen.

Das steuerbare Kapital errechnet sich aus dem einbezahlten Aktien- oder Stammkapital sowie den offenen und als Gewinn versteuerten stillen Reserven. Stille Reserven werden durch die Unterbewertung von Aktiven oder die Überbewertung von Passiven gebildet. Es handelt sich dabei um die Differenz zwischen dem Wert eines Bilanzpostens in der Buchhaltung und dessen effektivem Verkehrswert.

Berechnung des Steuerbetrags

Entsprechend der unterschiedlichen Berechnungsgrundlage bei natürlichen und juristischen Personen wird auch die Berechnung der Steuerbeträge unterschiedlich vorgenommen.

Einzelfirmen und Personengesellschaften Bei der Besteuerung von Einkommen und Vermögen natürlicher Personen besteht das Steuermass in der Regel aus zwei Teilen: dem gesetzlich festgelegten Steuersatz und dem für den Kanton und die Gemeinde massgebenden Steuerfuss. Hinzu kommt die direkte Bundessteuer.

AG und GmbH Bei den Gewinnsteuern sieht die direkte Bundessteuer einen einheitlichen Steuersatz vor. Dieser beträgt zurzeit 8,5 Prozent des steuerbaren Reingewinns. Die Kantone und Gemeinden erheben ihre Gewinnsteuern nach unterschiedlichen Methoden: Manche Kantone berechnen die einfache Steuer in Prozenten des steuerbaren Gewinns (proportionale Steuer). Andere Kantone kennen eine progressive Steuer nach der Höhe des Gewinns oder nach der Höhe der Ertragsintensität. Wieder andere Kantone kombinieren mehrere Sätze: nach der Ertragsintensität oder nach der Höhe des Gewinns.

Als Ertragsintensität bezeichnet man das Verhältnis zwischen dem durchschnittlichen Betrag des eingezahlten Kapitals sowie der Reserven einerseits und dem Reingewinn im Geschäftsjahr der Bemessungsperiode andererseits.

Steuerberechnung für eine Einzelfirma im Kanton Zürich

(Basis: Steuersätze 2007)

Ausgangslage			
Einkommen steuerbar		Fr. 29 700.–	
Vermögen steuerbar		Fr. 390 000.–	
Steuersatz Einkommen		2,9933 %	
Steuersatz Vermögen		0,0544 %	
Steuerfuss Kanton Zürich		100 %	
Steuerfuss Gemeinde Ottenbach		120 %	
Steuerberechnung			
Einfache Staatssteuer:	2,9933 % von	Fr. 29 700.–	Fr. 889.01
	0,0544 % von	Fr. 390 000.–	Fr. 212.16
			Fr. 1 101.17
Effektiver Steuerbetrag:	220 % von	Fr. 1 101.17	Fr. 2 422.55
(ohne Bundessteuer)			

Die Kapitalsteuern werden nur von den Kantonen erhoben, wobei die meisten einen proportionalen, in Promille ausgedrückten Steuersatz anwenden.

Steuerperiode und Bemessungsperiode

Steuerperiode nennt sich der Zeitraum, für den dem Bund, dem Kanton oder der Gemeinde eine bestimmte Steuer geschuldet wird. Für natürliche Personen stimmt die Steuerperiode in der Regel mit dem Kalenderjahr überein. Für juristische Personen gilt das Geschäftsjahr als Steuerperiode.

Bemessungsperiode nennt sich der Zeitraum, in dem das Einkommen erzielt wird, auf dem die Steuerrechnung basiert.

Der Bund, die Kantone und Gemeinden benutzen für juristische und natürliche Personen die einjährige Gegenwartsbesteuerung, um die Einkünfte zwischen den verschiedenen Perioden zu erfassen. Bei dieser einheitlich angewandten Methode sind Steuer- und Bemessungsperiode identisch (siehe nebenstehenden Kasten).

Steuermechanismus bei der Gegenwartsbesteuerung

Bemessungsjahr	Steuerjahr			
	2008	2009	2010	2011
2008	– Steuerperiode/Bemessungsperiode für 2008 – Akontozahlung für 2008	– Steuererklärung für 2008 ausfüllen – Definitive Veranlagung für 2008; Zahlung oder Rückerstattung der Differenz zur Akontozahlung 2008 – Akontozahlung für 2009		
2009		– Steuerperiode/Bemessungsperiode für 2009 – Akontozahlung für 2009	– Steuererklärung für 2009 ausfüllen – Definitive Veranlagung für 2009; Zahlung oder Rückerstattung der Differenz zur Akontozahlung 2009 – Akontozahlung für 2010	
2010			– Steuerperiode/Bemessungsperiode für 2010 – Akontozahlung für 2010	– Steuererklärung für 2010 ausfüllen – Definitive Veranlagung für 2010; Zahlung oder Rückerstattung der Differenz zur Akontozahlung 2010 – Akontozahlung für 2011

Besteuert wird also Ihr effektiv erzieltes Einkommen des entsprechenden Steuerjahrs. Doch erst im Frühling des Folgejahrs füllen Sie jeweils Ihre Steuererklärung aus – für das Steuerjahr 2008 also im Frühling 2009. Darauf bestimmt die Steuerbehörde die effektiv geschuldete Steuer (Steuerveranlagung). Die für das Steuerjahr 2008 tatsächlich geschuldeten Steuern bezahlen Sie deshalb erst nach der definitiven Veranlagung im Jahr 2009 – oder auch später, falls die Steuerbehörde für die Kontrolle Ihrer Steuererklärung länger braucht. Bis die definitive Veranlagung vorliegt, leisten Sie Akontozahlungen auf der Basis der letzten Steuerrechnung. Zeigt die definitive Veranlagung, dass Sie der Steuerbehörde zu viel Geld überwiesen haben, erhalten Sie dieses verzinst zurück. Im umgekehrten Fall zahlen Sie den fehlenden Betrag samt Zins nach.

Rechtzeitig melden Unabhängig von der gewählten Rechtsform müssen Sie sich als Neuunternehmer bei der Steuerbehörde melden. Als selbständiger Einzelunternehmer und Personengesellschafter sollten Sie dies spätestens bis zur Einreichung der Steuererklärung für die Steuerperiode tun, in der Sie die selbständige Erwerbstätigkeit aufgenommen haben.

Juristische Personen sollten sich unverzüglich nach der Gründung beim Steueramt anmelden – obwohl sie aufgrund der Publikation im Schweizerischen Handelsamtsblatt die Steuerformulare meist automatisch zugestellt erhalten. Die Steuerpflicht für AGs und GmbHs beginnt sowohl bei der direkten Bundessteuer wie auch den kantonalen Steuern mit dem Tag der Eintragung in das Handelsregister.

Besteuerung von Unternehmen im Überblick

Steuerhoheit / Gesellschaftsform	Bund	Kanton	Gemeinde/Kirche
Personengesellschaften: Einzelfirmen, Kollektiv- und Kommanditgesellschaften	Direkte Bundessteuer vom Einkommen	Einkommens- und Vermögenssteuer	Zu- oder Abschläge zur Staatssteuer, zum Teil eigene Tarife und Bestimmungen
Kapitalgesellschaften: AG, GmbH	Direkte Bundessteuer vom Gewinn	Gewinn- und Kapitalsteuer	Zu- oder Abschläge zur Staatssteuer

Steuererleichterungen für neu gegründete Unternehmen

Praktisch alle kantonalen Steuergesetze sehen die Möglichkeit vor, neue Unternehmen, die für den Kanton oder eine Region von wirtschaftlicher Bedeutung sind, während einer bestimmten Zeit steuerlich zu fördern. Vorgesehen sind eine ganze oder teilweise Befreiung von der Steuerpflicht und Steuererleichterungen wie etwa erhöhte Amortisationsquoten. Die Kantone dürfen solche Steuererleichterungen für maximal zehn Jahre gewähren.

Als neu eröffnete Unternehmen gelten nicht nur selbständige Betriebe, sondern auch Filialbetriebe oder Tochtergesellschaften von Unternehmen, die am Standort bisher nicht vertreten waren. Kleinunternehmer sollten sich aber keine falsche Hoffnungen machen: Von Steuerprivilegien profitieren in der Regel nur Firmen, die in einer Region grosse Investitionen tätigen und eine bedeutende Zahl neuer Arbeitsplätze schaffen.

Die direkte Bundessteuer sieht eigentlich keine Möglichkeit vor, neu gegründeten Unternehmen Steuererleichterungen zu gewähren. Dennoch ist auch hier eine Förderung neuer Firmen nicht ausgeschlossen. Allerdings kommt ein Unternehmen nur in den Genuss von Erleichterungen, wenn es eine massgebliche volkswirtschaftliche Bedeutung hat. Für produktionsnahe Dienstleistungsbetriebe heisst dies beispielsweise, dass sie mindestens 20 Arbeitsstellen schaffen müssen.

Steueroptimierung

Als Unternehmer, als Firmeninhaberin werden Sie versuchen, die Steuerbelastung auf legale Art möglichst tief zu halten. Dies können Sie durch verschiedene Massnahmen erreichen. Doch um keine falschen Hoffnungen zu wecken: Steuereinsparungen sind nur limitiert und im oft engen Rahmen der gesetzlichen Vorschriften möglich. Auch sind viele vermeintliche Einsparungen nur Steueraufschiebungen.

Am besten fahren Sie, wenn Sie über die Jahre hinweg eine konstante Geschäftsentwicklung und dadurch ein gleichmässiges Einkommen und Vermögen aufweisen. Radikale Gewinnsprünge wirken sich auf die Steuerbelastung meist ungünstig aus.

Schöpfen Sie die legalen Steuereinsparmöglichkeiten voll aus. Am besten wenden Sie sich an einen Steuerberater, der sich im kantonalen Steuergesetz auskennt, oder direkt an den zuständigen Steuerbeamten der Veranlagungsbehörde. Steuerhinterziehung lohnt sich nicht. Kommt Ihnen die Steuerbehörde auf die Schliche, hat das Nach- oder Strafsteuern zur Folge. Steuerbetrug kann zudem mit Gefängnis bestraft werden.

Geeignete Gesellschaftsform wählen

Auf die steuerlichen Auswirkungen der einzelnen Gesellschaftsformen wurde schon in Kapitel 7 hingewiesen, insbesondere auf die wirtschaftliche Doppelbelastung bei der AG und der GmbH (siehe Seite 169). Das Kapital wird bei diesen Gesellschaftsformen einerseits bei der Firma durch die Kapitalsteuer belastet, andererseits beim Aktionär bzw. Stammanteilsinhaber mit der Vermögenssteuer. Einzelne Kantone mildern diese Doppelbelastung, indem sie Anteile an Kapitalgesellschaften mit Sitz im Kanton ganz oder teilweise von der Vermögenssteuer befreien.

Auch der Unternehmensgewinn unterliegt der steuerlichen Doppelbelastung: Beim Unternehmen verlangt der Fiskus Gewinnsteuern, beim Aktionär und beim Stammanteilsinhaber werden die Dividenden bzw. Ausschüttungen mit Einkommenssteuern belegt. Auch hier versuchen einige Kantone, der wirtschaftlichen Doppelbelastung mit entsprechenden Massnahmen entgegenzuwirken. Gewisse Kantone besteuern deshalb Dividenden von Gesellschaften mit Sitz im Kanton nur zum Teil, andere wenden besondere Tarife an.

Unternehmenssteuerreform II Im Februar 2008 stimmte das Schweizer Volk für die Unternehmenssteuerreform II und damit für einige steuerliche Erleichterungen auch für kleine und mittlere Unternehmen. Bisher gehörte die Schweiz bei der Besteuerung von Gewinnen und Dividenden zu den Hochsteuerländern. Ab dem 1. Januar 2009 wird nun – wie bereits in vielen Kantonen vorweggenommen – auch bei der direkten Bundessteuer die wirtschaftliche Doppelbesteuerung von Kapitalgesellschaften gemildert: Besitzt eine Privatperson mindestens 10 Prozent des Aktien- oder Stammkapitals einer Firma, muss sie ausgeschüttete Unternehmensgewinne (Dividenden) nur noch zu 60 Prozent als Einkommen versteuern. Zudem wird die steuerliche Belastung bei der Reorganisation und Nachfolgeregelung von Personengesellschaften reduziert.

Dank der niedrigeren Besteuerung kann es für Unternehmer, die in der eigenen AG oder GmbH tätig sind, vielfach günstiger sein, Teile ihres Lohnes durch eine Gewinnentnahme zu ersetzen. Dies auch deshalb, weil sie auf Dividendeneinkommen keine Sozialversicherungsbeiträge zahlen müssen. Treuhänder oder Steuerberater können Neuunternehmern helfen, den optimalen Mix zwischen dem Lohn- und dem Dividendeneinkommen zu finden.

Steuergünstigen Unternehmensstandort wählen

Sowohl für die direkte Bundessteuer wie für die Kantons- und Gemeindesteuern sind AGs und GmbHs am Sitz ihres Standorts steuerpflichtig. Die Aktionäre und Gesellschafter werden dagegen am Wohnsitz besteuert. Ähnlich ist es für Einzelunternehmer und Per-

Was ist wo zu versteuern?

Gesellschaftsform	Unternehmensstandort	Wohnort
AG, GmbH	Unternehmensgewinn und Kapital	Für mitarbeitende Aktionäre (Inhaber): Lohn, Dividenden, Privatvermögen
Einzelfirma	Geschäftsgewinn (inklusive Lohn) und Geschäftsvermögen	Restliches Einkommen und Privatvermögen
Kollektiv- und Kommanditgesellschaft	Geschäftsgewinn (exklusive Lohnteil) und Geschäftsvermögen	Für Gesellschafter: Lohnteil, übriges Einkommen, Privatvermögen

sonengesellschafter: Das Geschäftseinkommen ist im Standortkanton der Firma, das übrige Einkommen im Wohnsitzkanton zu versteuern. Für die Bestimmung des Steuersatzes ist in beiden Kantonen das gesamte Einkommen massgebend. Durch die unterschiedlich hohe Steuerbelastung von Geschäfts- und Wohnort lassen sich unter Umständen Steuervorteile erzielen.

Geschäftsbücher geordnet führen

Im Handelsregister eingetragene Unternehmen unterliegen einer ordentlichen Buchführungspflicht. Sie werden in der Regel keine Schwierigkeiten haben, die von den Steuerbehörden benötigten Unterlagen zu liefern. Dazu gehören vor allem die unterzeichneten Jahresrechnungen (Bilanzen, Erfolgsrechnungen) der Steuerperiode.

Anders sieht die Situation für nicht im Handelsregister eingetragene Firmen aus, also zum Beispiel für Einzelfirmen mit einem Jahresumsatz von weniger als 100 000 Franken, und für Firmen, die nicht zu einer Buchhaltung nach kaufmännischer Art verpflichtet sind. Sie müssen dennoch eine lückenlose Aufstellung über ihre Aktiven und Passiven, eine belegbare Auflistung der Einnahmen und Ausgaben sowie Angaben zu Privatentnahmen und -einlagen machen. Denn unabhängig von der gesetzlichen Buchführungspflicht unterstehen Selbständigerwerbende beim Bund und in allen Kantonen einer Aufzeichnungspflicht.

Kommen Sie Ihrer Buchführungs- oder Aufzeichnungspflicht nicht nach, können Sie nach dem Ermessen des Steuerkommissärs eingeschätzt werden. Dies ist in der Regel steuerlich nicht optimal.

Ausgaben vor dem Geschäftsstart richtig verbuchen

Mit dem Geschäftsstart verbundene Ausgaben dürfen aufgrund der entsprechenden Belege als Aufwand verbucht werden und reduzieren den Gewinn. Darunter fallen etwa Reise- und Bewirtungsspesen, Ausgaben bei der Suche von Geschäftslokalitäten, Lieferanten, Kapitalgebern, Partnern oder Mitarbeitern sowie Inserate- und zum Teil auch Beratungs- und Gründungskosten.

Aufwandposten mit Investitionscharakter – zum Beispiel Maschinen, Fahrzeuge, Arbeitsgeräte, Büroausstattung – sind hingegen zu aktivieren. Sie können in den Folgejahren abgeschrieben werden.

Privat- und Geschäftsvermögen abgrenzen

Den Inhabern von AGs und GmbHs wird die Abgrenzung von Privat- und Geschäftsvermögen in der Regel keine Probleme verursachen. Die einzelnen Vermögenswerte sind klar zuzuordnen.

Anders präsentiert sich die Situation für Inhaber von Einzelfirmen sowie für Kollektiv- und Kommanditgesellschafter. Obwohl gemäss Obligationenrecht kein Unterschied zwischen ihrem Privat- und Geschäftsvermögen besteht, müssen die beiden für die Ermittlung der geschuldeten Steuer klar getrennt werden. Die Steuerbehörden unterscheiden nämlich zwischen eindeutigem (notwendigem) Geschäfts- und Privatvermögen sowie zwischen Gütern, die aufgrund ihrer Beschaffenheit oder Verwendung sowohl Geschäfts- wie auch Privatvermögen sein könnten. Das ist insbesondere für die Abschreibungen oder Rückstellungen wichtig. Denn diese dürfen nur auf dem Geschäfts- und nicht auf dem Privatvermögen vorgenommen werden.

Unterschiedlich werden auch Kapitalgewinne besteuert: Auf dem Geschäftsvermögen sind sie beim Bund und in allen Kantonen als Einkommen zu versteuern. Kapitalgewinne auf dem Privatvermögen sind steuerfrei.

Wohnen und Arbeiten in der gleichen Liegenschaft Die Zuordnung von Vermögensgegenständen zum Geschäfts- oder Privatvermögen spielt insbesondere eine Rolle, wenn ein Einzelunternehmer oder Personengesellschafter in der gleichen Liegenschaft wohnt, in der er sein Gewerbe ausübt. In den meisten Kantonen und beim Bund werden Liegenschaften demjenigen Vermögen zugeordnet, dem sie überwiegend dienen. Ist eine Liegenschaft mehrheitlich geschäftlich genutzt, gilt sie als Geschäftsvermögen. Das trifft etwa auf einen Garagisten zu, der eine grosse Werkstatt mit Ausstellungsraum besitzt und im gleichen Gebäude in einer Vierzimmerwohnung wohnt. Verkauft er seine Liegenschaft mit Gewinn, muss er beim Bund Einkommenssteuern bezahlen. Hätte er die Liegenschaft mehrheitlich privat genutzt, wäre das nicht der Fall, hingegen müsste er dann Grundstückgewinnsteuern bezahlen.

Diese Besteuerung lässt sich durch geeignete Vorkehrungen vermeiden: indem der Unternehmer zum Beispiel den privaten Teil der Liegenschaft als Stockwerkeigentum «kauft» oder die Immobilie auf seine Ehefrau überträgt. Dann lässt sich die Liegenschaft aber nicht mehr abschreiben.

Um spätere Abgrenzungs- und Bewertungsprobleme zu vermeiden, sollten Sie beim Geschäftsstart ein Inventar und eine Eingangsbilanz erstellen; im Handelsregister eingetragene Firmen sind dazu sowieso verpflichtet. Die eingebrachten Gegenstände – zum Beispiel Maschinen, Fahrzeuge, Computer und Mobiliar – dürfen dabei nicht mit Fantasiebeträgen bilanziert werden, sondern höchstens zum effektiven Wert, den sie bei der Firmengründung aufweisen.

Privat- und Geschäftsaufwand abgrenzen

Dass Selbständige die meisten Ausgaben des täglichen Lebens über ihre Firma abbuchen können und dadurch extrem viel Steuern sparen, ist ein Märchen – oder Steuerhinterziehung. Private Lebenshaltungskosten sind geschäftlich nicht abzugsfähig. Die Pampers für die Kleinen, das Geburtstagsessen mit der Ehefrau, die Prämien für die Lebensversicherung oder der Jahresausflug mit dem Kegelklub lassen sich nicht als Geschäftsaufwand verrechnen. Nur der geschäftsmässig begründete Aufwand ist abziehbar. Das ist derjenige Aufwand, der mit dem erzielten Einkommen in einem unmittelbaren Zusammenhang steht. Das gilt ebenso für Personen- wie für Kapitalgesellschaften.

Bewahren Sie zu Beweiszwecken konsequent alle Quittungen und Rechnungen auf. Je realistischer Ihre Spesenangaben, desto eher werden sie von der Steuerbehörde akzeptiert.

In der Praxis lassen sich die Aufwendungen nicht immer eindeutig dem Privat- oder Geschäftsbereich zuordnen. In solchen Fällen nimmt die Steuerbehörde aufgrund des Gesetzes eine Abgrenzung vor, was bei Einzelfirmen und Personengesellschaften den Gewinn bzw. das Einkommen erhöht. Bei Kapitalgesellschaften rechnet die Behörde ungerechtfertigten Aufwand als verdeckte Gewinnausschüttung der Gesellschaft und dem Aktionär auf. Beides führt zu einer höheren Steuerbelastung. Vor allem die folgenden Bereiche geben immer wieder Anlass zu Diskussionen.

Raumaufwand Bei privat und geschäftlich genutzten Wohnräumen wird die Miete für den geschäftlich genutzten Teil berechnet, inklusive die Kosten für Heizung, Reinigung, Strom. Diese werden der Firma als Mietunkosten belastet. Eigenheimbesitzer können dann den Anteil der Geschäftsmiete in ihrer Steuererklärung vom Eigenmietwert abziehen. Auf der anderen Seite müssen sie diesen Betrag aber als Mietzinseinnahme deklarieren. In Mietwohnungen werden zur Aufteilung der Raumeinheiten kantonal unterschiedliche Berechnungsformeln angewendet. Das gilt auch für den Eigenmietwertanteil bei Wohneigentum. Mieten, die nicht marktkonform sind, werden immer aufgerechnet (Beispiel: Die Liegenschaft gehört der AG, der Inhaber zahlt aber fast keine Miete).

Autokosten Da Firmeninhaber ihr Geschäftsauto meist auch privat nutzen, müssen die Autokosten in einen geschäftlichen und einen privaten Anteil unterteilt werden. Der private Anteil wird als Naturallohn aufgerechnet.

Führt der Firmeninhaber nicht ein mustergültiges Fahrtenbuch mit allen verlangten Angaben, wendet die Steuerbehörde pauschale Privatanteile an. Dabei gilt: Pro Monat müssen 0,8 Prozent des Kaufpreises (ohne Mehrwertsteuer), mindestens aber 150 Franken berücksichtigt werden. Bei geleasten Fahrzeugen wird der Barkaufpreis als Basis genommen. Bei einem 40 000 Franken teuren Personenwagen zum Beispiel beträgt der jährlich als Lohn zu deklarierende Privatanteil 3840 Franken. Selbständigerwerbende, die ja nicht Lohnempfänger sind, müssen diese Privatanteile in der Geschäftsbuchhaltung erfolgswirksam verbuchen.

Das seit 2008 in der ganzen Schweiz obligatorische Lohnausweisformular ermöglicht es den Steuerbehörden viel leichter als bisher, Ungereimtheiten zu entdecken und bei nicht eingehaltenen Vorschriften entsprechende Aufrechnungen vorzunehmen.

Reise- und Repräsentationsspesen Welche Spesen bis zu welcher Höhe abzugsfähig sind, regeln die einzelnen Kantone ganz unterschiedlich. Generell gilt: Die Ausgaben müssen geschäftsmässig notwendig sein. Bei Restaurant- und Hotelrechnungen sowie Flugtickets ist dies zu beweisen. Bei glaubwürdig nachgewiesenen Spesen kann später unter Umständen eine Pauschale die Belegsammlung ersetzen oder ein steuerlich abgesegnetes Spesenreglement verwendet werden.

Berufskleidung Handwerker können die Auslagen für Spezialkleider, die sie für die Arbeit benötigen, von den Steuern abziehen. Wer jedoch von Berufs wegen auf Anzug und Krawatte angewiesen ist, kann die Auslagen dafür nicht geltend machen, weil sich diese Kleider auch privat tragen lassen.

Weiterbildung Die Kosten für eine Weiterbildung, die dem Unternehmer bei seiner Tätigkeit nützen kann, betrachtet in der Regel jede Steuerbehörde als geschäftsmässig begründet, ebenso die Auslagen für Fachliteratur. Reine Hobbykurse und das Jahresabonnement für die Illustrierte fallen dagegen unter Privataufwand.

Versicherungen Prämien für Versicherungspolicen mit privatem Hintergrund akzeptiert die Steuerbehörde nicht als Betriebsaufwand. Privathaftpflicht- und Hausratversicherungsprämien lassen sich also nicht abziehen. Auch überhöhte Unfall- und Krankentaggeldprämien werden in einen geschäftlichen und einen privaten Anteil aufgeteilt.

Allgemeiner Aufwand Die Konzession für Radio, Fernseher und Telefon, die Taxen für private Telefongespräche, der Lohn der Haushalthilfe, welche die im Betrieb mitarbeitende Ehefrau ersetzt, oder das Honorar des Treuhänders für die Scheidungsberatung – solche Aufwände gehören in die private Buchhaltung.

Lohnpolitik und Dividendenauszahlung optimieren

Bei einer AG oder GmbH lässt sich der Unternehmensgewinn durch eine geschickte Lohnpolitik bis zu einem gewissen Grad regulieren, indem etwa die mitarbeitenden Aktionäre den Gewinn teilweise in Form von Lohn beziehen. In der Firma bleibt dann nur noch ein kleiner Gewinn. Überhöhte Saläre akzeptieren die Steuerbehörden allerdings nicht. Sie gelten als verdeckte Gewinnausschüttungen und werden dem Unternehmensgewinn zugerechnet. Arbeitet die Ehefrau im Betrieb gratis mit, lässt sich der Gewinn durch die Bezahlung eines realistischen Salärs an sie schmälern.

Auch mit sogenannten Fringe Benefits sind Steueroptimierungen möglich. Dazu zählen Zusatzleistungen für Mitarbeitende – und auch für in der eigenen Firma angestellte Inhaber –, die der Arbeitgeber nicht in Form von Geld ausbezahlt. Die Angestellten müssen diese Einnahmen nicht versteuern und die Arbeitgeber darauf keine Sozialabgaben bezahlen. Zu den Fringe Benefits gehört beispielsweise die Abgabe von Lunch-Checks als Essensbeitrag. Solche Checks dürfen bis maximal 180 Franken pro Monat und Mitarbeiter abgegeben werden und sind nicht als Lohn zu deklarieren. Zu den Fringe Benefits zählen auch Vergünstigungen für Reka-Checks, Gutschriften für Flugmeilen, Gratisparkplätze, Karten für Kultur- und Sportanlässe, die private Nutzung von Handys oder Naturalgeschenke zum Geburtstag bis jährlich 500 Franken.

Das seit 2008 geltende Lohnausweisformular sorgt auch bezüglich Fringe Benefits dafür, dass Unternehmer nicht übertreiben können. Denn es bestehen klare Deklarationsvorschriften.

Dividendenauszahlung steuern Ausbezahlte Dividenden lösen beim Aktionär und Stammanteilbesitzer Einkommenssteuern aus (Doppelbesteuerung). Mit einer gezielten Dividendenpolitik kann das Unternehmen die Auszahlung solcher Gewinne in Perioden mit geringem Einkommen oder mit grösseren Abzugsmöglichkeiten verlegen. Das glättet die Steuerprogression und reduziert die Einkommenssteuern. Gewinnausschüttungen unterliegen zudem keinen Sozialabgaben.

Vorsorgebeiträge einzahlen

Beiträge an die Vorsorgeeinrichtungen der 2. Säule und an die Säule 3a lassen sich bis zu bestimmten Maximalbeträgen vom steuerbaren Einkommen abziehen. Bei einem Geschäftsverlust sind jedoch keine Abzüge zugunsten der Säule 3a erlaubt. Beiträge an die Säule 3a sind immer Privataufwand und dürfen nicht der Erfolgsrechnung belastet werden.

Unternehmen mit Angestellten können bei hohen Gewinnen Zuweisungen an die Personalvorsorge vornehmen. Die Bildung solcher Arbeitgeberbeitragsreserven (Prämienreserven) reduziert den Geschäftsertrag.

Investitionen planen

Anschaffungen zum richtigen Zeitpunkt führen unter Umständen zu erheblichen Steuerersparnissen, denn sie wirken sich auf die Ertrags- und Vermögenslage aus. Für Neuunternehmer dürfte es allerdings schwierig sein, auf notwendige Investitionen zu verzichten oder sie auf mehrere Steuerjahre zu verteilen.

Abschreibungen vornehmen und Rückstellungen bilden

Abschreibungen vermindern den Wert von Aktiven in der Buchhaltung. So können zum Beispiel Fahrzeuge, Maschinen oder Immobilien abgeschrieben werden, da sie mit der Zeit an Wert verlieren. Auch Gründungskosten lassen sich in der Regel innerhalb der ersten fünf Geschäftsjahre abschreiben.

Abschreibungen betreffen nur das Geschäfts- und nicht das Privatvermögen. Sie müssen geschäftsmässig begründet sein und sind nur im Rahmen von Richtsätzen zugelassen. Diese sind gesetzlich aber nicht verbindlich, in begründeten Fällen lässt die Steuerbehörde durchaus höhere Abschreibungen zu. Übersetzte Abschreibungen rechnet das Steueramt dem steuerbaren Gewinn zu. Einmal von den Steuerbehörden akzeptierte Abschreibungen sind definitiv und lassen sich nachträglich nicht mehr korrigieren.

Rückstellungen werden für absehbare Aufwendungen gebildet; etwa für mögliche Debitorenverluste, drohende Garantieleistungen, Wertminderungen von Waren oder zur Begleichung der Steuerschuld. Denn bis zur definitiven Steuerveranlagung zahlen juristische Personen die Steuern aufgrund einer provisorischen Veranlagung in Raten. Die Summe dieser Ratenzahlungen kann vom effektiv geschuldeten Steuerbetrag erheblich abweichen. Rückstellungen fangen eine solche Differenz auf. Gleiches gilt für die Beiträge an die AHV, IV sowie die Erwerbsersatzordnung (EO) – und zwar für die Arbeitgeberbeiträge für das Personal und die persönlichen Beiträge von Selbständigerwerbenden. Da Rückstellungen den Gewinn schmälern, müssen sie geschäftsmässig begründet sein, damit sie die Steuerbehörden akzeptieren.

Firmen, die keine kaufmännische Buchhaltung führen, sondern lediglich Aufzeichnungen für die Steuerveranlagung anfertigen, können keine Rückstellungen vornehmen.

Aktienkapital oder Stammkapital zurückzahlen

Zahlt ein Unternehmen bei der Firmengründung mehr als nur das gesetzlich vorgeschriebene Mindestkapital ein, kann es diese Gelder später wieder zurückzahlen. Sinnvoll ist dies bei guter Liquidität oder wenn zu viel nicht benötigtes Eigenkapital im Unternehmen steckt. Solche Kapitalrückzahlungen – etwa auch anstelle von Dividendenausschüttungen – sind steuerfrei.

Mehr konkrete Hinweise zum Ausfüllen Ihrer Steuererklärung finden Sie im Beobachter-Ratgeber «Steuern leicht gemacht. Praktisches Handbuch für Angestellte, Selbständige und Eigenheimbesitzer» (www.beobachter.ch/buchshop).

Mehrwertsteuer

Viele Unternehmer stöhnen über die Mehrwertsteuer. Nicht wegen der finanziellen Belastung – die wird durch den Vorsteuerabzug kompensiert –, sondern wegen der administrativen Umtriebe. Die folgenden Seiten helfen Ihnen, die Mechanismen der Mehrwertsteuer zu verstehen und Ihren Aufwand möglichst tief zu halten.

Die Mehrwertsteuer (MWST) ist eine Verbrauchssteuer des Bundes. Sie wird auf dem inländischen Umsatz, auf importierten Gegenständen sowie auf aus dem Ausland bezogenen Dienstleistungen erhoben. Die Steuer beträgt im Normalfall 7,6 Prozent des Umsatzes. Auf Beherbergungsleistungen sind nur 3,6 Prozent, auf Lebensmitteln und gewissen weiteren Konsumgütern nur 2,4 Prozent Mehrwertsteuer geschuldet. Zurzeit sind Bestrebungen im Gang, die Mehrwertsteuer zu vereinfachen.

Mehrwertsteuer berechnen

Die Mehrwertsteuer belastet nicht die Unternehmen, sondern die Verbraucher. Aus praktischen Gründen erhebt der Bund sie allerdings indirekt via Produzenten, Fabrikanten, Händler, Handwerker und Dienstleistungserbringer. Selbständigerwerbende sind in der Regel auf zwei Arten mit der Mehrwertsteuer konfrontiert: als Konsumenten und als Abrechnungspflichtige.

Ob Sie oder Ihr Unternehmen der Steuerpflicht unterstehen, sehen Sie auf Seite 256. Ist dies der Fall, müssen Sie die Mehrwertsteuer auf Ihrem Umsatz berechnen und bei der Eidgenössischen Steuerverwaltung (ESTV) deklarieren. Von dieser Steuerschuld dürfen Sie diejenige Steuern abziehen, die Ihnen zuvor Lieferanten von Waren (das Gesetz spricht von Gegenständen) oder Dienstleistungserbringer in Rechnung gestellt haben, ferner die von der Eidgenössischen Zollverwaltung erhobene Mehrwertsteuer auf der Einfuhr von Gegenständen sowie die von Ihnen selber deklarierten Dienstleistungsbezüge von Unternehmen mit Sitz im Ausland. Man nennt dies den Vorsteuerabzug.

Wenn Sie nicht der Mehrwertsteuerpflicht unterstehen, müssen Sie Ihre Umsätze nicht versteuern – können aber auch keine Mehrwertsteuer auf Ihren Produkten oder Dienstleistungen verrechnen und keine Vorsteuern abziehen. Ihre Leistungen sind dadurch mit Vorsteuern belastet, die Sie in den Preis einrechnen und an die Konsumenten weitergeben müssen.

Der Unternehmensgewinn wird durch die Mehrwertsteuer nicht geschmälert, da diese ja über den Verkaufspreis auf die Konsumenten abgewälzt wird. Nicht zu unterschätzen ist aber der administrative Aufwand durch die MWST-Abrechnung.

Maler S. kauft Farben und Abdeckmaterial. Er bezahlt dem Lieferanten für dieses Material 500 Franken plus 38 Franken MWST. Mit dem gekauften Material streicht der Malermeister bei Familie T. drei Zimmer und verrechnet dafür 1614 Fran-

Die Mehrwertsteuer verändert den Umsatz nicht

	Berechnung mit MWST		Berechnung ohne MWST	
Rechnung an Familie T.	Fr. 1500.–		Fr. 1500.–	
MWST (7,6 %)	+ Fr. 114.–		–.–	
Total Rechnungsbetrag		**Fr. 1614.–**		**Fr. 1500.–**
Kaufpreis Material	Fr. 500.–		Fr. 500.–	
MWST (7,6 %)	+ Fr. 38.–		–.–	
Total Kaufpreis Material		**– Fr. 538.–**		**– Fr. 500.–**
An die ESTV zu zahlen	Fr. 114.–		–.–	
Abzug Vorsteuer	– Fr. 38.–		–.–	
Total an die ESTV zu zahlen		**– Fr. 76.–**		**–.–**
Umsatz von Maler S. nach Abzug der Materialkosten		**Fr. 1000.–**		**Fr. 1000.–**

ken – 500 Franken fürs Material, 1000 Franken für die Arbeit plus 114 Franken MWST. Diese 114 Franken muss Maler S. an die ESTV abliefern. Er darf aber vorgängig die 38 Franken, die er dem Materiallieferanten bezahlt hat, als Vorsteuer abziehen. Unter dem Strich verändert sich sein Umsatz also nicht, die gesamte Mehrwertsteuer wird von Familie T. als Endkundin bezahlt.

Mehrwertsteuer abrechnen

Grundsätzlich sind alle Unternehmen mehrwertsteuerpflichtig, die im Inland einen Jahresumsatz von mehr als 75 000 Franken erzielen. Die Rechtsform der Firma spielt dabei keine Rolle.

Falls Sie bei der Firmengründung erwarten, innerhalb der nächsten zwölf Monate einen Umsatz von über 75 000 Franken zu erreichen, beginnt Ihre Steuerpflicht mit dem Start der Geschäftstätigkeit. Dann müssen Sie sich innerhalb von 30 Tagen nach Beginn Ihrer Steuerpflicht unaufgefordert bei der ESTV schriftlich anmelden und erhalten eine MWST-Nummer.

Wichtige Begriffe

Gegenstände
Gegenstände können bewegliche und unbewegliche Sachen sein: zum Beispiel Fahrzeuge, Maschinen, Liegenschaften, Grundstücke.

Lieferung
Ein Selbständigerwerbender erbringt eine Lieferung, wenn er beispielsweise Gegenstände verkauft, vermietet, verpachtet, verleast, prüft, reguliert, kontrolliert, reinigt, pflegt, repariert oder ändert.

Dienstleistungen
Unter diesen Begriff fallen alle Leistungen, die nicht als Lieferung eines Gegenstands bezeichnet werden.

Eigenverbrauch
Darunter fällt das Entnehmen von Gegenständen aus dem Betrieb für unternehmensfremde Zwecke (etwa für den privaten Bedarf), wenn der Bezug der Gegenstände seinerzeit zum Vorsteuerabzug berechtigte.

Sind Sie bei Ihrem Geschäftsstart unsicher, ob Sie den steuerpflichtigen Umsatz erzielen werden, müssen Sie nach spätestens drei Monaten Ihren erwirtschafteten Umsatz auf ein volles Jahr umrechnen. Überschreiten Sie die Jahresumsatzgrenze, haben Sie sich bei der ESTV anzumelden.

Steuerbare Umsätze Ist ein Unternehmen steuerpflichtig, muss es die Mehrwertsteuer grundsätzlich auf den folgenden Umsätzen abrechnen:

- auf dem Entgelt für im Inland erbrachte Lieferungen von Gegenständen oder Dienstleistungen, sofern diese nicht ausdrücklich von der MWST ausgenommen sind
- auf dem Bezug von Dienstleistungen von Unternehmen mit Sitz im Ausland
- auf dem Eigenverbrauch des Steuerpflichtigen im Inland

Von der Mehrwertsteuer befreite Umsätze

Die Mehrwertsteuer sieht eine ganze Reihe von Bereichen vor, die von der Steuerpflicht ausgenommen sind. Dazu gehören unter anderem:

- Leistungen im Bereich des Gesundheitswesens (zum Beispiel Psychotherapeutinnen, medizinische Masseure, Hebammen, Podologinnen)
- Leistungen im Bereich Erziehung, Unterricht sowie Kinder- und Jugendbetreuung (zum Beispiel Sprach- und Musiklehrer, Kleinkindererzieherinnen)
- Kulturelle Leistungen (zum Beispiel Künstler)
- Verkäufe und Vermietungen von Immobilien (Immobilienhändler)

Freiwillig Mehrwertsteuer abrechnen Wenn Sie aufgrund des zu kleinen Umsatzes keine Mehrwertsteuer abrechnen, sind Sie unter Umständen gegenüber steuerpflichtigen Unternehmen benachteiligt, denn Sie müssen die nicht abziehbare Vorsteuer in Ihre Verkaufspreise einkalkulieren. Selbständigerwerbende können sich deshalb freiwillig der Mehrwertsteuer unterstellen, wenn sie einen Jahresumsatz von über 40 000 Franken erzielen.

Vorteilhaft ist dies vor allem für Unternehmen, die mehrheitlich im Export tätig sind. Denn Lieferungen ins Ausland wie auch gewisse Dienstleistungen an Empfänger mit Sitz im Ausland zählen nicht zum steuerpflichtigen Umsatz. Als steuerpflichtiger Exporteur oder Dienstleistungserbringer können Sie aber trotzdem den Vorsteuerabzug geltend machen. Das kann zu massiven Steuergutschriften führen.

Die freiwillige Eintragung macht auch Sinn, wenn Sie hauptsächlich als Leistungserbringer für mehrwertsteuerpflichtige Unternehmen tätig sind. Denn diese vergeben ihre Aufträge lieber an Firmen, die der Mehrwertsteuer unterstehen, um ihrerseits die Abzüge vornehmen zu können.

Interessant ist eine freiwillige Abrechnung der MWST zudem, wenn Sie im Rahmen Ihrer Aufbau- und Investitionsphase beträchtliche Summen investieren. Die dabei entstehenden Vorsteuerabzüge können schnell tausende von Franken betragen, die Sie dann bei der ESTV geltend machen können.

Entscheiden Sie sich als Neuunternehmer für eine freiwillige Unterstellung, müssen Sie der ESTV ein Gesuch einreichen.

Pflichten für Mehrwertsteuerpflichtige

Steuerpflichtige Selbständigerwerbende sind verpflichtet, ihre Geschäftsbücher ordnungsgemäss zu führen. Die ESTV muss aufgrund der Geschäftsbücher die Daten zur Steuerpflicht, Steuerberechnung und Vorsteuer jederzeit zuverlässig, lückenlos und detailliert überprüfen und ermitteln können.

Dies bedeutet für im Handelsregister eingetragene Firmen keine zusätzlichen Vorkehrungen, da sie der Buchführungspflicht unterstehen. Die übrigen Unternehmen müssen sich aufgrund des Steuergesetzes an die Aufzeichnungspflicht halten. Das heisst, sie haben über alle Aktiven und Passiven, Einnahmen und Ausgaben sowie Privatentnahmen und -einlagen Buch zu führen.

Die Mehrwertsteuer erfordert keine doppelte Buchhaltung. Steuerpflichtige Selbständigerwerbende können auch weiterhin eine einfache Buchhaltung führen, wenn sie zusätzliche Konti für die geschuldete Steuer und die Vorsteuern schaffen. Wichtig ist, dass sie alle Geschäftsvorgänge lückenlos erfassen und die Belege vorschriftsgemäss aufbewahren.

Auf Ende jedes Geschäftsjahrs verlangt die ESTV ein detailliertes Inventar Ihrer Warenvorräte, detaillierte Verzeichnisse der Debitoren und Kreditoren, Aufstellungen über die angefangenen Arbeiten und Dienstleistungen sowie eine Aufstellung über die erhaltenen und geleisteten Vorauszahlungen. Diese Auflage gilt für alle Mehrwertsteuerpflichtigen.

Formvorschriften für Rechnungen und Quittungen Wichtig für eine saubere Mehrwertsteuerabrechnung sind Rechnungen und Quittungen, die den Formvorschriften entsprechen. Denn auf dieser Basis werden üblicherweise die Steuerbeträge errechnet. Dieselben Belege brauchen Sie auch selbst, um Ihre Vorsteuern geltend zu machen. Rechnungen und Quittungen müssen folgende Angaben enthalten:

- Namen und Geschäftsadresse des Leistungserbringers sowie dessen MWST-Nummer
- Namen und Geschäftsadresse des Empfängers (bei Kassenzetteln bis 400 Franken nicht obligatorisch)
- Datum oder Zeitraum der Lieferung oder Dienstleistung
- Art, Gegenstand und Umfang der Lieferung oder Dienstleistung
- Entgelt für die Lieferung oder Dienstleistung (Preis)
- MWST-Betrag, offen deklariert oder im Preis eingerechnet

Verbuchungsmethoden der Mehrwertsteuer Je nachdem wie Ihr Rechnungswesen organisiert ist und welche Grösse Ihr Unternehmen hat, stehen zwei verschiedene Verbuchungsmethoden zur Wahl: die Netto- und die Bruttoverbuchung (siehe Kasten auf der nächsten Seite). Unter Umständen können beide Methoden nebeneinander angewendet werden; für Erträge etwa die Brutto-, für Aufwände die Nettoverbuchung. Welche Verbuchungsart sich für Sie am besten eignet, kann Ihnen Ihr Treuhänder sagen.

Netto- oder Bruttoverbuchung?

	Nettoverbuchung	Bruttoverbuchung
Funktionsweise	Die auf dem Umsatz geschuldete Steuer wird auf dem separaten Konto «Umsatzsteuer» verbucht, die bezahlte Steuer auf den Wareneinkäufen auf dem Konto «Vorsteuer».	Die Umsätze und Aufwendungen, inklusive Steuer auf dem Umsatz und Vorsteuer, werden auf die entsprechenden Ertrags- und Aufwandkonten gebucht. Die verschiedenen Steuerbeträge werden periodisch herausgerechnet und auf die Konten «Umsatzsteuer» und «Vorsteuer» übertragen.
Vorteile	Die Steuerbelastung oder das Steuerguthaben lassen sich mit einem Vergleich der Konten einfach ablesen.	Der Aufwand ist gering, da die Steuer global verbucht wird.
Nachteile	Bei der Verbuchung muss die Steuer aus jedem Beleg einzeln herausgerechnet werden.	Die Übersicht über die geschuldete Steuer ist schlecht.

Abrechnungsarten Auch für die Abrechnung der Mehrwertsteuer stehen zwei Möglichkeiten zur Wahl:

Nach vereinbartem Entgelt: Dabei versteuern Sie Ihre Umsätze in der Abrechnungsperiode, in der Sie den Kunden Rechnung stellen. Analog können Sie die Vorsteuer am Ende der Abrechnungsperiode geltend machen, in der Sie die Rechnungen Ihrer Leistungserbringer erhalten haben – selbst wenn diese Rechnungen noch nicht bezahlt sind. Trotz dieses Vorteils ist Kleinunternehmern diese Abrechnungsart nicht zu empfehlen, denn die Methode ist aufwendig und kompliziert. In der Praxis stimmen nämlich Rechnungsbetrag und effektive Zahlung oft nicht überein, etwa weil der Schuldner noch Skontobeträge abzieht. Das führt nachträglich zu Korrekturen bei der Steuerabrechnung.

Nach vereinnahmtem Entgelt: Hier müssen Sie die Mehrwertsteuer in jener Abrechnungsperiode abliefern, in der Sie das Entgelt für Ihre Leistung erhalten. Der Anspruch auf den Vorsteuerabzug entsteht entsprechend am Ende der Abrechnungsperiode, in der Sie die Rechnung Ihrer steuerpflichtigen Leistungserbringer bezahlen.

Für die meisten Firmen ist dies der einfachere Weg, da keine nachträglichen Korrekturen nötig sind. Zudem müssen Sie die Mehrwertsteuer erst abrechnen, wenn Ihre Rechnungen bezahlt sind, was bei Kunden mit schlechter Zahlungsmoral von Vorteil ist.

Die Abrechnung nach vereinnahmten Entgelten erlaubt Ihnen die ESTV nur auf schriftliches Gesuch hin und nur, wenn Sie keine Buchhaltung mit Debitoren und Kreditoren, sondern lediglich ein Kassen-, Postcheck- und Bankbuch führen und dabei Einnahmen sowie Ausgaben erfassen.

Saldosteuersatz: die Abrechnung vereinfachen

Wenn Sie mit Ihrem Unternehmen einen Umsatz bis drei Millionen Franken pro Jahr erzielen und der an die ESTV geschuldete Mehrwertsteuerbetrag abzüglich Vorsteuern maximal 60 000 Franken beträgt, können Sie den sogenannten Saldosteuersatz anwenden. Das ist neben der einfacheren Abrechnungsmethode nach vereinnahmten Entgelten eine weitere Möglichkeit, den administrativen Aufwand zu verringern.

Bei der Anwendung des Saldosteuersatzes müssen Sie nicht mehr die einzelnen Waren- und Dienstleistungsbezüge mit unterschiedlichen Steuersätzen erfassen und die Vorsteuern ermitteln, sondern können die geschuldete Mehrwertsteuer in einem Schritt aufgrund Ihres Umsatzes berechnen. Denn bei der Berechnung der Saldosteuersätze – die je nach Branche variieren – ist der durchschnittliche Vorsteueraufwand bereits berücksichtigt.

Mit Saldosteuersätzen rechnen Sie zudem nur noch halbjährlich ab. Und auch der Eigenverbrauch (siehe Seite 256) ist damit in der Regel schon abgegolten.

Der Nachteil der Methode: Sind die auf Ihrem Aufwand und Ihren Investitionen lastenden Vorsteuern höher als der pauschale Betrag aufgrund des Saldosteuersatzes, können Sie diese nicht geltend machen. Zudem ist von der Anwendung von Saldosteuersätzen abzuraten, wenn Sie häufig Leistungen aus dem Ausland beziehen oder dorthin erbringen.

Die Abrechnung nach Saldosteuersätzen empfiehlt sich vor allem bei kleineren Umsätzen. Rechnen Sie aber vorgängig genau aus, ob Sie damit tatsächlich besser fahren.

Möchten Sie ab Beginn Ihrer Selbständigkeit mit dem Saldosteuersatz abrechnen, müssen Sie der ESTV spätestens 30 Tage nach Zustellung Ihrer MWST-Nummer ein schriftliches Gesuch einreichen. Wird diesem stattgegeben, sind Sie verpflichtet, den Saldosteuersatz während mindestens fünf Jahren anzuwenden.

Verzichten Sie beim Firmenstart auf die Anwendung des Saldosteuersatzes, können Sie diese Abrechnungsmethode normalerweise erst nach fünf Jahren wählen und müssen bis dahin nach der effektiven Methode abrechnen.

Die Mehrwertsteuer und die korrekte Abrechnung sind selbst für Fachleute eine anspruchsvolle Materie. Fragen Sie deshalb bei Unklarheiten einen Treuhänder oder die Spezialisten der ESTV (www.estv.admin.ch). Von dieser Webseite können Sie auch kostenlos detaillierte Informationen zur Mehrwertsteuer herunterladen (gesetzliche Grundlagen, Spezialbroschüren, Branchenbroschüren, Merkblätter).

Die Finanzen

Ohne die Aussicht auf genügend Ertrag lohnt sich eine Geschäftsgründung nicht. Und ohne verfügbares Kapital kann ein Unternehmen weder gegründet noch geführt werden. Neuunternehmer sollten sich deshalb frühzeitig um die Finanzen ihrer künftigen Firma kümmern.

10

Finanzplanung

Bei der Finanzierung eines Unternehmens sind wichtige Grundsätze zu beachten, um grundlegende Fehler zu vermeiden. Die Basis für den erfolgreichen Aufbau bildet ein solides Finanzierungskonzept, das auf die spezielle Ausgangslage des Neuunternehmers ausgerichtet ist. Es muss sicherstellen, dass das Unternehmen jederzeit genügend Geld besitzt, um die laufenden Kosten für die Aufrechterhaltung des Betriebs zu decken, die benötigten Betriebsmittel zu kaufen, Produkte herzustellen oder Dienstleistungen anzubieten und diese mithilfe geeigneter Marketingmassnahmen mit Gewinn zu verkaufen.

Den Kern eines jeden Finanzplans bilden die folgenden vier Pläne, die Sie alle auf der CD-ROM finden:

— **Budget**
  Wie hoch sind die Einnahmen und Ausgaben?

— **Kapitalbedarfsplan**
  Wie viel Geld braucht es für den Aufbau und Betrieb der Firma?

— **Liquiditätsplan**
  Wie ist die Zahlungsfähigkeit der Firma sichergestellt?

— **Finanzierungsplan**
  Woher stammt das Geld zur Finanzierung des Unternehmens?

Jeder dieser Pläne baut im Prinzip auf dem vorhergehenden auf und liefert für den nächsten wichtige Grundlagen. Liegen alle Pläne vor, lässt sich die Eröffnungsbilanz erstellen. Sie zeigt, welches Vermögen und welche Schulden das Unternehmen hat (siehe Seite 298).

Viele Neuunternehmer besitzen nur rudimentäre Kenntnisse in Buchhaltung, Rechnungswesen oder Kalkulation. Auch fehlen ihnen meist die für die Finanzplanung nötigen Erfahrungszahlen und Richtwerte *(Kennzahlen)*. Diese sind erhältlich bei Branchenverbänden und grossen Treuhandfirmen oder Erfahrungsgruppen, die es in vielen Branchen gibt. In solchen Erfa-Gruppen treffen sich verschiedene

Unternehmer der gleichen Branche, die sich in der Regel nicht direkt konkurrenzieren, zum Erfahrungsaustausch. Existieren keine Kennzahlen, sind Schätzungen erforderlich. In jedem Fall sollten Firmengründer bei der Finanzplanung eher mit zu pessimistischen als mit zu optimistischen Zahlen rechnen.

Fehlt Ihnen betriebswirtschaftliches Grundwissen, sollten Sie sich möglichst rasch weiterbilden – am besten noch vor der Firmengründung (mehr zur Weiterbildung auf Seite 329). Auch wenn Sie Ihre Buchhaltung von externen Fachleuten erledigen lassen, ist ein minimales Grundwissen nötig. Denn Sie sollten jederzeit ohne fremde Hilfe selbst analysieren können, wie es um Ihre Finanzen steht.

Wichtige Fachausdrücke, denen Sie bei Ihrer Arbeit immer wieder begegnen werden, sind im Folgenden kursiv gedruckt, und zwar an der Stelle, wo sie kurz definiert werden. Das hilft Ihnen, sie bei Bedarf schnell wiederzufinden.

Budget: Wie rentabel wird das Geschäft?

Als Erstes gilt es zu klären, ob Sie mit Ihrer Geschäftsidee überhaupt Geld verdienen können. Dazu braucht es ein Budget für die ersten zwei bis drei Geschäftsjahre. Es soll aufzeigen, welche Kosten *(Aufwände)* Ihnen bei Ihrer Tätigkeit entstehen und wie hoch Ihre Einnahmen *(Erträge)* sind.

Aufbau und Folgejahre Zu unterscheiden ist zwischen dem Budget für die Zeit des Firmenaufbaus und jenem für die Folgejahre.

Zu Beginn einer Unternehmensgründung fallen etliche einmalige Kosten an. Auf der anderen Seite sind die Umsätze meist klein und die Gewinne bescheiden. Für die Überbrückung dieser schwierigen Anfangszeit brauchen Sie ein entsprechend hohes Startkapital. Die zentrale Frage für Neuunternehmer ist aber: Werde ich nach der Startphase genug Umsatz und Ertrag generieren, um von meinem Unternehmen leben zu können? Antwort darauf gibt ein Budget für ein normales Geschäftsjahr nach der Aufbauphase.

Um auszurechnen, wie viel am Ende eines Geschäftsjahrs zum Leben übrig bleibt, müssen Sie vereinfacht gesagt im Budget Ihren Jahresumsatz festlegen und davon Ihren gesamten Aufwand abziehen. Den Umsatz berechnen Sie, indem Sie die geplante Absatzmenge mit dem Verkaufspreis des Produkts oder der Dienstleistung multiplizieren (die Absatzmenge haben Sie in der Marktanalyse definiert, den Preis beim Festlegen Ihrer Preispolitik). Setzen Sie den Umsatz vorsichtshalber eher zu tief als zu hoch an.

Software-Entwickler Kurt R. wagt den Schritt in die Selbständigkeit. Dank seiner Marktanalyse, vielen Gesprächen mit Fachkollegen und einem sauber erarbeiteten Marketingkonzept kann er gut abschätzen, wie seine Marktchancen stehen und wie viel er für ein Computerprogramm verlangen darf. Gemäss seiner Analyse sollte er jährlich acht Programme zu 25 000 Franken verkaufen können. Kurt R. rechnet konservativ und budgetiert nur sechs Verkäufe. Das ergibt einen Jahresumsatz von 150 000 Franken.

Im nächsten Schritt ist der Aufwand zu beziffern. Dieser umfasst beispielsweise den eigenen Lohn, die Löhne des Personals, den Mietzins, die Sozialversicherungsbeiträge und die Fremdkapitalzinsen. Ebenfalls zu berücksichtigen sind die Abschreibungen. Hat zum Beispiel der Computer und Drucker eine geschätzte Lebensdauer von vier Jahren, müssen Sie im Budget pro Jahr einen Viertel des Kaufpreises als Abschreibung vorsehen.

Beim Aufwand wird zwischen fixen und variablen Kosten unterschieden:

Fixkosten: Sie fallen immer an, unabhängig vom Umsatz. Dazu gehören etwa der Mietzins, die Leasingraten, der eigene Lohn, die Löhne des ständigen Personals, Versicherungsprämien und die Kosten für Strom und Heizung.

Variable Kosten: Sie entstehen nur im direkten Zusammenhang mit der Produktion von Waren oder der Erbringung von Dienstleistungen. Dazu zählen unter anderem der Wareneinkauf, die Bezugskosten (Zoll, Transport), die Löhne von Temporärangestellten und die Energiekosten für die Produktion.

Auf der CD-ROM finden Sie die Vorlage «Budget», mit deren Hilfe Sie Ihr eigenes Budget erstellen können.

Deckungsbeitragsrechnung Die Höhe der fixen und variablen Kosten ist auch für die Betriebskalkulation wichtig – einen zentralen Teil des betrieblichen Rechnungswesens. Die Betriebskalkulation zeigt, welcher Mindestumsatz erforderlich ist, um kostendeckend zu arbeiten, welche Produkte wie viel Gewinn abwerfen, wo Geld verloren geht und wo sich Kosten einsparen lassen. Die Deckungsbeitragsrechnung zeigt, welche Mittel zur Verfügung stehen, um die Fixkosten abzudecken. In der einfachsten Form der Deckungsbeitragsrechnung wird der Umsatz mit den variablen Kosten verrechnet.

Software-Entwickler Kurt R. rechnet aufgrund seines Budgets mit jährlich 90 000 Franken variablen Kosten (Lizenzkosten und Kosten für Programmierer, die er im Stundenlohn bezahlt). Diesen Betrag zieht er vom erwarteten Umsatz (150 000 Franken) ab und erhält so den Deckungsbeitrag: 60 000 Franken. Diese Summe dient Kurt R. zur Deckung seiner fixen Kosten. Da sich diese gemäss Budget nur auf 50 000 Franken belaufen, würde Kurt R. auch bei dieser vorsichtigen Umsatzannahme einen kleinen Gewinn von 10 000 Franken erwirtschaften.

Der Deckungsbeitrag lässt sich auch in Prozent vom Umsatz ausdrücken: Für Kurt R. liegt der Deckungsbeitragssatz bei 40 Prozent (60 000 Franken = 40 Prozent von 150 000 Franken). Mit dem Deckungsbeitragssatz lässt sich umgekehrt auch ausrechnen, wie hoch der Umsatz mindestens sein muss, damit die Fixkosten gedeckt sind.

Für Kurt R. sieht die Rechnung wie folgt aus: Die Fixkosten gemäss Budget liegen bei 50 000 Franken. Der Deckungsbeitragssatz beträgt 40 Prozent. Also muss der Umsatz mindestens so hoch sein, dass mit 40 Prozent davon die Fixkosten beglichen werden können – denn diese sind ja unabhängig vom Umsatz immer gleich hoch. Kurt R. muss also mindestens 125 000 Franken Umsatz erwirtschaften (siehe Kasten auf der nächsten Seite). Jeder Franken Mehrumsatz erhöht seinen Gewinn.

Berechnung des Mindestumsatzes

$$\text{Mindestumsatz} = \frac{\text{Fixkosten x 100}}{\text{Deckungs-beitragssatz}} = \frac{\text{Fr. 50 000.– x 100}}{40} = \text{Fr. 125 000.–}$$

Fast jede Branche kennt durchschnittliche Deckungsbeitragssätze, die Sie erreichen sollten. Erkundigen Sie sich beim Branchenverband.

Kapitalbedarf: Wie viel Geld muss zur Verfügung stehen?

Als Nächstes müssen Sie feststellen, wie viel Kapital Sie benötigen, um Ihre Pläne umsetzen zu können. Dabei wird unterschieden zwischen dem Kapital für die Gründung sowie dem kurz- und dem langfristigen Kapital.

Kapitalbedarf für die Gründung: Diese Kosten sollten Neuunternehmer nicht unterschätzen. Dazu gehören alle Auslagen, die in irgendeiner Form mit der Geschäftsgründung zusammenhängen und einmaligen Charakter aufweisen: etwa die Kosten für die Beratung von Fachleuten, für Marktabklärungen, erste Marketingmassnahmen, Gebühren für den Handelsregistereintrag, öffentliche Beurkundungen und Bewilligungen.

Kurzfristiges Kapital: Dieses benötigen Unternehmer, um ihren Betrieb zu führen. Sie müssen beispielsweise Strom, Wasser, Heizung, Telefon, Verbrauchsmaterial, Miete, Versicherungen, Zinsen, Gehälter und sich selbst einen Lohn zahlen. Das kurzfristige Kapital dient auch zum Kauf von Rohmaterial, halbfertigen oder fertigen Waren. Für all diese Auslagen benötigen Unternehmer jederzeit genügend «flüssiges» Geld *(liquide Mittel)* in der Kasse, auf dem Bank- oder Postcheckkonto. Rohmaterial, Waren und liquide Mittel sind Vermögenswerte, die einem Unternehmern meist nur für kurze Zeit zur Verfügung steht; man bezeichnet diesen Teil des Vermögens deshalb als *Umlaufvermögen*.

Langfristiges Kapital: Mit diesem Geld tätigen Unternehmer Investitionen, die für die Herstellung der Produkte oder das Erbringen der Dienstleistungen notwendig sind. Darunter fallen Anschaffungen wie Maschinen, Geräte, technische Einrichtungen, Fahrzeuge, Computer, Mobiliar für das Büro, den Laden oder die Werkstatt. Mit langfristigem Kapital kauft der Unternehmer Vermögenswerte *(Anlagevermögen)*, die ihm für eine längere Zeit zur Verfügung stehen.

Der Kapitalbedarf für das Anlagevermögen lässt sich relativ einfach ausrechnen. Denn als Neuunternehmer, als Firmengründerin werden Sie die notwendigen Anschaffungen für die Selbständigkeit sowie Preise und Zahlungskonditionen aus eingeholten Offerten kennen. Auf existenznotwendige Investitionen können Sie nicht verzichten; Sie müssen schliesslich vom Geschäftsstart weg voll einsatzfähig sein und effizient arbeiten können. Für den Geschäftserfolg nicht zwingend erforderliche Investitionen sollten Sie erst bei gutem Geschäftsgang tätigen.

Kapitalbedarf für das Umlaufvermögen Im Gegensatz zum Anlagevermögen ist der Kapitalbedarf für das Umlaufvermögen schwieriger zu berechnen. Das Grundproblem: Kunden beziehen und bezahlen die eingekauften Waren, die hergestellten Produkte oder erbrachten Dienstleistungen in der Regel nicht sofort. Die dafür investierten Mittel sind also für eine bestimmte Zeit gebunden *(gebundenes Kapital)* und müssen vom Unternehmer vorfinanziert werden. Die entscheidende Frage lautet: Wie lange ist dieses Kapital gebunden? Allgemein gilt: Je grösser die Zeitspanne zwischen dem Wareneinkauf und dem Verkauf bzw. dem Bezahlen der Rechnung, desto mehr Kapital ist erforderlich. Oder anders gesagt: Je schneller Waren verkauft werden, desto weniger Kapital ist gebunden und desto kleiner muss das Umlaufvermögen sein.

Die Schmuckladen-Besitzerin Mara W. kauft jährlich Waren für 200 000 Franken. In der Regel bleibt der Schmuck ein halbes Jahr im Schaufenster ausgestellt, bis sie ihn verkauft. Mara W. schlägt ihre Ware also jährlich zweimal um *(Warenumschlag)*, und hat damit im Durchschnitt Schmuck oder gebundenes Kapital im Wert von 100 000 Franken am Lager. Könnte sie ihre Schmuckstücke schneller verkaufen, zum Beispiel schon nach drei Monaten, würde sich ihr durchschnittlich benötigtes Umlaufvermögen auf 50 000 Franken reduzieren.

Die Höhe des Umlaufvermögens zum Geschäftsstart basiert meist auf einer Schätzung. Bei einem angenommenen gleichmässigen Betriebsablauf ohne radikale Auftragsschwankungen lässt sich der Kapitalbedarf in vier Schritten ermitteln:

1. Kapitalbedarf für die Lagerung von Rohmaterial und Waren
2. Kapitalbedarf für das Fertigwarenlager
3. Kapitalbedarf, um die Betriebskosten zu decken
4. Kapitalbedarf zur Finanzierung der Warenverkäufe

Führen Sie ein reines Dienstleistungsunternehmen oder einen Handelsbetrieb ohne Warenproduktion müssen Sie die Berechnung natürlich anpassen. Aber auch dann ist immer ein Teil des Kapitals gebunden. Ein Energieberatungsbüro beispielsweise muss zwar kein Rohmaterial im herkömmlichen Sinn einkaufen, aber bis die in Auftrag gegebenen Studien erstellt und dem Kunden vollständig verrechnet sind, fallen Betriebskosten an, die vorfinanziert werden müssen.

Beim Berechnen des benötigten Kapitals für Ihr Unternehmen leistet Ihnen die Vorlage «Kapitalbedarfsplan» auf der CD-ROM gute Dienste.

Nicht vergessen sollten Sie, dass Ihnen nach dem Geschäftsstart unter Umständen eine lange Durststrecke bevorsteht. Sie arbeiten zunächst, ohne dass Geld ins Geschäft zurückfliesst, müssen aber trotzdem für die laufenden Kosten aufkommen und sich einen Lohn ausrichten können. Je nach Branche (Saisonschwankungen), Produkt, Dienstleistung und Zahlungsfristen können Wochen oder Monate vergehen, bis Sie Ihren ersten verdienten Franken in den Händen halten. Wächst in der Anfangsphase zudem der Umsatz, verschärft sich das Problem nochmals. Denn dadurch steigen nicht nur die Betriebskosten; das gebundene Kapital nimmt ebenfalls zu. Wer dies nicht einkalkuliert, ist vom Markt verschwunden, bevor die ersten Kunden zahlen.

Fragen Sie bei Ihrem Branchenverband nach Kennzahlen und Erfahrungswerten. Lassen Sie sich beim Erstellen Ihres Kapitalbedarfsplans von Branchenkennern beraten. Rechnen Sie für Unvorhergesehenes wie Zahlungsverzögerungen oder Lieferprobleme eine Reserve von mindestens zehn Prozent ein.

Liquiditätsplanung: Engpässe vermeiden

Das Budget zeigt Ihnen die Höhe Ihrer jährlichen Aufwendungen und Erträge. Damit wissen Sie aber noch nicht, zu welchem Zeitpunkt welche Aufwendungen und Erträge anfallen. Diese Informationen brauchen Sie jedoch, um Ihren Zahlungsverpflichtungen fristgerecht nachzukommen. Im nächsten Schritt müssen Sie deshalb mithilfe eines Liquiditätsplans die monatlichen Geldströme erfassen. Der Liquiditätsplan zeigt für jeden Monat auf, ob ein Geldüberschuss *(Überdeckung)* oder ein Geldbedarf *(Unterdeckung)* vorliegt.

Dem Liquiditätsplan sollten Neuunternehmer besonders im Zusammenhang mit der anfänglichen Durststrecke nach dem Geschäftsstart grösste Beachtung schenken. Wer in dieser Zeit zu wenig liquide Mittel oder eine ungenügende Kreditlimite besitzt, gerät schnell in arge Finanzengpässe: Er wird gemahnt, betrieben – und muss im schlimmsten Fall Konkurs anmelden. Unklug wäre es andererseits, eine Liquiditätsreserve in nie benötigtem Ausmass zu besitzen. Denn liquide Mittel auf Bank oder Post werfen nur bescheidenen Zins ab. Und sind sie mit Kapital von Dritten finanziert (siehe Seite 283), zahlt man unnötigerweise Zins.

Wie Sie die Liquidität Ihres Unternehmens in den Griff bekommen, zeigt Ihnen die Vorlage «Liquiditätsplan» auf der CD-ROM.

Die Schwierigkeit bei der Liquiditätsplanung liegt darin, dass die Kosten in der Startphase nur beschränkt absehbar sind. Daher empfiehlt es sich, mehr Ausgaben zu budgetieren, als eigentlich anfallen sollten.

Da die Existenz Ihres Unternehmens in einem grossen Ausmass von der Liquidität abhängt, sollten Sie diese ständig überwachen und sicherstellen. Man bezeichnet dies als dynamische Finanzplanung, eine der wichtigsten Aufgaben des Unternehmers. Die meisten in Konkurs geratenen Firmen sind nicht aufgrund von zu tiefem Umsatz oder Ertrag, sondern wegen mangelnder Liquidität zugrunde gegangen.

So vermeiden Sie Unterdeckung Droht eine Unterdeckung, gibt es grundsätzlich drei Möglichkeiten, um diese abzuwenden:

— Sie versuchen, schneller zu Ihrem Geld zu kommen, indem Sie zum Beispiel Ihre Rechnungen früher stellen, den Kunden eine kürzere Zahlungsfrist einräumen, Anzahlungen oder Akontozahlungen fordern.
— Sie zahlen Ihre Rechnungen später, indem Sie die Kreditlimite voll ausnützen, mit den Lieferanten längere Zahlungsfristen aushandeln oder Anschaffungen zurückstellen, die nicht dringend sind.
— Sie kürzen Ihren eigenen Lohn

So vermeiden Sie Debitorenverluste Die beste Liquiditätsplanung nützt nichts, wenn die Kunden *(Debitoren)* ihre Rechnungen zu spät oder überhaupt nicht bezahlen. Bedient ein Neuunternehmer zudem nur wenige Grosskunden, kann ein einziger zahlungsunfähiger Kunde seine Existenz gefährden. Unternehmer müssen deshalb alles daransetzen, Debitorenverluste zu vermeiden. Dazu haben sie folgende Möglichkeiten:

— Bonitätsprüfung: Prüfen Sie bei jedem grösseren Auftrag konsequent den Ruf des Auftragsgebers bezüglich Zahlungsfähigkeit und -willigkeit (siehe Kasten).
— Vorauszahlung: Stellen Sie Ihren Kunden bereits vor Erbringung der Leistung Rechnung – oder zumindest eine Teilrechnung –, sofern dies die Branchenusanz zulässt.
— Akontozahlung: Vereinbaren Sie wenn immer möglich Akontozahlungen – also Zahlungen in Raten, die sich am Fortschritt der Auftragserfüllung orientieren.
— Zahlungskontrolle: Kontrollieren Sie regelmässig die Zahlungseingänge und scheuen Sie sich nicht aus falsch verstandener Rücksichtnahme, ihre Guthaben mit höflich, aber bestimmt formulierten Mahnungen hartnäckig einzufordern.

— Betreibung: Betreiben Sie einen Kunden, wenn er trotz mehreren Mahnungen nicht zahlt. Das lohnt sich aufgrund der administrativen Aufwände allerdings nur bei grösseren Beträgen.

Der Beobachter-Ratgeber «So kommen Sie zu Ihrem Geld. Fordern, betreiben, klagen – wie Gläubiger richtig vorgehen» zeigt Ihnen nicht nur, wie Sie gegen säumige Zahler vorgehen können, sondern enthält auch viele praktische Tipps zum Vermeiden von Zahlungsproblemen (www.beobachter.ch/buchshop).

So prüfen Sie die Bonität Ihrer Kunden

Die Bonität eines neuen Kunden lässt sich etwa mit dem Einholen von Referenzen bei ehemaligen Kunden oder beim Branchenverband abklären. Aufschlussreich ist auch ein Blick ins Schweizerische Ragionenbuch, das die wichtigsten Daten aller im Handelsregister eingetragenen Firmen auflistet, oder direkt in den Handelsregisterauszug der Firma, der beim Handelsregisteramt zu beziehen ist.

Auskunft über die Bonität eines Geschäftspartners gibt auch ein Registerauszug vom zuständigen Betreibungsamt. Ein Betreibungsregisterauszug ist jedoch nur gegen Interessennachweis erhältlich. Dieser Nachweis lässt sich etwa mit einer Bestellung, Auftragsbestätigung oder einem Vertrag erbringen (ein Muster für die Anforderung des Auszugs finden Sie auf der CD-ROM).

Wichtig zu wissen: Selbst bei blanken Betreibungsauszügen ist Vorsicht geboten. Ist der betreffende Geschäftspartner erst kürzlich zugezogen, schliesst ein blanker Auszug am neuen Ort nicht aus, dass er an seinem früheren Wohnort betrieben wurde.

Genügen Ihnen diese Auskünfte nicht, können Sie sich an eine Wirtschaftsauskunftei wenden. Deren Dienste sind unterschiedlich teuer. Während eine allgemeine schriftliche oder mündliche Bonitätsauskunft für wenig Geld zu haben ist, kostet eine fundierte Einzelabklärung mit ausführlichem Bericht schnell einige hundert Franken.

Finanzierung

Der Kapitalbedarfsplan und der Liquiditätsplan haben Ihnen gezeigt, wann Sie wie viel Geld benötigen, um Ihren Betrieb aufzubauen und um zahlungsfähig zu bleiben. Aufgrund dieser Angaben geht es im nächsten Schritt darum, die Finanzierung sicherzustellen und die optimale Finanzierungsart zu bestimmen.

Es gibt grundsätzlich zwei Möglichkeiten, ein Unternehmen zu finanzieren: mit eigenem Geld *(Eigenkapital)* oder mit fremdem Geld *(Fremdkapital)*. In der Praxis werden Unternehmen meist mit Eigen- **und** mit Fremdkapital finanziert.

Auf die Frage nach dem idealen Verhältnis zwischen Eigenkapital und Fremdkapital gibt es keine allgemein verbindliche Antwort. Zwar existieren gewisse «goldene Finanzierungsregeln», doch diese berücksichtigen oft nicht die branchen- oder betriebsspezifischen Verhältnisse. Wichtiger ist, dass Sie die Unternehmensfinanzierung ganzheitlich betrachten – unter dem Gesichtspunkt der Liquidität, der Sicherheit und der Rentabilität:

Finanzierungsmöglichkeiten im Überblick

Eigenfinanzierung
- Ersparnisse (siehe Seite 278)
- Geld aus der Pensionskasse (siehe Seite 279)
- Geld aus der gebundenen Vorsorge (siehe Seite 281)

Fremdfinanzierung
- Beteiligung von Dritten (siehe Seite 283)
- Kredite von Privatpersonen (siehe Seite 284)
- Kredite von Kreditvermittlern (siehe Seite 289)
- Kredite von Banken (siehe Seite 285)
- Kredite von Lieferanten (siehe Seite 293)
- Risikokapital (siehe Seite 294)
- Factoring (siehe Seite 294)
- Leasing (siehe Seite 295)

Liquidität: Je mehr Eigenkapital Sie besitzen, desto weniger Liquiditätsengpässe haben Sie in der Regel zu befürchten. Aufzupassen gilt es, wenn teure, längerfristige Investitionen nur mit Eigenkapital finanziert werden: Das bindet unnötig flüssige Mittel und gefährdet damit möglicherweise die Liquidität des Unternehmens.

Sicherheit: Ein höherer Anteil an Eigenkapital trägt dazu bei, dass Ihr Unternehmen gegenüber Marktveränderungen und Fremdkapitalgebern weniger verletzlich wird und dadurch grössere Überlebenschancen hat.

Rentabilität: Kein Unternehmer investiert Geld, ohne einen angemessenen Ertrag zu erwarten. Das eingesetzte Kapital muss also eine entsprechende Rendite abwerfen. Ist Fremdkapital nur zu hohen Zinsen erhältlich, ist ein grosser Anteil an unverzinsbarem Eigenkapital ideal. Umgekehrt ist das Eigenkapital zu reduzieren, wenn sich mit Fremdkapital ein höherer Gewinn erwirtschaften lässt, als Zinsen dafür bezahlt werden müssen.

Viele Firmengründer haben das Ziel, ihr Unternehmen möglichst rasch mit selbst erarbeiteten Mitteln finanzieren zu können. Bis zu diesem Zeitpunkt benötigen sie alternative Finanzierungsmöglichkeiten (Übersicht siehe Kasten).

Starten Sie mit Ihrem Unternehmen auf keinen Fall, bevor die Finanzierung steht – schriftlich, mit Verträgen abgesichert. Erstellen Sie anhand der nachfolgenden Ausführungen einen Finanzierungsplan, um Finanzierungslücken zu entdecken. Dabei hilft Ihnen die Vorlage «Finanzierungsplan» auf der CD-ROM.

Eigenfinanzierung: Wie viel Eigenkapital ist nötig?

Privilegiert sind Neuunternehmer, die ihren Geschäftsstart zu hundert Prozent aus eigenen Mitteln finanzieren können. Die meisten sind anfänglich jedoch auf Fremdkapital angewiesen. Einen Eigenkapitalanteil von 20 bis 30 Prozent sollten Sie allerdings mindestens aufbringen können. Bei risikoreichem Geschäft oder hohem Investitionsaufwand muss der Prozentsatz noch höher sein.

Beurteilung der Eigenkapitalstruktur

Eigenfinanzierungsgrad	Formel	Bewertung
Eigenkapital in % des Gesamtkapitals	$\frac{\text{Eigenkapital x 100}}{\text{Gesamtkapital}}$ Beispiel: $\frac{\text{Fr. 88 000.– x 100}}{\text{Fr. 215 000.–}}$	Der Eigenfinanzierungsgrad sollte mindestens 20 bis 30 Prozent betragen; ein höherer Eigenfinanzierungsgrad bedeutet bessere finanzielle Sicherheit Beispiel: 41 %

Die Vorteile einer hohen Eigenfinanzierungsrate sind bestechend: Sie sind nicht von Dritten abhängig, die Ihnen die Höhe der Zinsen und die Dauer der Kapitalgewährung diktieren. Zudem wird Ihre Liquidität geschont, da Sie keine Fremdzinsen oder Rückzahlungen leisten müssen. Ein hoher Eigenkapitalanteil verbessert im Weiteren die Kreditwürdigkeit und erleichtert die Suche nach Fremdkapitalgebern, insbesondere bei überdurchschnittlich hohen Unternehmensrisiken.

Zur Beurteilung der Eigenkapitalstruktur dient der sogenannte Eigenfinanzierungsgrad (siehe oben stehenden Kasten). Das Eigenkapital setzt sich meist aus Ersparnissen sowie Geldern der 2. oder 3. Säule zusammen.

Ersparnisse einsetzen

Neuunternehmer investieren in der Regel einen Grossteil ihres Privatvermögens und zum Teil auch dasjenige ihrer Ehepartnerin, ihres Partners ins Unternehmen. Die Finanzierung mit eigenem Geld und eigenen Vermögenswerten ist die einfachste und günstigste Variante. Welche Möglichkeiten Sie haben, Kapital für das Unternehmen freizusetzen, sehen Sie im nebenstehenden Kasten.

Investieren sie auf keinen Fall Ihr ganzes Hab und Gut ins Unternehmen. Denken Sie auch an die Sicherheit Ihrer Familie und behalten Sie immer eine eiserne Reserve für Notfälle zurück.

Möglichkeiten der Eigenfinanzierung

Möglichkeit	Bemerkungen
Sparguthaben abheben	Auf keinen Fall sollte man alle Bankkonten und Sparhefte vollständig plündern, sondern unbedingt eine eiserne Reserve für kurzfristige Verbindlichkeiten und Notfälle stehen lassen.
Wertschriften verkaufen	Solche Verkäufe sind längerfristig mit Blick auf die Börsenentwicklung zu planen. Müssen Wertschriften überstürzt verkauft werden, besteht das Risiko, dass man in einem ungünstigen Zeitpunkt zu wenig dafür löst. Alternative: Wertschriften der Bank verpfänden (siehe Seite 291).
Wertgegenstände verkaufen	Gold, Münzen, antike Möbel, Kunstgegenstände, Luxusautos, Schmuck, die Briefmarkensammlung – alles lässt sich verkaufen. Oft ist das aber nur zu einem tiefen Preis möglich und deshalb nicht ratsam.
Versicherungspolicen auflösen	Eine vorzeitige Auflösung von Versicherungspolicen ist meist ein Verlustgeschäft und deshalb nicht zu empfehlen. Zudem entfällt dann der Versicherungsschutz. Alternative: Leistungen aus Versicherungen dem Versicherer oder der Bank verpfänden (siehe Seite 291).
Sacheinlagen einbringen	Eigenkapital können Neuunternehmer auch einbringen, indem sie Mobilien (zum Beispiel Maschinen, Computer, Software, Mobiliar, Arbeitsgeräte, Fahrzeuge, Werkzeuge) oder Immobilien (Werkstatt-, Lagergebäude, Patente, Lizenzen) beim Geschäftsstart vom Privatvermögen ins Firmenvermögen überführen. Das kann sinnvoll sein.

Pensionskassengeld beziehen

Neuunternehmer, die als AHV-rechtlich Selbständigerwerbende nicht obligatorisch der beruflichen Vorsorge (BVG) beitreten müssen – also Inhaber von Einzelfirmen, Kollektiv- oder Kommanditgesellschafter –, können beim Schritt in die Selbständigkeit ihr Guthaben aus der 2. Säule bar beziehen. Gründern von AGs oder GmbHs ist dies nicht möglich, da sie mit einem Arbeitsvertrag im eigenen Betrieb angestellt sind und deshalb nicht als Selbständigerwerbende gelten (siehe Seite 180).

Die Vorsorgeeinrichtung zahlt das Kapital jedoch nur bar aus, wenn ein Neuunternehmer seine selbständige Erwerbstätigkeit glaubhaft nachweisen kann. Sie darf Belege verlangen und bis zu einem halben Jahr mit der Auszahlung warten, um die Umgehung des ansonsten geltenden Barauszahlungsverbots zu verhindern. Geeignete Belege, um die Selbständigkeit zu beweisen, sind etwa eine Bestätigung der AHV-Ausgleichskasse oder ein Handelsregisterauszug.

Wie hoch das Freizügigkeitskapital ist, sagt Ihnen die Pensionskasse auf Anfrage. Im Minimum garantiert das Freizügigkeitsgesetz die eingebrachten Freizügigkeitsleistungen des Arbeitnehmers, seine Altersgutschriften sowie Zinsgutschriften gemäss den vorgeschriebenen Mindestzinssätzen der Vergangenheit.

Auf der CD-ROM finden Sie Muster für Ihre Korrespondenz mit der Pensionskasse («Pensionskasse Auszahlung» und «Pensionskasse Kapitalberechnung»).

Pro und Contra Bezug Für junge Geschäftsgründer kann der Bezug des Pensionskassenguthabens sinnvoll sein. Sie sollten dann aber rechtzeitig im Rahmen der 2. oder 3. Säule ihre Altersvorsorge wieder aufbauen oder bei einem späteren Verkauf ihres Unternehmens genug «Alterskapital» herauslösen können. Problematischer ist der Bezug für ältere Neuunternehmer. Zwar werden dadurch meist hohe Summen frei, gleichzeitig aber setzt man so die Altersvorsorge aufs Spiel.

Auf jeden Fall sollten Neuunternehmer beim Bezug von Pensionskassengeld daran denken, dass damit auch der Schutz gegen die

Freizügigkeitskapital später beziehen

Ihr Freizügigkeitsguthaben müssen Sie nicht zwingend beim Geschäftsstart beziehen. Sie können es sich auch später auszahlen lassen. Da es jedoch keine gesetzlichen Bestimmungen über Bezugsfristen und Bezugshöhe gibt, hat in dieser Frage jede Pensionskasse eine eigene Politik. Einige verweigern ihren Versicherten schon wenige Monate nach Aufnahme der Selbständigkeit den Bezug, andere Kassen überweisen das Geld diskussionslos auch nach drei Jahren. Gemäss Bundesamt für Sozialversicherung sollte eine Vorsorgeeinrichtung den Bezug des Freizügigkeitskapitals bis ein Jahr nach Aufnahme der Selbständigkeit anstandslos gewähren.

Risiken Invalidität und Tod entfällt und sie sich neu absichern müssen (siehe Seite 205). Ausbezahltes Freizügigkeitskapital wird zudem besteuert. Dies zwar zu einem reduzierten Satz, der von Kanton zu Kanton verschieden ist. Trotzdem kann sich das Kapital dadurch unter Umständen erheblich verkleinern. Ausserdem verliert ausbezahltes Pensionskassengeld den vom Bundesgesetz über Schuldbetreibung und Konkurs (SchKG) für Vorsorgeguthaben vorgesehenen Schutz. Das heisst: Mit der Barauszahlung wird Ihr Pensionskassenguthaben pfändbar. Die Gläubiger können also Verlustscheine aus früheren Konkursen wieder gegen Sie geltend machen.

Überlegen Sie gut, ob Sie Ihr Freizügigkeitskapital zum Aufbau Ihres Unternehmens verwenden wollen. Haben Sie damit keinen Erfolg, ist Ihre Altersvorsorge verloren.

Selbständigerwerbende, die ihr Freizügigkeitskapital bar bezogen haben, können ihre Einzelfirma, Kollektiv- oder Kommanditgesellschaft zu einem späteren Zeitpunkt ohne Weiteres in eine AG oder GmbH umwandeln – und damit wieder zum Angestellten werden. Trotzdem müssen Sie nach einer solchen Firmenumwandlung das bezogene Kapital nicht an ihre Vorsorgeeinrichtung zurückzahlen. Sie treten als Arbeitnehmer einfach der neuen Vorsorgeeinrichtung bei und beginnen bei Kontostand Null.

Geld aus der Säule 3a einsetzen

Wer ein Säule-3a-Konto bei einer Bank oder eine 3a-Police bei einem Versicherer besitzt, kann dieses Kapital bei der Aufnahme einer selbständigen Erwerbstätigkeit beziehen. Das gilt – wie beim Bezug von Kapital aus der 2. Säule – nur für Gründer von Einzelfirmen, Kollektiv- oder Kommanditgesellschaften. Das Kapital aus der gebundenen Vorsorge wird Firmengründern nur ausbezahlt, wenn sie ihre selbständige Erwerbstätigkeit nachweisen können, etwa mit einem Handelsregistereintrag oder einer Bestätigung der AHV-Ausgleichskasse. Gründer einer AG oder GmbH können als Unselbständigerwerbende ihr Kapital aus der Säule 3a frühestens fünf Jahre vor dem ordentlichen Pensionsalter beziehen.

Bei einem 3a-Bankkonto wird Ihnen das volle einbezahlte Kapital samt Zins und Zinseszinsen ausgezahlt. Wie viel das ist, sehen Sie auf dem jährlich zugestellten Vermögensauszug oder können es bei der Bank erfragen. Haben Sie das Kapital in eine 3a-Police investiert, erleiden Sie bei der Kündigung einen Rückkaufsverlust wie bei einer vorzeitig aufgelösten Lebensversicherung. Unter Umständen erhalten Sie sogar weniger Geld zurück, als Sie einbezahlt haben. Das ist insbesondere in den ersten drei Jahren eines Versicherungsvertrags der Fall. Bevor Sie Ihre Vorsorgepolice kündigen, sollten Sie sich unbedingt beim Versicherer nach dem genauen Rückkaufswert bei vorzeitiger Auflösung erkundigen. Achtung: Wird eine 3a-Police aufgelöst, entfällt auch der Versicherungsschutz.

Auf der CD-ROM finden Sie ein Muster, wie Sie die Auszahlung Ihres Guthabens veranlassen können («Säule 3a Auszahlung»).

Nach dem Bezug können Selbständigerwerbende ohne Weiteres ein neues Säule-3a-Konto eröffnen oder eine 3a-Police abschliessen – und wieder von vorne mit steuerbegünstigtem Sparen anfangen. Dieses neu angesparte Kapital lässt sich dann allerdings nicht mehr für die Finanzierung der Selbständigkeit herauslösen.

Lassen Sie Ihr Kapital beim Wechsel zur selbständigen Erwerbstätigkeit in der Säule 3a stehen, können Sie Ihr bisheriges Konto weiterhin für Beitragszahlungen benützen – sofern dies finanziell überhaupt drinliegt. Besser ist es aber, nach der Geschäftsgründung

3a-Guthaben später beziehen

Kapital der Säule 3a müssen Sie nicht zwingend beim Wechsel von der unselbständigen zur selbständigen Erwerbstätigkeit beziehen. Sie können sich das Geld auch zu einem späteren Zeitpunkt auszahlen lassen – je nach Kapitalbedarf. Allerdings müssen Sie bei einem Bezug immer das gesamte Guthaben auf einmal beziehen. Ein ratenweiser Bezug ist nicht möglich. Gewisse Finanzinstitute verlangen zudem dass das Kapital spätestens zwölf Monate nach Geschäftsstart bezogen wird. Informieren Sie sich vorgängig über die Konditionen.

ein zweites Säule-3a-Konto zu eröffnen und nur noch auf dieses Beiträge zu zahlen. Dadurch lassen sich bei einem späteren Bezug Probleme und Diskussionen mit der Bank oder den Steuerbehörden vermeiden; die Einzahlungen aus der Zeit der unselbständigen Erwerbstätigkeit sind dann unbestritten.

Bezogenes Kapital aus der Säule 3a ist beim Bund und bei den Kantonen nach speziellen Methoden und zu reduzierten Steuersätzen zu versteuern. Erkundigen Sie sich über die Höhe des Steuerbetrags beim zuständigen Steueramt; besonders, wenn Sie sich gleichzeitig Gelder aus der 2. Säule und der Säule 3a auszahlen lassen möchten.

Fremdfinanzierung: Kapital von Dritten

Fremdfinanzierung kann zweierlei heissen: Finanzierung mit Krediten von Dritten oder Finanzierung mit der Beteiligung von Dritten *(Beteiligungsfinanzierung)*. Im ersten Fall kann es sich um einen klassischen Bankkredit oder ein Darlehen von Bekannten handeln. Im zweiten Fall beteiligen sich ein oder mehrere Partner finanziell am Geschäft – etwa indem sie Aktien kaufen. Sie werden damit zu Miteigentümern und haben ein Mitbestimmungsrecht.

Die Möglichkeit einer Beteiligungsfinanzierung hängt primär von der gewählten Rechtsform des Unternehmens ab. In einer Einzelfirma beispielsweise ist ein Engagement eines Dritten nur über ein Darlehen, aber nicht durch eine Beteiligung am Eigenkapital möglich. In Kollektiv- oder Kommanditgesellschaften erfordert die Rechtsform eine Eigenkapitalbeteiligung. Und bei der AG oder GmbH besitzt der Neuunternehmer beide Möglichkeiten: Er kann das Unternehmen entweder als alleiniger Aktionär bzw. Stammanteilsbesitzer führen oder einen Teil Dritten überlassen.

In der Regel wird auch bei einer Beteiligungsfinanzierung die Finanzierung mit Krediten oder Darlehen nötig. Neuunternehmer kommen deshalb meist nicht darum herum, geeignete Kapitalgeber zu finden. In der Praxis ist das oft eine schwierige Aufgabe, vor allem bei risikoreichen Geschäften, niedrigen Gewinnaussichten und einer schmalen Eigenkapitalbasis.

Privatdarlehen

Günstiges Kapital lässt sich oft bei Eltern, Angehörigen, Freunden und Bekannten auftreiben. Diese Möglichkeit gilt es in jedem Fall zu prüfen. Nicht selten ist jemand bereit, einem Neuunternehmer einen bestimmten Betrag zu Vorzugskonditionen – im besten Fall gar zinslos – zu gewähren. Unter Umständen verlangen private Geldgeber auch keine banküblichen Sicherheiten.

Privatdarlehen haben immer eine emotionale Komponente. Was passiert, wenn Sie und der Darlehensgeber sich in die Haare geraten? Was, wenn Sie das Geld nicht mehr zurückzahlen können? Ein früher inniges Verhältnis kann dann rasch für immer zerstört sein, insbesondere wenn es zu rechtlichen Auseinandersetzungen kommt.

Darlehen sind unbedingt in einem schriftlichen Darlehensvertrag zu regeln. Dieser ist – sollte es zum Streit kommen – in der Regel das einzige Beweismittel, um Rechtsansprüche geltend zu machen. Regeln Sie im Darlehensvertrag mindestens folgende Punkte:

- Darlehenssumme
- Verzinsung (oder Vereinbarung, dass keine Verzinsung geschuldet ist) und Zinstermine
- Datum und Konditionen der Rückzahlungen
- Kündigungsfristen und -termine: Achtung: Ist zu den Kündigungsmodalitäten nichts vereinbart, kann der Darlehensgeber das Darlehen jederzeit mit einer Frist von nur sechs Wochen kündigen.

Eine Vorlage für einen privaten Darlehensvertrag, die Sie als Ausgangspunkt für Ihren eigenen nehmen können, finden Sie auf der CD-ROM.

Nicht vergessen werden dürfen die steuerlichen Aspekte eines Privatdarlehens: Der Darlehensgeber bleibt steuertechnisch im Besitz des Geldes und muss dieses wie bisher als Vermögen versteuern. Die Zinsen werden ihm als Einkommen angerechnet. Auf der anderen Seite kann der Darlehensnehmer in der Steuererklärung seine Zinszahlungen in Abzug bringen, muss aber den Namen des Darlehensgebers aufführen.

Eltern, die den Sohn oder die Tochter bei der Firmengründung finanziell unterstützen möchten, können auch einen Erbvorbezug ausrichten oder Geld schenken. Beides ist steuerpflichtig und der begünstigte Nachkomme muss – sofern nicht ausdrücklich etwas anderes vereinbart wurde – den erhaltenen Betrag nach dem Tod der Eltern mit seinem Erbe verrechnen lassen. Wichtig ist in beiden Fällen, dass keine erbrechtlichen Pflichtteile verletzt werden. Für solche Lösungen empfiehlt es sich, eine Anwältin oder einen Notar beizuziehen.

Kredite von Banken

Der Begriff Bankkredit wird in der Praxis verschieden verwendet. Im weiteren Sinn versteht man darunter die Zusicherung einer Bank an einen Kreditnehmer, ihm gegen entsprechende Verzinsung und Rückzahlung Geld auszuleihen. Je nach Bank tragen die verschiedenen Arten und Formen von Krediten und Darlehen unterschiedliche Bezeichnungen, weisen aber gleiche oder ähnliche Merkmale und Konditionen auf und erfüllen den gleichen Zweck. Der Einfachheit halber wird im Folgenden nur der Oberbegriff Kredit verwendet. Für Neuunternehmer sind grundsätzlich drei Arten von Bankkrediten von Bedeutung.

Kontokorrentkredit: Der Kontokorrentkredit ist ein Betriebskredit in Kontoform. Er dient dem laufenden Geschäfts- und Zahlungsverkehr und damit der Liquiditätssicherung. Kreditlimiten und Konditionen legt die Bank individuell fest. Der Kredit muss nicht benützt werden; das Konto kann auch ein Guthaben aufweisen. Für die Kreditbenützung zahlen Kreditnehmer Zins; bei Guthaben erhalten sie eine minimale Zinsgutschrift. Hinzu kommt eine Kommission, die meist pro Quartal erhoben wird. Sie beträgt in der Regel zwischen $^1/_8$ und $^1/_4$ Prozent auf dem höchsten oder auf dem durchschnittlich beanspruchten Kreditbetrag.

Bankdarlehen: Das Bankdarlehen wird auch als Investitions-, Darlehens- oder Gewerbekredit bezeichnet und dient zur Finanzierung des Anlagevermögens. Es wird mittel- bis langfristig gewährt und ist innerhalb einer bestimmten Zeit in Raten zu amortisieren oder bei Vertragsende auf einmal zurückzuzahlen. Je nach Vertrag werden ein fester oder variabler Zinssatz und entsprechende Kommissionen festgelegt.

Hypothekardarlehen: Bei dieser Kreditform stockt der Neuunternehmer seine Hypothek auf der Privat- oder Geschäftsliegenschaft auf und investiert das Geld in die Firma. Hypothekarkredite sind im Normalfall günstiger als ein Gewerbekredit und eignen sich als langfristige Finanzierungsmittel. Andererseits erhöhen sie die private Verschuldung.

Kreditkosten Die Kosten eines Kredits hängen von verschiedenen Faktoren ab: unter anderem vom Kreditbetrag, vom Risiko, von den Sicherheiten, vom Marktzins, von der Laufzeit, von der Zahl der Raten, vom Zeitpunkt der Rückzahlung und von den Kommissionen der Bank.

Benötigen Sie einen Bankkredit, sollten Sie unbedingt bei zwei, drei Anbietern Offerten einholen (ist je nach Bank mit Kosten verbunden). Vergleichen Sie die Angebote sorgfältig. Achten Sie dabei nicht nur auf den Zinssatz, sondern auf alle Kreditkonditionen. Versuchen Sie auf jeden Fall, bessere Bedingungen auszuhandeln.

Auflagen der Bank Wenn Ihnen eine Bank Kredit gewährt, auferlegt sie Ihnen auch Verpflichtungen. Sie dürfen beispielsweise keine Konkurrenzbank als Geschäftsbank berücksichtigen, müssen regelmässig über Ihren Geschäftsverlauf Bericht erstatten, Zwischenabschlüsse, Budgets, Bilanzen und Erfolgsrechnungen sowie Revisorenberichte einreichen.

Auflagen macht Ihnen die Bank auch bezüglich der Kreditfreigabe. Ist ein Kredit gesprochen, die Firma aber noch nicht gegründet, erhalten Sie das Geld in der Regel nicht bar auf die Hand, sondern höchstens gegen Vorweisen der Rechnungsbelege. Erst mit der Aufnahme der Geschäftstätigkeit oder mit dem Eintrag ins Handelsregister können Sie Ihren Kredit frei beanspruchen.

Wer glaubt, kleine Kredite seien einfacher zu erhalten als grössere, liegt falsch. Denn Kredite über geringe Summen sind für die Banken ein unrentables Geschäft, weil die Zinsmarge den administrativen Aufwand kaum deckt. Gerade Grossbanken lehnen tiefe Kreditlimiten in der Regel eher ab. Bessere Chancen bestehen bei Kantonal-, Raiffeisen- oder Regionalbanken.

Die Risikoeinstufung der Banken Die Risikofreude der Banken ist minim. Mit ausgeklügelten Ratingmodellen stufen sie potenzielle Kreditkunden in verschiedene Risikoklassen ein. Dabei gilt: Je höher das Risiko, desto höher der Zins. Die Ratingkriterien und die Zahl der Risikoklassen unterscheiden sich von Bank zu Bank. Beurteilt wird unter anderem die künftige Ertragskraft und Rentabilität, die Bilanz (insbesondere die Liquidität und die Eigenmittel), die Branche, das Marktumfeld, der Standort, die Marktposition, das Management und die Rechtsform (ein Beispiel sehen Sie auf der nächsten Seite).

Erkundigen Sie sich in Kreditgesprächen nach den Kriterien der Bank und nach Ihrem persönlichen Rating. Lassen Sie sich die Gründe für die Einstufung erklären und aufzeigen, wie Sie Ihr Rating verbessern können. Betrachten Sie ein bankinternes Rating zu Beginn Ihrer Selbständigkeit nicht als eine für immer gültige Beurteilung. Banken überprüfen ihr Rating regelmässig – und ändern es je nach Unternehmenssituation zu Ihren Gunsten oder Ungunsten. Setzen Sie also alles daran, Ihr Kreditrating laufend zu verbessern.

Kredite von alternativen Banken Zwei Banken, die sich in ihrer Geschäftspolitik von herkömmlichen Instituten abgrenzen und auch andere Kriterien für die Vergabe von Krediten kennen, sind die Alternative Bank ABS in Olten und Lausanne sowie die Freie Gemeinschaftsbank BCL in Basel. Beide unterstehen dem schweizerischen Bankengesetz und der Aufsicht der eidgenössischen Bankenkommission. Diese Banken unterstützen mit unterschiedlichsten Krediten und zum Teil mit Vorzugszinsen vorwiegend gemeinnützige, kulturelle, soziale und ökologische Geschäftsprojekte sowie ethisches und nachhaltiges Wirtschaften. Unterstützte Projekte sind in den Jahresberichten publiziert. Auch bei den alternativen Banken ist die Kredit-

Kundenrating am Beispiel der Credit Suisse

Kundenrating	Beschreibung
CR01 – CR04	**Geringstes Risiko** Der Kreditnehmer verfügt über eine hervorragende Bonität und ist in der Lage, schwerste ungünstige Entwicklungen zu absorbieren.
CR05 – CR06	**Sehr geringes Risiko** Der Kreditnehmer verfügt über eine sehr gute Bonität und ist in der Lage, schwere ungünstige Entwicklungen zu absorbieren.
CR07 – CR10	**Geringes Risiko** Der Kreditnehmer verfügt über eine gute Bonität und ist in der Lage, ungünstige Entwicklungen zu absorbieren.
CR11 – CR13	**Mittleres Risiko** Der Kreditnehmer verfügt über eine genügende Bonität, um kommende, unerwartete negative Entwicklungen zu absorbieren; kreditgefährdende Änderungen sind nicht zu erwarten.
CR14 – CR16	**Hohes Risiko** Der Kreditnehmer verfügt über eine limitierte Bonität, um kommende, unerwartete negative Entwicklungen zu absorbieren; Gefahr des Zahlungsverzugs.
CR17 – CR18	**Sehr hohes Risiko** Der Kreditnehmer verfügt über eine sehr limitierte Bonität, um kommende, unerwartete negative Entwicklungen zu absorbieren; stark anfällig für Zahlungsverzug; Vertragsverletzung, Kreditkündigung, Kapitalverlust, Überschuldung, Betreibungsbegehren bzw. Insolvenzerklärung des Schuldners sind zu erwarten.

Quelle: Credit Suisse / Moody's / Standard&Poor's, 2008

vergabe von der Bonität der Gesuchsteller abhängig und von den Sicherheiten, die sie bieten können.

Geschäften mit der WIR Bank Die WIR Bank definiert sich als Mittelstandsbank mit Schwerpunkt KMU. Sie untersteht dem schweizerischen Bankengesetz und der Aufsicht der eidgenössischen Bankenkommission. Die WIR Bank stellt den WIR-Teilnehmern gegen

> **Hände weg**
>
> Abzuraten ist von unbekannten Darlehens- und Kreditvermittlern, die in der Boulevardpresse und zum Teil auch in seriösen Tageszeitungen unter der Rubrik «Finanzdienstleistungen» inserieren. Wer sich auf ihr Inserat meldet, zahlt erst einmal für mehr oder weniger unbrauchbares Informationsmaterial eine saftige Gebühr. Wer darauf weiterhin an einem Kredit interessiert ist, muss zusätzliche Informationen anfordern – und wiederum teuer bezahlen. Geld wird natürlich nie ausbezahlt. Ein zweiter Trick: Der Kreditinteressierte erhält eine provisorische Kreditzusage und wird um eine nicht rückforderbare Anzahlung oder Provision gebeten. Auch wer diese bezahlt, erhält kaum je einen Kredit – weil die nachträgliche Prüfung meist ergibt, dass das Kreditrisiko zu hoch ist.

bankübliche Sicherheiten kostengünstige Kredite zur Verfügung. Das Spezielle dabei ist, dass der Zahlungsverkehr zwischen WIR-Kunden zu einem bestimmten Prozentsatz zwingend mit WIR-Geld abgewickelt werden muss. Das soll die Geschäftstätigkeit unter den WIR-Kunden ankurbeln, denn woanders hat das WIR-Geld ja keinen Wert. Und hier liegt gleichzeitig das Problem: Einerseits können Sie WIR-Geld nicht verflüssigen, was Sie in Liquiditätsschwierigkeiten bringen könnte. Andererseits besteht das Risiko, dass Sie das virtuelle Geld mangels Akzeptanz in Ihrer Branche nicht umsetzen können oder bei einem Geschäftspartner, der WIR akzeptiert, teurer einkaufen müssen als beim Konkurrenten ohne WIR.

Wenn Sie an diesem Zahlungssystem interessiert sind, sollten Sie sich in Ihrer Branche erkundigen, wie WIR akzeptiert ist und ob die Lieferanten WIR-Guthaben als Zahlungsmittel annehmen.

Sicherheiten für Bankkredite

Bevor eine Bank Kredit gewährt, prüft sie die Kreditfähigkeit und Kreditwürdigkeit des Gesuchstellers. Unter dem Stichwort Kreditfähigkeit werden die wirtschaftlichen Kriterien des Geschäftsprojekts, wie sie im Businessplan aufgeführt sind, überprüft: etwa die Markt- und Konkurrenzsituation, die Erfolgsaussichten, die Plausibilität der

Berechnungen sowie die finanziellen Verhältnisse der massgebenden Person(en).

Bei der Kreditwürdigkeit geht es um die Person des Neuunternehmers: um seine Ausbildung, den Werdegang, um Berufs- und Markterfahrung, Marktkenntnisse, aber auch um seinen Ruf, Charakter, seine Vertrauenswürdigkeit und Zahlungsmoral, seine familiären Verhältnisse und um die Identifikation mit seinem Geschäft. Auch die Rechtsform des Unternehmens kann zur Kreditwürdigkeit beitragen – zum Beispiel wenn sich mehrere vermögende Personen an einer Kollektivgesellschaft beteiligen.

Ist ein Kreditnehmer einer Bank nicht schon als Kunde bekannt, wird sie zusätzliche Abklärungen zu seiner Person vornehmen, die den Entscheid wesentlich beeinflussen können: Sie holt etwa Referenzauskünfte bei anderen Banken, bei der Zentralstelle für Kreditinformation (ZEK), bei früheren Arbeitgebern und anderen Referenzpersonen ein. Zudem verlangt sie normalerweise einen aktuellen Auszug aus dem Betreibungsregister und möglicherweise sogar einen Strafregisterauszug. Einigen Banken reicht dies noch nicht. Sie verlangen insbesondere von Gründern einer AG oder GmbH, dass sie sich als Privatperson solidarisch für ihre Firma verbürgen.

Kaum ein Neuunternehmer erhält einen Blankokredit. Er wird der Bank Sicherheiten bieten, bzw. verpfänden müssen (gedeckter Kredit). Bei der Verpfändung erhält der Gläubiger – in diesem Fall die

Mögliche Sicherheiten für Bankkredite

Sicherheit	Beschreibung
Immobilien	Die Bank erhält eine Sicherstellung durch einen Schuldbrief oder eine Grundpfandverschreibung. Die Belehnungshöhe richtet sich nach der Verkehrswertschatzung der Bank. Bei Ein- und Mehrfamilienhäusern sind das rund 65 Prozent für die erste Hypothek und bis zu 80 Prozent für die zweite Hypothek. Bei Gewerbe-, Fabrik- und Geschäftsliegenschaften wird die Belehnungsgrenze tiefer angesetzt. Ferienhäuser und -wohnungen werden bis zu 66 Prozent belastet.
Bauland	Eingezontes und erschlossenes Bauland wird von den Banken bis zu 50 Prozent des Marktwerts belehnt. Je besser bzw. nachgefragter die Lage des Baulands, desto höher die Belehnungsgrenze.

Sicherheit	Beschreibung
Feste Geldanlagen	Für eine bestimmte Zeit fest gebundenes Vermögen lässt sich verpfänden. Dazu gehören Kassenobligationen (bis 95 Prozent) oder Festgeldanlagen (bis 95 Prozent).
Wertschriften	Die Belehnungshöhe in Prozent des Kurs- bzw. Verkehrswerts der einzelnen Wertschriftenarten variiert beträchtlich. Je besser die Qualität der Anlage, desto höher die Belehnung: Aktien 0 bis 60 Prozent, Obligationen 0 bis 80 Prozent, Anlagefonds 0 bis 80 Prozent.
Edelmetalle	Dazu zählen etwa Vermögensanlagen in Gold, Silber oder Platin. Sie werden je nach Marktsituation zwischen 0 und 60 Prozent belehnt.
Lebensversicherungen	Auch Ansprüche aus Lebensversicherungen lassen sich verpfänden. Der Wert der Sicherheit hängt vom Rückkaufswert ab; die Belehnung beträgt in der Regel 90 Prozent davon. Falls ein Neuunternehmer schon eine rückkaufsfähige Lebensversicherung besitzt, verlangt die Bank eine Anpassung der Versicherungssumme an die Höhe der Kreditsumme. Bestehen keine Versicherungen, ist ein neuer Abschluss erforderlich. Als Zusatzdeckung über den vollen Kreditbetrag verlangen die Banken oft eine Todesfallrisikoversicherung.
Abtretung von Kundenguthaben (Zessionskredit)	Beim Zessionskredit tritt der Unternehmer sämtliche gegenwärtigen und künftigen aus dem Geschäftsbetrieb entstehenden Kundenforderungen (Debitorenguthaben) der Bank ab. Die Kundenforderungen werden unterschiedlich hoch belehnt, in der Regel zwischen 30 und 70 Prozent des Forderungsbetrags. Die Bank hat dann jederzeit das Recht, dem Forderungsschuldner mitzuteilen, dass er nur noch an sie bezahlen darf (Notifikation). Solange die Zusammenarbeit zwischen der Bank und dem Unternehmer sich im Rahmen der vertraglichen Abmachungen bewegt, verzichtet die Bank normalerweise auf Zusehen hin auf eine Notifikation, da eine solche Massnahme für den Unternehmer kreditschädigend wirkt.
Drittpfandbestellung	Eine Drittperson (zum Beispiel Eltern, Geschwister oder Bekannte) verpflichtet sich in einem Pfandvertrag, dem Neuunternehmer als Deckung für einen gewährten Kredit ein Pfand zu bestellen (Wertschriften, Schuldbriefe). Kommt der Neuunternehmer seinen Zahlungsverpflichtungen nicht nach, kann die Bank dieses Pfand verwerten.
Bürgschaften	Der Bürge verpflichtet sich in einem Bürgschaftsvertrag, bei Zahlungsunfähigkeit des Kreditnehmers bis zu einem bestimmten Betrag für dessen Schulden gegenüber den Gläubigern aufzukommen. Bürgschaften werden in der Regel von Familienmitgliedern, Bekannten oder von Bürgschaftsgenossenschaften übernommen (siehe nächste Seite).

Bank – das Recht, das Pfand zu verwerten, sofern der Schuldner seinen Zahlungsverpflichtungen nicht nachkommt. Welche Sicherheiten die Banken unter anderem akzeptieren, sehen Sie in der Tabelle auf den vorangehenden Seiten.

Einfache und Solidarbürgschaft Die zwei wichtigsten Arten von Bürgschaften sind die einfache und die Solidarbürgschaft: Bei der einfachen Bürgschaft kann sich der Gläubiger erst an den Bürgen wenden, wenn der Hauptschuldner erfolglos betrieben wurde. Bei der Solidarbürgschaft darf der Bürge schon belangt werden, wenn der Schuldner erfolglos gemahnt wurde. Banken verlangen meist eine Solidarbürgschaft.

Bürgschaftsverträge können nicht einseitig aufgelöst werden. Privatpersonen ist deshalb wegen der Haftungsrisiken von Bürgschaften an Dritte abzuraten. Neuunternehmer, die einen privaten Bürgen suchen, sollten sich ebenfalls gut überlegen, ob sie einem Familienmitglied, Freund oder Bekannten tatsächlich ein derartiges Risiko aufbürden wollen.

Eine Alternative zu privaten Bürgen bieten Bürgschaftsgenossenschaften. Diese helfen dem Kleingewerbe bei der Kreditaufnahme, indem sie gegenüber Kantonal-, Regional- und Raiffeisenbanken Kredite und Darlehen verbürgen. Eine Bürgschaftsgenossenschaft prüft Gesuche nach ähnlichen Kriterien wie die Bank einen Kreditantrag. Diese Prüfung ist aber nicht kostenlos. Ausserdem verlangen die Genossenschaften eine Risikoprämie auf der geschuldeten Summe (Adressen von Bürgschaftsgenossenschaften finden Sie auf der CD-ROM).

Gegenüber Kapitalgebern richtig auftreten

Gegenüber potenziellen Kapitalgebern oder Beteiligungspartnern müssen Sie überzeugend auftreten. Diese wollen keine euphorischen Ausführungen hören, sondern einen fundierten Businessplan mit realistischen Zahlen sehen, dessen Inhalt sie überzeugt und der nachvollziehbar aufzeigt, dass sie ihr Geld nicht in den Sand setzen (mehr zum Businessplan auf Seite 103). Das bedingt eine seriöse Vorbereitung. Idealerweise senden Sie dem Gesprächspartner die nötigen Unterlagen vor dem Treffen zu, damit er sich vorbereiten kann.

Im Gespräch müssen Sie überzeugend argumentieren, auf kritische Fragen eingehen und diese plausibel entkräften können – und dabei einen kompetenten Eindruck hinterlassen. Oberstes Gebot bei Kreditgesprächen ist Offenheit und Ehrlichkeit. Sprechen Sie deshalb auch über mögliche Probleme und Risiken, präsentieren Sie aber gleichzeitig sinnvolle Wege, wie Sie den Schwierigkeiten begegnen und sie in den Griff bekommen wollen. Eine transparente Informationspolitik ist die Basis für eine fruchtbare Zusammenarbeit.

Haben Sie einen Treuhänder oder Berater, nehmen Sie diesen am besten zum Kreditgespräch mit. Er kann Sie mit seiner Fachkompetenz in der Diskussion unterstützen.

Die Checkliste «Bankgespräch» auf der CD-ROM hilft Ihnen, sich auf das Gespräch mit der Bank oder anderen Kapitalgebern vorzubereiten.

Lieferantenkredite

Der Lieferantenkredit ist zwar der bequemste Kredit, aber er lohnt sich kaum. Er entsteht, indem der Unternehmer bezogene Waren oder Dienstleistungen erst nach einer gewissen Frist – in der Regel nach 30 Tagen – bezahlen muss. Was dabei vielfach nicht realisiert wird: Der Lieferantenkredit ist schnell unverschämt teuer. Wenn Sie zum Beispiel Ihre Rechnung erst nach 30 Tagen bezahlen – statt nach 10 mit 3 Prozent Skonto –, akzeptieren Sie eine effektive Jahresverzinsung von 54 Prozent (Berechnung siehe Kasten).

Verzichten Sie deshalb wenn möglich auf Lieferantenkredite und profitieren Sie konsequent von Skonto und Rabatt. Ein innerhalb der Skontofrist beanspruchter Bankkredit ist in jedem Fall günstiger.

So wird der Jahreszinssatz berechnet

$$\text{Jahreszinssatz} = \frac{\text{Skontosatz in \% x 360}}{\text{Zahlungsziel netto – Skontofrist (in Tagen)}}$$

Risikokapital als Alternative

Für grössere Projekte kann Risikokapital *(Venture-Capital)* eine Alternative zum herkömmlichen Kredit sein. Dabei stellen Risikokapitalgeber jungen Firmen Geld in Form von Eigenkapital – als Beteiligung am Aktienkapital – zur Verfügung und teilen dann mit der Firma Risiko und Erfolg. Risikokapitalgeber spielen meist nicht nur die Rolle passiver Investoren, sondern bringen als Partner auch ihr Know-how ein. Sie verlangen für ihre Beteiligung weder bankübliche Sicherheiten noch Zinsen noch die Auszahlung einer regelmässigen Dividende. Dafür ist ihre Beteiligung zeitlich beschränkt (vier bis sieben Jahre) und sie erwarten eine kräftige Wertsteigerung der Aktien. Denn das ist das Ziel solcher Kapitalgeber: Mit einer befristeten Investition eine höhere Rendite zu erzielen, als dies in der gleichen Zeit mit anderen Wertpapieren möglich gewesen wäre.

In der Schweiz wird Venture-Capital nur von Grossbanken oder spezialisierten bankähnlichen Instituten, privaten Investoren und professionellen Venture-Capital-Gesellschaften angeboten (Adressen siehe CD-ROM). Interessiert sind diese ausschliesslich an Firmen mit hohem Wachstums- und Gewinnpotenzial, die innovative Produkte, Technologien oder Dienstleistungen besitzen und von ausgewiesenen Managern geführt werden. Ausserdem geht es bei Venture-Capital-Finanzierungen grundsätzlich um Beteiligungen von über einer halben Million Franken und um Umsatzpotenziale in der Höhe von zweistelligen Millionenbeträgen.

Finanzierung mit Factoring

Als Finanzierungsinstrument wird Factoring immer beliebter – es setzt jedoch voraus, dass ein Unternehmen bereits über einen breiten Kundenstamm und entsprechend viele Aufträge verfügt. Denn beim Factoring tritt der Unternehmer seine Guthaben gegenüber seinen Kunden einer Factoring-Gesellschaft (Factor) ab und erhält dafür unverzüglich die Guthaben abzüglich eine Gebühr ausbezahlt. Je nach Factoring-Vertrag übernimmt der Factor nur das Inkasso- und Mahnwesen oder auch das sogenannte Delkredererisiko – also das Risiko, dass einige Kunden zu spät oder gar nicht bezahlen. In der Schweiz gibt es lediglich ein paar wenige seriöse Gesellschaften, die Factoring anbieten, insbesondere für den Konsumgüter- und Dienstleistungsbereich.

Mit Factoring erleiden Unternehmer weder Zins- noch Debitorenverluste, können sämtliche Lieferantenskonti voll ausnützen, entlasten sich von administrativen Aufgaben und vermeiden Liquiditätsengpässe. Der Factor verlangt für seine Arbeit in der Regel eine Umsatzkommission zwischen 0,5 und 2 Prozent. Die Höhe hängt unter anderem ab von den beanspruchten Dienstleistungen, vom Verkaufsgebiet des Unternehmers (Inland, Ausland), vom Jahresumsatz, der Zahl der Rechnungen und der Übernahme des Delkredererisikos. Einzelne Factors verlangen bedeutend höhere Kommissionen, zahlen dafür aber dem Unternehmen Kundenforderungen teilweise sofort und zu über 90 Prozent aus. Die genauen Bestimmungen sind im Factoring-Vertrag enthalten. Dieser ist nicht im Obligationenrecht geregelt, sondern besteht aus verschiedenen Vertragstypen. Üblicherweise weist er eine unbegrenzte Laufzeit und eine relativ lange Kündigungsfrist auf.

Ob Factoring gegenüber einem konventionellen Bankkredit günstiger ist, lässt sich erst sagen, wenn Erfahrungswerte aus der Debitorenbuchhaltung vorliegen. Factoring dürfte sich vor allem für Neuunternehmer mit stark expandierenden Firmen eignen, die ihr Umsatzwachstum nicht mit eigener Liquidität oder Bankkrediten finanzieren können und sich gegen Debitorenverluste im In- und Ausland absichern wollen.

Leasing als Finanzierungsinstrument

Leasing ist ein alternatives und ergänzendes Finanzierungsinstrument. Es ermöglicht Neuunternehmern eine fast hundertprozentige Fremdfinanzierung. Vereinfacht gesagt ist Leasing eine Gebrauchsüberlassung gegen Entgelt. Leasen lässt sich heute fast alles.

Neuunternehmer sind einerseits mit dem Leasen von Personen- und Nutzfahrzeugen und andererseits mit dem sogenannten Investitionsgüterleasing konfrontiert, das heisst mit dem Leasen von Industrie- oder Büromaschinen, IT-Systemen, Werkstatteinrichtungen,

Telefonanlagen, Büromobiliar oder technischen Anlagen. Als Neuunternehmer, als Firmengründerin müssen Sie sich grundsätzlich überlegen, ob Sie solche Dinge teuer kaufen und besitzen oder nur benutzen wollen. Oder anders gesagt: Ob Sie Ihr Kapital für gewinnbringendere Zwecke verwenden wollen, ohne Ihre Liquidität zu verschlechtern.

Anders als beim konventionellen Investitionskredit einer Bank, mit dem der Unternehmer einen Gegenstand kauft und besitzt, bleibt beim Leasing das Objekt während der gesamten Vertragsdauer Eigentum der Leasinggesellschaft. Die Risiken, die mit dem geleasten Objekt und seiner Nutzung entstehen, trägt aber normalerweise trotzdem der Unternehmer. Dasselbe gilt für Unterhalt, Wartung und allfällige Reparaturen. Die entsprechenden Bestimmungen werden in einem Leasingvertrag vereinbart. Es gibt zwei Arten von Leasingverträgen:

Operatives Leasing: Hier kann der Leasingnehmer den Vertrag nach einer kurzen Grundmietzeit von einigen Monaten kündigen. In der Leasingrate sind dann meist auch Serviceleistungen eingeschlossen.

Klassisches Finanzierungsleasing: Hier sind zwei- bis sechsjährige Verträge üblich. Sie sind für beide Vertragsparteien unkündbar. In dieser Zeit amortisiert der Leasingnehmer das geleaste Objekt durch seine Ratenzahlungen nahezu vollständig (Vollamortisations-

Direktes und indirektes Leasing

Man unterscheidet zwei Arten von Leasing: direktes und indirektes. Beim indirekten Leasing, der gebräuchlicheren Art, kauft eine Leasinggesellschaft – in aller Regel die Tochtergesellschaft einer Bank – das vom Leasingnehmer gewünschte Leasingobjekt bei einem von ihm bestimmten Lieferanten. Sie überlässt es ihm für einen bestimmten Zeitraum und unter klar definierten Bedingungen zur Nutzung. Der Leasingnehmer bezahlt dafür der Leasinggesellschaft eine Abschlussgebühr und periodisch eine zum Voraus festgesetzte Leasingrate (Zins plus Amortisation). Beim direkten Leasing sind nicht drei, sondern nur zwei Parteien eingeschaltet: der Hersteller oder Händler des geleasten Objekts und der Leasingnehmer.

vertrag) oder nur zu einem bestimmten Teil (Teilamortisationsvertrag). Bei Vertragsende kann er dann das geleaste Objekt entweder zum Restwert erwerben, an die Leasinggesellschaft zurückgeben, zu reduzierten Raten weiterleasen oder ein neues Objekt leasen.

Gründe für ein Leasing Gerade für rasch expandierende kleinere Unternehmen mit begrenzten Verschuldungsmöglichkeiten ist Leasing oft die einzige echte Finanzierungsalternative. Weitere Gründe, die für ein Leasing sprechen:

— Dank Leasing können Sie teure Maschinen oder Einrichtungen nutzen, die ständig dem neusten technischen Stand entsprechen.
— Sie beanspruchen weder Ihr Eigenkapital noch Ihren Bankkredit oder müssen diesen nicht bis an die Limite ausschöpfen.
— Sie schonen im Vergleich mit einem Barkauf Ihre Liquidität.
— Sie reduzieren dank der relativ kurzen Vertragsdauer das Risiko einer Fehlinvestition, das immer besteht, wenn Sie eine grössere Anschaffung tätigen.
— Sie können dank den fixen Leasingzinsen leichter budgetieren und kalkulieren.
— Sie vermeiden komplizierte Abschreibungsberechnungen per Ende Jahr, denn Leasingzinsen werden als Aufwand verbucht.

Ob Leasing gegenüber einem herkömmlichen Bankkredit Vorteile bietet, lässt sich nicht generell beantworten. Zu unterschiedlich sind die Ausgangslage, Finanzsituation, die Betriebsverhältnisse und Bedürfnisse des Neuunternehmers. Hinzu kommt die nicht vorhersehbare Zinsentwicklung. Sinkt das allgemeine Zinsniveau, profitiert der Leasingnehmen mit seinen fixen Zinsen nicht davon. Leasing kann auch wegen restriktiver Vertragsbestimmungen unattraktiv sein, etwa wenn Änderungen am Leasingobjekt untersagt und Standort oder Nutzung vorgeschrieben sind.

Holen Sie mehrere Offerten mit Vertragsmustern ein und vergleichen Sie die Angebote. Adressen von Leasinggesellschaften finden Sie unter www.leasingverband.ch. Lassen Sie von einer Fachperson berechnen, ob Sie mit Leasing oder einem klassischen Bankkredit günstiger fahren.

Buchhaltung

Kein Unternehmen wird langfristig Erfolg haben, wenn es die Buchhaltung vernachlässigt. Einerseits liefert das Rechnungswesen Informationen, wie es um das Unternehmen finanziell steht. Andererseits erleichtert eine saubere Buchhaltung die finanzielle Führung und liefert wichtige Grundlagen für strategische Entscheide.

Wie die Buchhaltung im Minimum auszugestalten ist, regelt das schweizerische Obligationenrecht (OR). Das OR verlangt, dass alle Unternehmen, die ins Handelsregister eingetragen sind, auch eine Buchhaltung führen müssen. Ins Handelsregister einzutragen haben sich grundsätzlich alle Unternehmen, die dauerhaft Gewinn erzielen wollen und deren Jahresumsatz über 100 000 Franken liegt (siehe Seite 175).

Das OR verlangt, dass Bilanz und Erfolgsrechnung nach allgemein anerkannten kaufmännischen Grundsätzen aufgestellt werden und einen möglichst sicheren Einblick in die wirtschaftliche Lage der Firma geben (Art. 958 OR). Das heisst: Im Handelsregister eingetragene Unternehmen müssen zwingend eine doppelte Buchhaltung führen. Ausserdem dürfen gemäss OR die Aktiven in der Bilanz, wie etwa Maschinen und Fahrzeuge, nicht überbewertet werden – unterbewertet hingegen schon, so lange dadurch die wirtschaftliche Lage des Unternehmens nicht völlig falsch dargestellt wird (Art. 960 OR).

Für AGs und GmbHs gelten zusätzlich zu den allgemeinen Bestimmungen detaillierte Gliederungs- und Bewertungsvorschriften (Art. 662 ff. OR).

Eröffnungsbilanz

Im vorangehenden Teil haben Sie festgelegt, wie Sie Ihren Betrieb finanzieren wollen. Nun folgt der letzte Schritt im Finanzierungskonzept: das Erstellen der Eröffnungsbilanz. Im Vergleich zu den bisherigen Arbeiten ist dies keine Hexerei. Es gilt, bereits erarbeitete

Grössen zusammenzutragen und sie in buchhalterischer Form aufzuführen (siehe unten stehendes Beispiel). Die Bilanz ist eine Gegenüberstellung des Vermögens *(Aktiven)* und der Schulden *(Passiven)* eines Unternehmens.

Die **Aktivseite** besteht aus dem Umlauf- und Anlagevermögen und zeigt auf, wie die verfügbaren Mittel einer Firma angelegt sind. Zum Umlaufvermögen gehören insbesondere die flüssigen Geldmittel in der Kasse, auf der Bank und dem Postcheckkonto, die Guthaben bei Kunden *(Debitoren)* sowie der in Franken ausgedrückte Wert von gelagerten Waren und Materialien. Zum Anlagevermögen zäh-

Eröffnungsbilanz per 1. 1. 2008

Aktiven (Vermögen)	Franken	%	Passiven (Schulden)	Franken	%
Umlaufvermögen			Kurzfristiges Fremdkapital		
– Liquide Mittel (Kasse, Post)	10 000	5	– Bank (Kontokorrent)	15 000	7
– Debitoren	5 000	2	– Kreditoren	7 000	3,5
– Wertschriften (Aktien, Obligationen)	20 000	9	– Privatdarlehen Bruder	5 000	2,5
– Betriebsmaterial	2 000	1			
– Software	25 000	12			
Total Umlaufvermögen	**62 000**	**29**	**Total kurzfristiges Fremdkapital**	**27 000**	**13**
Anlagevermögen			Langfristiges Fremdkapital		
– EDV-Anlage	75 000	35	– Privatdarlehen Eltern (mittelfristig)	20 000	9
– Bürogeräte (Kopierer, Telefonanlage usw.)	18 000	8	– Bankdarlehen (langfristig)	80 000	37
– Büromobiliar	22 000	10			
– Fahrzeuge (PW)	38 000	18			
Total Anlagevermögen	**153 000**	**71**	**Total langfristiges Fremdkapital**	**100 000**	**46**
			Total Eigenkapital*	**88 000**	**41**
Bilanzsumme	**215 000**	**100**	**Bilanzsumme**	**215 000**	**100**

* Bei einer Kollektivgesellschaft, an der mehrere Partner beteiligt sind, wird das Eigenkapital für jeden Partner einzeln aufgeführt. Bei einer AG oder GmbH wird der Begriff Eigenkapital durch Aktienkapital bzw. Stammkapital ersetzt.

len die Werte der Mobilien (Maschinen, Werkzeuge, Mobiliar, Fahrzeuge), der Immobilien und der immateriellen Güter wie Patente oder Lizenzen.

Die **Passivseite** besteht aus dem Fremd- und Eigenkapital und zeigt, wie hoch die Schulden des Unternehmens sind und wer der Firma Kapital zur Verfügung stellt. Beim Fremdkapital, das dem Unternehmen von Dritten geliehen wird, unterscheidet man zwischen kurz- und langfristigem Fremdkapital. Zum kurzfristigen Fremdkapital zählen alle Forderungen, die innerhalb der nächsten zwölf Monate fällig werden – unter anderem die Schulden bei den Lieferanten (Kreditoren) sowie die eigenen kurzfristigen Schulden bei der Bank (Kontokorrent). Unter das langfristige Fremdkapital fallen die Schulden, die erst nach einem Jahr oder später fällig werden, etwa Darlehen und Hypotheken.

Sind alle Werte in der Eröffnungsbilanz eingetragen, lässt sich nun das **Eigenkapital** berechnen: Dazu werden vom Vermögen (Aktivseite) die Schulden (Passivseite) abgezogen. Die Differenz ergibt das Reinvermögen bzw. das Eigenkapital. Das Eigenkapital kommt auf die Passivseite zu stehen. Dadurch entspricht das Total aller Aktiven immer dem Total aller Passiven *(Bilanzsumme)*.

Mit der Vorlage «Eröffnungsbilanz» auf der CD-ROM haben Sie Ihre eigene Bilanz rasch erstellt.

Am Ende des ersten Geschäftsjahrs erstellen Sie nach demselben Schema die Jahresbilanz und dazu die Erfolgsrechnung. Spätestens dann werden Sie merken, ob Ihre Kenntnisse ausreichen, um die eigene Buchhaltung zu führen.

Instrumente der Buchhaltung

Zu den vorgeschriebenen Instrumenten für buchführungspflichtige Unternehmen gehören das Inventar, die Anfangs- und Schlussbilanz und die Erfolgsrechnung. Bei AGs und GmbHs kommt noch der Jahresbericht mit Anhang hinzu.

Inventar: Im Inventar sind alle Vermögenswerte und Schulden einer Firma für einen bestimmten Zeitpunkt detailliert aufgelistet.

Aus dieser Auflistung wird ersichtlich, was sich hinter den einzelnen zusammengefassten Bilanzkonten, etwa «Mobilien», verbirgt.

Bilanz: Die Bilanz basiert auf dem Inventar. Sie besteht in einer Gegenüberstellung von Vermögen und Schulden des Unternehmens (Aktiven und Passiven).

Erfolgsrechnung: In der Erfolgsrechnung werden am Ende des Geschäftsjahrs alle Aufwände und Erträge einander gegenübergestellt. Ist der gesamte Aufwand kleiner als der Ertrag, resultiert ein Reingewinn in der Erfolgsrechnung – im andern Fall ein Verlust.

Jahresbericht mit Anhang: Der Jahresbericht wird vom Vorstand des Unternehmens geschrieben. Er fasst das abgelaufene Jahr zusammen und muss an der Generalversammlung von den Teilhabern abgenommen werden. Dazu gehört auch ein Anhang, der zusätzliche Angaben zur Finanz-, Vermögens- und Ertragslage des Unternehmens enthält, die in der Bilanz oder Erfolgsrechnung nicht ersichtlich sind.

Die Erfolgsrechnung zeigt nur den gesamthaften Gewinn oder Verlust eines Unternehmens auf. Stellen Sie aber beispielsweise mehrere Produkte her und möchten wissen, wie der Erfolg jedes einzelnen aussieht, müssen Sie eine Kostenrechnung vornehmen. Dabei werden die anfallenden Kosten auf die einzelnen Produkte – Kostenträger genannt – umgelegt. Erst jetzt lässt sich errechnen, wie gut ein Produkt rentiert.

Kennzahlen

Im Rechnungswesen existieren unzählige Kennzahlen. Diese werden meist aufgrund einer Formel berechnet und geben Auskunft über die finanzielle Vitalität eines Unternehmens.
Die Praxis zeigt, dass es meist nicht sinnvoll ist, mehr als sechs Kennzahlen zu errechnen. Oft gebrauchte sind beispielsweise: Cashflow, Verschuldungsfaktor, Liquiditätsgrad, Kapitalrenditen, Umsatzrenditen, Eigen- und Fremdfinanzierungsgrad, Anlagedeckungsgrad sowie die Intensität des Anlage- und Umlaufvermögens. Wer Kennzahlen zu seinem Unternehmen berechnen will, vertieft sich am besten in die einschlägige Fachliteratur.

Buchhaltung führen

Ob Neuunternehmer ihre Buchhaltung selbst erledigen oder an eine interne oder externe Fachkraft vergeben, hängt von der Grösse des Unternehmens, den vorhanden Fachkompetenzen im Unternehmen und den Finanzen ab. Um Kosten zu sparen, übernimmt in kleineren Betrieben meist der Unternehmer selbst die Rechnungsführung oder übergibt sie seiner Lebenspartnerin.

Viele Neuunternehmer übergeben ihre gesamte Buchhaltung oder einen Teil der buchhalterischen Arbeiten – etwa den Jahresabschluss – einem Treuhänder. Gerade beim Jahresabschluss braucht es fundierte Buchhaltungskenntnisse, etwa bezüglich Rückstellungen, stillen Reserven oder Abschreibungen. Die vollständige oder teilweise Auslagerung an eine externe Fachperson kommt per Saldo unter Umständen günstiger zu stehen, als wenn sich der Firmeninhaber stundenlang selbst mit der Buchhaltung beschäftigt und in dieser Zeit nicht produktiv für das Unternehmen arbeiten kann.

Trotzdem gilt: Auch wenn Ihnen das Thema Buchhaltung ein Gräuel ist, sollten Sie sich damit auseinandersetzen. Kaufen Sie sich Fachliteratur oder besuchen Sie einen Buchhaltungskurs. Sonst verlieren Sie schnell den Überblick über die eigenen Finanzen und sind in diesem zentralen Bereich der Unternehmensführung zeitlebens auf die (teure) Hilfe von Fachleuten angewiesen.

Mehr Informationen zu Rechungswesen und Buchhaltung, viele praxisnahe Tipps für die finanzielle Führung Ihres Unternehmens sowie einen Link zu Onlinetools für Ihre Finanzplanung finden Sie im Beobachter-Ratgeber «Finanzen für Selbständige. So haben Kleinfirmen Ihr Geld im Griff» (www.beobachter.ch/buchshop).

Buchhaltungs-Software Keine seriöse Firma führt ihre Buchhaltung noch auf Papier. Entsprechend gross ist das Angebot an Buchhaltungsprogrammen für den Computer: Es gibt Freeware, die sich kostenlos via Internet herunterladen lässt, spezifisch auf KMU ausgerichtete Programme für wenige hundert und Profi-Tools für einige tausend Franken. Viele Programme sind bildschirmgeführt und daher leicht zu bedienen. Die meisten verfügen über Funktionen wie Mehrwertsteuer-Abrechnung, Abschluss und Gewinnverbuchung und ermöglichen diverse statistische Auswertungen. Von vielen Programmen können Sie im Internet eine Demoversion herunterladen und so die Software vor dem Kauf erst einmal testen.

Auf der CD-ROM wird Ihnen eine speziell für Schweizer KMU konzipierte Business-Software vorgestellt, die weit mehr kann als bloss kontieren. Als Besitzer oder Besitzerin dieser Ratgeberausgabe profitieren Sie vom Beobachter-Exklusivangebot und können das Softwarepaket kostenlos beziehen. Benutzen Sie den Originalgutschein im Booklet zur CD-ROM.

Das Personal

Wer als Unternehmer Personal einstellen und beschäftigen will, übernimmt eine anspruchs- und verantwortungsvolle Aufgabe und sollte die wichtigsten gesetzlichen Bestimmungen des Arbeitsrechts kennen.

11

Erste Überlegungen zu Mitarbeitern

Die wenigsten Neuunternehmer dürften schon auf den Geschäftsstart hin Personal einstellen. In der Anfangsphase können sie das Arbeitsvolumen meist allein bewältigen. Doch sobald das Geschäft markant anzieht und Sie an Ihre Kapazitätsgrenzen stossen, benötigen Sie Entlastung.

Vorübergehende Kapazitätsengpässe wie saisonale Spitzenzeiten können Unternehmer unter Umständen mit Aushilfen, Teilzeit- und Temporärangestellten überbrücken. Kommt es aber zu einer ständigen Arbeitsüberlastung, kann es sinnvoll sein, Vollzeitmitarbeiter einzustellen.

Bevor Sie Personal einstellen, sollten Sie aufgrund Ihrer aktuellen und prognostizierten Ertragslage ausrechnen, ob Sie sich Mitarbeitende überhaupt leisten können. Zu Buch schlagen erstens der teure und zeitaufwendige Personalrekrutierungsprozess und danach die fixen Lohnkosten sowie die Beiträge an Sozial- und andere Versicherungen für die Mitarbeiter (siehe Seite 210). Die Personalkosten fallen natürlich auch an, wenn Angestellte nicht produktiv sind; etwa wegen fehlender Aufträge, Einarbeitungszeit, Weiterbildung, Ferien, Militär, Krankheit, Unfall oder Schwangerschaft.

Personal beschäftigen ist zudem auf der zwischenmenschlichen Ebene keine leichte Aufgabe. Sie müssen Ihre Angestellten instruieren, weiterbilden, motivieren, führen, konstruktiv kritisieren und loben können. Sie müssen Konflikte lösen und ein offenes Ohr für persönliche Anliegen haben.

Wichtig zu wissen: Mehr Mitarbeitende bedeutet nicht unbedingt mehr Aufträge. Unter Umständen verliert ein Unternehmer nämlich gerade wegen seines Personals treue Kunden: weil die Angestellten beispielsweise schlecht arbeiten, unzuverlässig sind, kein Gespür für Kundenbedürfnisse haben oder zu wenig Fachwissen besitzen. Je nach Branche wollen Kunden zudem nicht von einem unbekannten Mitarbeiter betreut werden, sondern nur von der Firmeninhaberin selbst. Denn sie möchten direkt von ihrer Erfahrung und ihrem Wissen profitieren, sind nur deswegen an einer Geschäftsbeziehung interessiert.

Wer alle diese Aspekte berücksichtigt, kommt möglicherweise zum Schluss, dass es klüger ist, kein zusätzliches Personal einzustellen und dafür ab und zu einen Auftrag abzulehnen.

Ehe- oder Lebenspartner als Mitarbeiter

Die erste Mitarbeiterin eines Neuunternehmers ist oft seine Lebens- oder Ehepartnerin. Dabei kommt die Frage auf, ob und wie hoch die Partnerin entlöhnt und wie förmlich das Arbeitsverhältnis ausgestaltet werden soll.

Verheiratete Neuunternehmer müssen einige Bestimmungen im Eherecht kennen: Zum Beispiel, dass Mann und Frau gemeinsam für den Unterhalt der Familie zu sorgen haben. Dazu gehören all jene Arbeiten, die die beiden für den gemeinsamen Haushalt und die Familie erbringen – Hausarbeit, Kinderbetreuung oder das Verdienen des Lebensunterhalts. Der Ehepartner, der den Haushalt besorgt, die Kinder betreut oder dem anderen im Beruf oder Gewerbe hilft, hat das Recht, regelmässig einen angemessenen Betrag zur freien Verfügung zu erhalten (Art. 164 ZGB). Angemessen heisst, dass der Betrag den finanziellen Verhältnissen der Familie und ihrem Lebensstandard entspricht.

Anspruch auf angemessene Entschädigung Arbeitet zum Beispiel die Ehefrau im Beruf oder Gewerbe ihres Mannes erheblich mehr mit, als es ihr Beitrag an den Unterhalt der Familie verlangt, hat sie Anspruch auf eine «angemessene Entschädigung» (Art. 165 ZGB). Was darunter genau zu verstehen ist, lässt das Gesetz weitgehend offen. Eine obere Grenze kann etwa der branchenübliche Lohn sein, den ein Unternehmer einer Drittperson für die gleiche Arbeit bezahlen müsste. Auf jeden Fall sollte die Entschädigung den finanziellen Verhältnissen der Familie und dem Lebensstandard entsprechen sowie die Ertragslage der Firma berücksichtigen. Selbstverständlich kann eine mitarbeitende Ehefrau auf die Entschädigung auch verzichten. Wichtig zu wissen: Die Entschädigung stellt nie Lohn dar, sondern ist lediglich ein Ausgleich der wirtschaftlichen Vorteile, die durch die Mehrarbeit entstehen.

Klarheit mit Arbeitsvertrag Verheiratete, die klare Verhältnisse schaffen wollen, sollten mit der mitarbeitenden Ehefrau – oder dem Ehemann – einen Arbeitsvertrag abschliessen, der alles verbindlich regelt. Dadurch geniesst sie grundsätzlich die gleichen Arbeitsrechtsbestimmungen gemäss Obligationenrecht wie Dritte: Sie bekommt einen Lohn, auf dem alle Sozialversicherungsbeiträge abzurechnen sind, hat Ferien und erhält Überstunden vergütet. Eine Ehefrau mit Arbeitsvertrag ist im Alter, bei Krankheit und Unfall gegenüber einer mitarbeitenden Unternehmersfrau ohne Vertrag wesentlich besser gestellt.

Unverheiratete Paare Was für Ehepaare gilt, hat grösstenteils auch in eingetragenen Partnerschaften Gültigkeit. Allerdings haben eingetragene Partner weder einen gesetzlichen Anspruch auf einen angemessenen Betrag zur freien Verfügung noch auf eine angemessene Entschädigung. Arbeitet also ein Partner im Geschäft des anderen mit, empfiehlt es sich, die Entschädigung vertraglich zu regeln. Die beste Lösung ist auch hier ein Arbeitsvertrag mit klar definierten Rechten und Pflichten.

Das Gleiche gilt für Konkubinatspaare, deren Beistandspflichten und Entschädigungsansprüche gesetzlich überhaupt nicht geregelt sind. Deshalb sollte eine Konkubinatspartnerin nur auf der Basis eines Arbeitsvertrags im Unternehmen ihres Lebensgefährten mitarbeiten.

Dritte als Mitarbeiter

Wer nicht auf die Hilfe von Familienmitgliedern zählen kann, muss seine Angestellten auf dem freien Arbeitsmarkt suchen. Es gibt verschiedene Arten, wie Aussenstehende beschäftigt werden können.

Aushilfen Als Aushilfe gilt jemand, der für einen befristeten Einsatz von maximal drei Monaten beschäftigt wird. Aushilfen können Sie also nur vorübergehend und von Fall zu Fall einstellen. Nach jedem Einsatz erlischt das Arbeitsverhältnis. Aushilfen haben ein Recht auf Ferienentschädigung. Fallen sie jedoch krankheitshalber aus, muss ihnen der Lohn nicht weiterbezahlt werden.

Wenn Sie dieselbe Person immer wieder beschäftigen – auch mit Abständen zwischen den einzelnen Einsätzen –, gilt diese rasch einmal als Angestellte mit allen Rechten.

Teilzeitangestellte Dauert ein stunden- oder tageweises Arbeitsverhältnis länger als drei Monate, gilt der oder die Mitarbeitende als Teilzeitangestellter. Teilzeitangestellte besitzen grundsätzlich die gleichen Rechte wie Vollbeschäftigte (siehe Seite 315) – unabhängig davon, wie viele Stunden sie arbeiten und ob ihr Einsatz regelmässig oder unregelmässig erfolgt. Spezialregeln gibt es bei den Sozialversicherungen: So müssen Teilzeitbeschäftigte, die weniger als 19 890 Franken jährlich verdienen, nicht bei einer Pensionskasse versichert werden (Stand 2008). Arbeiten sie weniger als acht Stunden wöchentlich bei Ihnen, müssen Sie sie nur gegen Berufs-, nicht aber gegen Nichtberufsunfall versichern.

Vollzeitangestellte In diesem Status arbeitet eine Person zu 100 Prozent im Unternehmen. Wie vielen Stunden dies entspricht, regelt der Arbeitsvertrag. Vollzeitangestellte sind durch verschiedene Gesetze gegen Willkür, Benachteiligung und Ausbeutung durch den Arbeitgeber geschützt und geniessen den vollen, vom Gesetz vorgesehenen sozialversicherungsrechtlichen Schutz.

Temporärangestellte Temporärmitarbeiter arbeiten nach Ihren Vorgaben, sind aber nicht in Ihrem Unternehmen, sondern bei einem Personalvermittlungsbüro angestellt. Das hat den Vorteil, dass Sie weder eine Lohnbuchhaltung führen noch Sozialversicherungsbeiträge abrechnen müssen. Der Personalvermittler verrechnet Ihnen einfach den ausgehandelten Stundenansatz. Natürlich ist dieser höher, als wenn Sie die Angestellten selbst beschäftigen würden. Per Saldo dürfte die Rechnung dennoch aufgehen, weil Ihnen in Zeiten niedriger Arbeitsbelastung, in denen Sie keine Arbeitshilfen benötigen, auch keine Lohnfixkosten entstehen.

Geschäftspartner Wenn Sie kein eigenes Personal beschäftigen möchten, aber für das Erledigen der Aufträge gleichwohl ab und zu – oder gar ständig – auf die Mitarbeit von Dritten angewiesen sind, bauen Sie sich mit Vorteil ein Netzwerk von geeigneten Geschäftspartnern auf. In der Regel sind dies Partner mit einem eigenen Unternehmen, die spezielle Fachkenntnisse oder Arbeitskapazitäten besitzen, die Sie selber nicht haben. So können Sie je nach Auftrag und Auslastung Arbeiten, die Sie selbst nicht bewältigen, ganz oder teilweise an diese Partner auslagern. In einem solchen Fall besteht kein Arbeits-, sondern ein Auftragsverhältnis. Von dieser Möglichkeit machen viele Neuunternehmer bei administrativen Arbeiten Gebrauch, indem sie etwa ihre Geschäftsbuchhaltung einem Treuhandbüro übergeben.

Personalsuche

Bevor Sie mit der Personalsuche beginnen, müssen Sie genau wissen, welche Arbeiten Ihr künftiger Mitarbeiter auszuführen hat. Dies halten Sie am besten in einem Stellenbeschrieb schriftlich fest, in dem Sie die Haupt- und Nebenaufgaben auflisten. Damit lässt sich abschätzen, wie viel Zeit erforderlich ist, um die vorgesehenen Tätigkeiten auszuführen, bzw. wie viele Stellenprozente der Job umfasst.

Als Zweites erstellen Sie ein Anforderungsprofil. Das zeigt auf, welche Fähigkeiten der oder die künftige Angestellte mitzubringen hat. Je präziser Sie das Anforderungsprofil formulieren, desto geringer ist die Gefahr, eine falsche Person einzustellen.

Die Checkliste «Mitarbeitersuche» auf der CD-ROM hilft Ihnen, ein Anforderungsprofil für künftige Mitarbeiterinnen und Mitarbeiter zu erstellen.

Geeignetes Personal finden

Weitgehend kostenlos ist die Personalsuche über Arbeitsämter und über Inserate, welche Stellensuchende selbst aufgeben. Wenn diese Möglichkeiten ausgeschöpft sind, drängt sich allenfalls ein eigenes Stelleninserat in einer Fach- oder Tageszeitung auf. Die Kosten dafür sind nicht zu unterschätzen: Ein Inserat einmal zu schalten, reicht in der Regel nicht, um genügend Bewerber anzusprechen. Umso wichtiger ist es, im richtigen Medium zu inserieren. Mit Vorteil beschränken Sie sich zuerst auf die Regionalzeitung mit dem grössten Stellenanzeiger oder auf einschlägige Fachzeitschriften. Stelleninserate können Sie auch im Internet platzieren – auf Ihrer eigenen Homepage oder bei einer etablierten Internet-Stellenbörse wie zum Beispiel www. jobs.ch (weitere Adressen finden Sie auf der CD-ROM).

Mitarbeitende können Sie auch über spezialisierte Stellenvermittlungsbüros oder Personalberatungsfirmen suchen. Je nach Auftrag texten diese ein Stelleninserat, platzieren es in der gewünschten Zeitung, sichten die eingehenden Bewerbungen, führen erste Bewerbungsgespräche, nehmen eine Vorauswahl vor, setzen Arbeitsverträge auf und beraten Sie bei Arbeitsrechtsfragen. Kommt eine Anstellung zustande, kostet Sie dies aber mindestens zehn Prozent des Jahressalärs der rekrutierten Person.

Mitarbeiter richtig auswählen

Prüfen Sie die eingehenden Bewerbungen genau und bereiten Sie sich sorgfältig auf die Einstellungsgespräche mit den geeignetsten Kandidaten vor. Am besten erstellen Sie einen auf das Anforderungsprofil abgestimmten Fragenkatalog:

- Fragen Sie nach den Gründen des Bewerbers für den Stellenwechsel.
- Dann sollten Sie seinen beruflichen Werdegang erfahren, seine Ambitionen, besonderen Fähigkeiten, Stärken und Schwächen, das frühest mögliche Eintrittsdatum und die Lohnvorstellungen.
- Misstrauisch werden sollten Sie bei Kandidaten, die in kurzer Zeit unzählige Male die Stelle wechselten oder zwischen den Anstellungen grosse zeitliche Lücken aufweisen.

— Das Bild abrunden können allgemeine Fragen zu Hobbys und Familie. Fragen zum Privatleben, zur politischen Gesinnung, zu Heiratsabsichten, zum Kinderwunsch oder zur Gesundheit dürfen Sie nur stellen, wenn diese in einem direkten Zusammenhang mit der betreffenden Stelle stehen.
— Holen Sie mit dem Einverständnis des Bewerbers bei ehemaligen Arbeitgebern Referenzauskünfte ein.

Stellen Sie nie eine Person nur aufgrund von Diplomen, Fachwissen, selbstbewusstem Auftreten, niedrigen Lohnforderungen oder wegen der sofortigen Einsatzbereitschaft ein. Entscheidend ist, dass zwischen Ihnen und dem künftigen Mitarbeiter die Chemie stimmt. Wer diesem Punkt zu wenig Beachtung schenkt, wird die Anstellung früher oder später bereuen.

Wenn Sie keine Erfahrung in der Auswahl und Führung von Mitarbeitern haben, sollten Sie sich auf diese herausfordernde Aufgabe unbedingt vorbereiten. Zum Beispiel im einem Weiterbildungsseminar oder mit dem Beobachter-Ratgeber «Die Richtigen finden und fördern. Gezielte Auswahl und erfolgreiches Führen von Personal» (www.beobachter.ch/buchshop).

Rechte und Pflichten als Arbeitgeber

Um rechtliche Auseinandersetzungen mit Angestellten zu vermeiden, müssen Sie die wesentlichen gesetzlichen Regeln zum Arbeitsrecht kennen. Das fängt schon beim Arbeitsvertrag an und hört erst auf, wenn nach Auflösung des Arbeitsverhältnisses alle gegenseitigen Ansprüche abgegolten sind.

Die massgebenden Punkte des Arbeitsrechts sind im Obligationenrecht geregelt: Vertragsabschluss, Rechte und Pflichten, Kündigungsregeln (Art. 319 ff. OR). Nicht mit dem OR zu verwechseln ist das Arbeitsgesetz (ArG), das insbesondere Bestimmungen zum Gesundheitsschutz für werdende Mütter und Jugendliche sowie Vorschriften zu Höchstarbeitszeiten, Ruhe- und Überzeiten, Sonntags-, Nacht- und Schichtarbeit sowie Pausen enthält. Es handelt sich dabei um zahlreiche Mindestvorschriften mit unzähligen Ausnahmebestimmungen. Das Arbeitsgesetz ist mit wenigen Ausnahmen auf alle Industrie-, Gewerbe- und Handelsbetriebe anwendbar, wenn sie dauernd oder vorübergehend einen oder mehrere Arbeitnehmer beschäftigen. Reine Familienbetriebe sind dem Arbeitsgesetz in der Regel nicht unterstellt.

Erkundigen Sie sich, bevor Sie Personal einstellen, beim kantonalen Arbeitsinspektorat über die für Ihr Unternehmen geltenden Vorschriften. Die Adressen finden Sie unter www.arbeitsinspektorat.ch.

Arbeitsverträge abschliessen

Stellen Sie einen Mitarbeiter oder eine Mitarbeiterin ein, schliessen Sie mit ihnen einen Einzelarbeitsvertrag ab. Dieser ist im Obligationenrecht geregelt (Art. 319 ff. OR); Sie müssen im individuellen Arbeitsvertrag grundsätzlich nur noch die Abmachungen festhalten, welche über die gesetzlichen Bestimmungen hinausgehen. Darunter fallen beispielsweise der Lohn, die Arbeitszeit, eine auf maximal drei Monate verlängerte Probezeit sowie längere Ferien oder abweichende Kündigungsfristen.

Schliessen Sie Arbeitsverträge immer schriftlich ab. Das schafft Klarheit für beide Parteien und hilft, spätere Missverständnisse und Streitigkeiten zu vermeiden. Idealerweise sehen Sie im Arbeitsvertrag eine angemessene Probezeit von zwei bis drei Monaten vor, damit Sie das Arbeitsverhältnis im Notfall kurzfristig auflösen können.

Für ausländische Arbeitnehmerinnen und Arbeitnehmer gelten je nach Herkunftsland und Art der Aufenthaltsbewilligung besondere Vorschriften und allenfalls auch Hinderungsgründe. Genauere Informationen erhalten Sie beim Bundesamt für Migration (www.bfm.admin.ch).

Als Grundlage für die Arbeitsverträge mit Ihren Angestellten dient Ihnen das Muster «Arbeitsvertrag» auf der CD-ROM.

Gesamtarbeitsvertrag (GAV) Bevor Sie Personal einstellen, sollten Sie stets prüfen, ob für Ihre Branche ein Gesamtarbeitsvertrag existiert. Der GAV regelt die Arbeitsbedingungen einer Branche oder einzelner Betriebe. Er legt gegenseitige Rechte und Pflichten fest und enthält zwingende Minimalbestimmungen, die im Einzelarbeitsvertrag nicht unterschritten werden dürfen. Häufig sind darin Vorschriften zu Versicherungen, Sozialplänen oder zum Vorgehen bei Konflikten aufgeführt.

Normalerweise gilt der GAV nur für die Mitglieder der Gewerkschaft und für die Betriebe, die den beteiligten Arbeitgeberverbänden angeschlossen sind. Anders präsentiert sich die Situation, wenn ein GAV vom Bundesrat gesamtschweizerisch – oder vom Regierungsrat für einen bestimmten Kanton – als allgemein verbindlich erklärt wird. Einen allgemein verbindlichen GAV kennen beispielsweise die Möbelindustrie, das Gast-, Schreiner-, Karosserie-, Elektroinstallations-, Coiffeur-, Maler-, Gipser und Metallgewerbe sowie die private Sicherheitsdienstleistungsbranche. Wichtig zu wissen: Ein GAV gilt lediglich für eine begrenzte Berufskategorie. So sind etwa dem GAV des Bauhauptgewerbes nur die Handwerker, nicht aber das Büropersonal unterstellt.

Das Gleichstellungsgesetz

Auch die Richtlinien des Bundesgesetzes über die Gleichstellung von Frau und Mann (GIG) sind zu beachten. Das GIG schreibt vor, dass Arbeitnehmerinnen und Arbeitnehmer aufgrund ihres Geschlechts weder benachteiligt noch unterschiedlich behandelt werden dürfen – sofern sich die unterschiedliche Behandlung sachlich nicht rechtfertigen lässt.

Dieses Diskriminierungsverbot gilt insbesondere für die Anstellung, Aufgabenzuteilung, Entlöhnung, Aus- und Weiterbildung, Beförderung und Entlassung. Weitere Informationen zum GIG finden Sie unter www.gleichstellungsbuero.ch.

Normalarbeitsverträge (NAV) Ein NAV ist kein eigentlicher Vertrag. Es handelt sich dabei um vom Bund oder von einem Kanton verordnete gesetzesähnliche Bestimmungen für bestimmte Typen von Arbeitsverhältnissen. Im schriftlichen Einzelarbeitsvertrag dürfen Sie aber von diesen Bestimmungen abweichen. NAVs gibt es insbesondere für Angestellte in der Landwirtschaft sowie in Pflege- und Sozialberufen. Sie beinhalten vor allem Regeln zur Arbeitszeit, zu den Sozialleistungen, Treueprämien, Abgangsentschädigungen und Ferien.

Falls für Ihre Branche ein GAV oder NAV existiert, können Sie diesen beim Arbeitgeberverband, beim Bundesamt für Bauten und Logistik in Bern oder bei der kantonalen Materialverwaltungsstelle bestellen. Eine Liste der aktuell gültigen GAV zum Herunterladen finden Sie auch unter www.seco.admin.ch/themen (→ Arbeit → Arbeitsrecht → Gesamtarbeitsverträge).

Wichtige Bestimmungen des Arbeitsrechts

Dieser Ratgeber kann nur in groben Zügen auf die Bestimmungen des Arbeitsrechts eingehen. Im Folgenden werden die wichtigsten Punkte kurz zusammengefasst, die Sie als Neuunternehmer kennen sollten. Angegeben sind jeweils auch die Gesetzesartikel, die diese Punkte regeln.

Umfassende Informationen zum Arbeitsvertragsrecht mit vielen Beispielen aus der Praxis und Gerichtsurteilen finden Sie im Beobachter-Ratgeber «Arbeitsrecht. Vom Vertrag bis zur Kündigung» (www.beobachter.ch/buchshop).

Arbeitszeit Laut Gesetz darf die Arbeitszeit für Arbeitnehmer in Industriebetrieben und für Büropersonal höchstens 45 Stunden pro Woche betragen. In nichtindustriellen Betrieben, das heisst in Gewerbebetrieben mit vorwiegend manuellen Tätigkeiten oder im Verkauf in kleineren Unternehmen, ist die wöchentliche Höchstarbeitszeit auf 50 Stunden festgesetzt (Art. 9 ArG). Die wöchentliche Arbeitszeit sollte immer im Arbeitsvertrag geregelt sein.

Überstunden Überstundenarbeit bedeutet Arbeit, die über die vertraglich vereinbarte Arbeitszeit hinausgeht. Arbeitnehmer sind verpflichtet, in zumutbarem Rahmen Überstunden zu leisten, sofern dies betrieblich notwendig ist (Art. 321c OR). Für Überstunden müssen Arbeitgeber den Arbeitnehmern grundsätzlich einen Lohnzuschlag von mindestens 25 Prozent zahlen oder Freizeit von gleicher Dauer gewähren. Allerdings lässt sich in einem Arbeitsvertrag auch eine andere Vereinbarung treffen. Zum Beispiel, dass Arbeitnehmer eine bestimmte Anzahl Überstunden gratis leisten müssen oder dass sie Überstunden nicht durch Freizeit kompensieren dürfen.

Lohn Grundsätzlich können Sie den Lohn mit Ihren Angestellten frei vereinbaren. Einige GAV kennen allerdings Bestimmungen über Mindestlöhne, die nicht unterschritten werden dürfen. Über die Höhe des marktüblichen Lohnes informieren Branchen- oder Berufsverbände. In der Praxis hängt die Lohnhöhe von verschiedenen Kriterien ab: etwa von der Funktion, vom Alter, von der Berufs- und Branchenerfahrung, der Ausbildung, vom Fachwissen des Arbeitnehmers – und von der Lage auf dem Arbeitsmarkt.

Vollzeitbeschäftigte sind in der Regel im Monatslohn, Teilzeitangestellte zum Teil auch im Stundenlohn angestellt. Üblicherweise wird mit dem Personal ein 13. Monatslohn oder eine Gratifikation vereinbart. Der 13. Monatslohn ist ein fester Lohnbestandteil und muss immer bezahlt werden – auch bei schlechtem Geschäftsgang und bei einem Austritt während des Jahres (pro rata). Anders die Gratifikation: Das ist eine freiwillige Sonderleistung des Arbeitgebers, die von Bedingungen wie gutem Geschäftsgang oder besonderen Leistungen abhängig gemacht werden kann.

Sozialversicherungen Als Arbeitgeber müssen Sie Ihren Mitarbeiterinnen und Mitarbeitern mit dem monatlichen Lohn eine detaillierte schriftliche Abrechnung abgeben, in der auch die Sozialversicherungsbeiträge ersichtlich sind. Den Angestellten werden in der Regel folgende Beiträge vom Lohn abgezogen (Stand 2008, siehe auch Seite 210):

— AHV/IV/EO: 5,05 Prozent vom gesamten Lohn; gleich viel zahlt der Arbeitgeber.

- Arbeitslosenversicherung: 1 Prozent des AHV-pflichtigen Jahreslohns bis maximal 126 000 Franken; gleich viel zahlt der Arbeitgeber.
- Unfallversicherung: 1,42 bis 2 Prozent je nach Branche, obligatorisch für Löhne bis maximal 126 000 Franken; Prämie für Betriebsunfall zulasten Arbeitgeber, Prämie für Nichtbetriebsunfall wird dem Arbeitnehmer abgezogen.
- Pensionskasse: ungefähr 7 Prozent für AHV-pflichtige Löhne zwischen 19 890 und 79 560 Franken im BVG-Obligatorium; je nach Pensionskasse zusätzliche Beiträge für überobligatorische Leistungen; der Arbeitgeber zahlt Beiträge, die mindestens gleich hoch sind wie die gesamten Pensionskassen-Zahlungen aller seiner Angestellten.

Lohnfortzahlung bei Arbeitsunfähigkeit Wenn Angestellte unverschuldet nicht arbeiten können – etwa wegen Krankheit, Unfall, Militär- oder Zivilschutzdienst –, muss der Arbeitgeber den Lohn während einer bestimmten Zeit weiterbezahlen:

- Im Krankheitsfall – und auch bei Arbeitsunfähigkeit wegen Schwangerschaft – haben Angestellte während einer bestimmten Zeit Anspruch auf 100 Prozent des Lohnes. Diese Lohnfortzahlungspflicht hängt von der Dauer des Arbeitsverhältnisses ab und richtet sich nach der sogenannten Basler, Berner oder Zürcher Skala (siehe auch Seite 212). Details dazu finden Sie unter www.kmu.admin.ch/themen (> Personal > Sozialversicherungen).
- Bei Militär- oder Zivilschutzdienst müssen Sie die Differenz zwischen dem Taggeld der Erwerbsersatzordnung (EO) und 80 Prozent des Lohnes ausgleichen.
- Nach einer Geburt kommt die gesetzliche Mutterschaftsentschädigung zum Tragen (80 Prozent des Lohnes während 14 Wochen).
- Der Lohnausfall von verunfallten Arbeitnehmern ist über die obligatorische Unfallversicherung gedeckt.

Viele Arbeitgeber decken das Risiko der Krankenlohnzahlung mit einer Krankentaggeldversicherung ab (siehe Seite 206). Die Hälfte der Beiträge müssen Sie selber übernehmen, die andere können Sie Ihren Angestellten vom Lohn abziehen.

Ferien und Feiertage Jeder Arbeitnehmer in der Schweiz hat einen gesetzlichen Anspruch auf jährlich vier Wochen bezahlte Ferien (Jugendliche bis zum 20. Geburtstag fünf Wochen). Diesen Anspruch besitzen nicht nur Vollzeitangestellte, sondern im Verhältnis zu ihrer geleisteten Arbeitszeit auch Aushilfen oder Teilzeitangestellte. Bei unregelmässiger Teilzeitarbeit im Stundenlohn ist es erlaubt, die Ferienentschädigung mit einem Lohnzuschlag abzugelten. Dabei muss die Höhe des Ferienlohns vertraglich festgelegt sein und sie muss aus jeder Lohnabrechnung klar hervorgehen (in Franken oder Prozent, die Formulierung «Pauschallohn inkl. Ferien» genügt nicht). Vier Wochen Ferien entsprechen 8,33 Prozent des Bruttolohns.

Als Arbeitgeber sind Sie ausserdem verpflichtet, Ihren Angestellten Feier- und Freitage zu gewähren. Ihre Mitarbeiter erhalten die Feiertage bezahlt, wenn diese auf einen Arbeitstag fallen – das gilt auch für Teilzeitbeschäftigte und Stundenlohnbezüger. Freitage bzw. freie Zeit haben Mitarbeiter auch für bestimmte Anlässe wie Heirat, Zügeln oder Arztbesuche zugut. Wie viel freie Zeit sie dafür erhalten, ist gesetzlich nicht geregelt. Richtlinien sind in vielen GAVs zu finden. Für Angestellte im Monatslohn sind derartige Absenzen bezahlt.

Kündigung Arbeitgeber und Arbeitnehmer dürfen einen Arbeitsvertrag grundsätzlich jederzeit kündigen. Allerdings sind gewisse Fristen einzuhalten. Während der Probezeit etwa kann der Vertrag von beiden Parteien jederzeit auf sieben Tage gekündigt werden. Nach Ablauf der Probezeit gelten laut Obligationenrecht folgende Kündigungsfristen: im ersten Dienstjahr ein Monat, vom zweiten bis neunten Dienstjahr zwei Monate und ab dem zehnten Dienstjahr drei Monate (jeweils auf Monatsende). Diese Kündigungsfristen lassen sich allerdings schriftlich abändern.

Massgebend für den Termin der Kündigung ist nicht etwa der Poststempel, sondern das Eintreffen des Schreibens beim Empfänger. Befindet sich der Arbeitnehmer beispielsweise in den Ferien, beginnt die Kündigungsfrist erst nach seiner Rückkehr aus dem Urlaub, sobald er den Kündigungsbrief auf der Post abholt.

Eine fristlose Entlassung ist nur in gravierenden Ausnahmefällen zulässig (etwa bei Betrug, Diebstahl, Arbeitsverweigerung). Nicht zu verwechseln mit der fristlosen Entlassung ist die Kündigung mit sofortiger Freistellung des Arbeitnehmers. Dazu braucht es keine wichtigen Gründe. Der Lohn ist jedoch bis zum Ablauf der Kündigungsfrist zu bezahlen.

Kündigungsschutz Kündigungen in einer Sperrfrist – sogenannte Kündigungen zur Unzeit – sind ungültig. Sperrfristen mit Kündigungsschutz bestehen in folgenden Situationen (Art. 336c OR):

- Während obligatorischem Militär-, Zivil-, Zivilschutz- oder Rotkreuzdienst sowie – falls der Dienst über elf Tage dauert – vier Wochen vorher und nachher
- Bei ganzer oder teilweiser Arbeitsunfähigkeit wegen unverschuldetem Unfall oder Krankheit im ersten Dienstjahr 30 Tage, ab dem zweiten bis und mit dem fünften Dienstjahr 90 Tage und ab dem sechsten Dienstjahr 180 Tage
- Während einer Schwangerschaft und bis 16 Wochen nach der Geburt des Kindes
- Während der Teilnahme an einer vom Bund angeordneten Hilfsaktion im Ausland, die vom Arbeitgeber erlaubt wurde

Wird eine Kündigung vor Beginn einer Sperrfrist ausgesprochen und reicht das Ende der Kündigungsfrist noch in die Sperrfrist hinein, ist die Kündigung zwar gültig – die Kündigungsfrist wird aber während der Dauer der Sperrfrist unterbrochen. Kündigungen während einer Sperrfrist sind nicht gültig und müssen nach Ablauf wiederholt werden.

Kündigungen sind missbräuchlich, wenn sie ausgesprochen werden wegen einer persönlichen Eigenschaft des Mitarbeiters (zum Beispiel Hautfarbe), wegen gewerkschaftlicher Aktivitäten oder als Sanktion, weil er sich für seine Rechte gewehrt hat. Sprechen Sie als Arbeitgeber eine solche Kündigung aus, kann Sie das Gericht zu einer happigen Entschädigungszahlung von bis zu sechs Monatslöhnen verurteilen (Art. 336 ff. OR). Ähnliche Regeln gelten für Kündigungen, die eine Person wegen ihres Geschlechts, Zivilstands oder ihrer familiären Situation diskriminieren (Art. 9 GlG).

Die Unterstützung

Firmengründer sind keine Alleskönner. Sie sind deshalb bei der Planung, Vorbereitung und Gründung ihres Unternehmens wie auch in der Startphase auf fremde Hilfe angewiesen.

12

Rat und Hilfe

Angehende Unternehmer, die beim Aufbau ihres Geschäfts tatkräftige Hilfe, kompetenten Rat oder finanzielle Unterstützung suchen, konstatieren schnell, dass der Staat, die Kantone, die Wirtschaftsregionen und Gemeinden Kleinfirmen in der Regel wenig anzubieten haben. Es gibt zwar oft eine offizielle Anlaufstelle der öffentlichen Verwaltung oder gar ein Gründerzentrum. Gratis ist bei diesen Stellen jedoch kaum etwas zu kriegen – sofern sie überhaupt über bedürfnisgerechte Dienstleistungen für Neuunternehmer verfügen.

Aus diesem Grund werden auch Sie sich kostenlosen Rat und fachliche Unterstützung primär in Ihrem Freundes- und Bekanntenkreis holen müssen. Trotz wertvoller Tipps fehlt es solchen Ratgebenden jedoch oft an einschlägiger Erfahrung, Kompetenz und an der Zeit, sich mit Ihren ganz spezifischen Problemen intensiv auseinanderzusetzen. Meist mangelt es ihnen auch am nötigen Überblick, um Ihr Einzelproblem in einem grösseren Zusammenhang zu sehen und es mit einem ganzheitlichen Ansatz zu lösen.

Praktische und moralische Unterstützung finden Sie womöglich bei etablierten Unternehmerinnen und Unternehmern, die in Netzwerken zusammengeschlossen sind. In solchen Netzwerken erhalten Sie oft wertvolle Hinweise zum Vorgehen und Umsetzen Ihrer Pläne. Je nach Organisation findet der Erfahrungsaustausch unter den Mitgliedern nicht nur spontan und auf Eigeninitiative hin, sondern auch institutionalisiert statt – etwa bei regelmässigen Treffen zum Lunch oder an Abendveranstaltungen.

Doch auch diese Informations- und Auskunftsquellen haben ihre Grenzen. Aus diesem Grund werden Sie sich fehlendes Fachwissen bei Spezialisten (meist teuer) erkaufen müssen.

Mit Beratern zusammenarbeiten

Um ihre Wissenslücken in bestimmten Bereichen der Unternehmensführung zu kompensieren, wenden sich die meisten Neuunternehmer an Fachexperten: an eine Unternehmensberaterin, an Versicherungs-, Steuer-, Treuhand- oder Marketingexperten, an einen Buchhalter, eine Rechtsanwältin, eine Grafikerin oder an einen IT-Spezialisten. Der Einfachheit halber wird im Folgenden nur von «Beratern» gesprochen, unabhängig von der eigentlichen Berufsbezeichnung.

Die Beratungsbranche erlebte in den vergangenen Jahren einen Boom. Für jedes Problem gibt es heute einen Berater. Die Berufsbezeichnung ist jedoch nicht geschützt: Jedermann darf sich Wirtschaftsberater, Unternehmensberaterin oder Treuhänder nennen. Nicht verwunderlich, tummeln sich in der Branche zahlreiche «Berater», die diese Bezeichnung nicht im geringsten verdienen. Holen Sie also unbedingt Referenzen ein, bevor Sie ein Mandat erteilen.

Geeignete Berater finden Bevor Sie sich mit Ihren Fragen an irgendeinen Allerweltsberater wenden, sollten Sie Ihr Grundproblem kennen. Erst dann können Sie gezielt eine Fachperson suchen. Dabei stellen Sie am besten ein Anforderungsprofil auf mit der zentralen Frage: Was muss mein Berater alles können? Je nach Antwort und Problemstellung drängt sich dann der Beizug eines Spezialisten oder einer Generalistin auf. Möchten Sie beispielsweise lediglich ein professionell aufgemachtes Mailing an Ihre Kunden versenden, ist ein Direktmarketingspezialist wohl die richtige Ansprechperson. Benötigen Sie dagegen Unterstützung beim Erarbeiten eines individuellen Marketingkonzepts, lassen Sie sich besser von einer Marketingexpertin beraten.

Berater, die von sich behaupten, sie seien in verschiedenen Fachdisziplinen Spezialisten, sollten Sie ignorieren. Solche Supermänner oder -frauen gibt es nicht.

Eine erste Orientierungshilfe bei der Suche nach einem geeigneten Berater kann seine Aus- und Weiterbildung sein: Eine diplomierte Treuhandexpertin ist in den seltensten Fällen auch eine IT-Spezialistin, ein Bankfachmann ist kein Marketingstratege, die Steuerexpertin keine Finanzierungsfachfrau. Fragen Sie also einen möglichen Berater nach dem Lebenslauf – vielleicht finden Sie ihn auch auf seiner Homepage. Lassen Sie sich aber beim Blick auf das Curriculum Vitae nicht allzu stark von Zertifikaten und Diplomen blenden. Der berufliche Werdegang und die Leistungsausweise eines Beraters und vor allem seine Praxiserfahrung sind mehr wert als honorige Titel.

Doch auch das Fachwissen allein macht einen Berater noch nicht zum idealen Partner. Die «Chemie» zwischen Auftragnehmer und Auftraggeber muss ebenfalls stimmen. Ob das der Fall ist, können Sie nur im persönlichen Gespräch herausspüren.

Wichtig: Zwischen Auftraggeber und Auftragnehmer sollte immer eine gesunde Distanz bestehen. Schliesslich muss ein Berater nicht zustimmend nicken, sondern soll unangenehme Fragen stellen und hart kritisieren. Beraten heisst Probleme analysieren, Schwachstellen aufzeigen, Lösungen vorschlagen, Ideen überprüfen, bei der Durchführung beistehen.

Adressen von geeigneten Fachleuten erhalten Sie bei den entsprechenden Berufsvereinigungen, Branchenverbänden oder aus Branchenbüchern. Adressen können Ihnen auch Unternehmerkollegen vermitteln; das sind in der Regel ohnehin die besten Referenzen.

Bei der Auswahl der geeigneten Beratungsperson hilft Ihnen die Checkliste «Beraterwahl» auf der CD-ROM. Ebenfalls auf der CD-ROM finden Sie Adressen von Branchen- und Berufsverbänden.

Was kostet Beratung? Gute Beratung hat immer ihren Preis. Als grobe Orientierungshilfe können Ihnen die Honorarempfehlungen der Berufsverbände dienen. Je nach Aus-, Weiterbildung und Fachpraxis des Beraters variieren die Honorare stark. So kann der Treuhandassistent um die 100 Franken pro Stunde kosten, die Betriebsinhaberin aber schnell mal bis zu 450 Franken. Auch sogenannte Topmanagementberatungen schlagen ohne Weiteres mit 500 Franken pro Stunde zu Buch. In diesen Honoraransätzen nicht inbegriffen sind in der Regel Auslagen wie Porti, Telefone, Fotokopien oder Reisespesen. Auf Honoraren und Auslagen kommt dann noch die Mehrwertsteuer hinzu.

Kostengünstige Beratungen

- Einige kantonale Wirtschaftsförderungen bieten Neuunternehmern eine kostenlose Erstberatung oder eine Anzahl Beratungsstunden zu reduziertem Tarif an.
- Eine «KMU-Sprechstunde» hat auch die Stiftung KMU eingerichtet (www.stiftung-kmu.ch). Die maximal 30-minütige Beratung ist günstig, für Mitglieder sogar kostenlos. Ausserdem gibt es beim Kauf der Broschüren der Stiftung KMU Gutscheine für eine Gratisberatung bei einer Treuhand- und Versicherungsgesellschaft.
- Branchenverbände beraten ihre Mitglieder zum Teil ebenfalls kostenlos.
- Kostenlos ist auch eine allgemeine Finanzberatung bei der Hausbank oder eine Steuerberatung bei einem Sach- und Lebensversicherer.
- Kostengünstige Beratung bieten ausserdem Vereinigungen von ehemaligen Fachexperten und Führungskräften an, zum Beispiel www.senexpert.ch oder www.adlatus.ch. Beide Organisationen verlangen reduzierte Honorare, die die wirtschaftlichen Verhältnisse der Ratsuchenden berücksichtigen.
- Ebenfalls erschwinglich sind die Dienste von Studentenberatungsstellen von Universitäten und Hochschulen.

Das Beratungsmandat Ein Beratungsmandat sollten Sie immer schriftlich erteilen. Unterschreiben Sie aber erst dann einen Beratungsvertrag, nachdem Sie verschiedene Offerten eingeholt haben. Ihr Vertrag sollte unter anderem folgende Punkte enthalten:

- Ziel, das erreicht werden soll
- Beratungsleistung
- Kompetenzen des Beraters
- Höhe des Honorars und Abrechnungsart (Pauschale, nach Aufwand oder erfolgsabhängig)
- Zahlungskonditionen
- Mandatsdauer, Kündigungsfristen
- Allfällige Haftungsansprüche

Je detaillierter und klarer der Vertrag abgefasst ist, desto geringer ist das Risiko von späteren Enttäuschungen und Streitigkeiten.

Kantonale und regionale Wirtschaftsförderungen

Die kantonalen oder regionalen Wirtschaftsförderungen wollen innovative Unternehmer dazu motivieren, an einem bestimmten Standort aktiv zu werden und damit einer Region langfristig wesentliche wirtschaftliche Impulse zu verleihen. Sie sollen idealerweise viele neue, möglichst qualifizierte Arbeitsplätze schaffen und der Steuerbehörde jedes Jahr hohe Einnahmen bescheren. Aus dieser Optik sind Kleinunternehmen nicht die primäre Zielgruppe von Wirtschaftsförderungsstellen.

Dennoch bemühen sich zahlreiche Kantone und Regionen, Firmengründern zu helfen. Nachfolgend eine unvollständige Liste von Dienstleistungen aus dem Angebot von Wirtschaftsförderungsstellen:

- Hilfe bei der Suche eines geeigneten Standorts
- Vermittlung von Gebäuden und Grundstücken
- Vermittlung von Unternehmensberatern, Treuhänderinnen, Anwälten, Auskunftsstellen
- Vermittlung von Kontakten zu anderen Amtsstellen
- Vermittlung von Kontakten zu Banken, Versicherungsgesellschaften, Immobilienfirmen
- Finanzielle und fachliche Unterstützung beim Erstellen von Businessplänen
- Kostenlose Erstberatung
- Kostengünstige Unternehmensberatung
- Hilfe bei der Beschaffung von Fremdkapital
- Steuererleichterungen
- Beiträge an Erschliessungen für Industrie-, Gewerbe- und Dienstleistungsbetriebe
- Zinskostenbeiträge für Investitionen
- Rückzahlbares Startkapital mit Zinsverbilligungen
- Beteiligung an Mietzinsen für Geschäftsräume
- Übernahme von Bürgschaften

Auf der CD-ROM finden Sie Adressen der kantonalen und regionalen Wirtschaftsförderungsstellen. Weitere Ansprechpartner, die Sie bei der Gründung Ihres Unternehmens angehen können, sind regionale Gründungszentren und Technoparks (Adressen ebenfalls auf der CD-ROM). Hilfreiche Informationen finden Sie auch auf der Gründungsplattform des Kantons Zürich (www.gruenden.ch).

Förderpreise für neue Unternehmen

Förder- und Innovationspreise werden an erfolgreiche Unternehmerinnen und Unternehmer oder an Firmen vergeben, die sich durch besondere Ideen, Produkte oder Dienstleistungen auszeichnen. Die Gelder stammen von Unternehmen, Wirtschaftsorganisationen, Privatpersonen, Stiftungen und zum Teil auch von kantonalen Wirtschaftsförderungsstellen. Die Preissummen belaufen sich auf wenige tausend bis hunderttausend Franken. Das reicht zwar oft nicht aus, um einem Unternehmen den Geschäftsstart zu ermöglichen. Förderpreise sind jedoch in jedem Fall eine willkommene Finanzspritze. Gut zu wissen: Hinter einigen Förderpreisen steckt kein Geldbetrag, sondern lediglich eine Anerkennung in Form einer Urkunde oder einer Auszeichnung.

Ob Cash oder bloss lobende Worte auf edlem Papier: Entscheidender als der finanzielle Aspekt eines Förderpreises ist der Imagegewinn und die Publizität, die ein Preisträger damit gewinnt. Nach der Preisverleihung erscheinen Artikel in der Zeitung oder Kurzbeiträge an Fernsehen und Radio über das ausgezeichnete Unternehmen. Diese kostenlose Publizität kann einem Neuunternehmer zu wertvollen nationalen und internationalen Geschäftskontakten verhelfen, Türen bei Kapitalgebern öffnen und schliesslich den Markteintritt erleichtern.

Bevor Sie sich mit grossem administrativem Aufwand für einen Förderpreis bewerben, sollten Sie bei der Ausschreibungsstelle genau abklären, ob Neuunternehmer überhaupt infrage kommen. Bei vielen Preisen wird nämlich die erfolgreiche Markteinführung eines Produkts oder die Schaffung von neuen Arbeitsplätzen vorausgesetzt oder ein Firmenstandort in einer bestimmten Region verlangt. Ein Blick auf frühere Preisträger zeigt Ihnen schnell, ob Sie Chancen auf einen Preis haben.

Eine Auswahl an Förderpreisen für Neuunternehmerinnen und Firmengründer finden Sie auf der CD-ROM.

Berufliche Netzwerke

Das persönliche Beziehungsnetz ist für die meisten Neuunternehmer und Neuunternehmerinnen ein Schlüsselfaktor für den Erfolg ihrer Selbständigkeit. Es gilt also, dieses Netz laufend auszubauen – vor allem im Berufsumfeld.

Dazu eignen sich berufliche Netzwerke. Dabei suchen Personen mit bestimmten Wertvorstellungen, Ideen, Fachwissen, Interessen oder Tätigkeiten den Kontakt zu Gleichgesinnten. In den letzten Jahren sind insbesondere auch Netzwerke für unternehmerisch tätige Frauen entstanden.

Die meisten Netzwerke haben – entgegen der ursprünglichen Idee einer formlosen Gruppierung – einen traditionellen Vorstand und organisieren für ihre Mitglieder regelmässig Veranstaltungen oder Weiterbildungskurse. Einige existieren eher virtuell über eine Internetplattform. Unterschiede zwischen den einzelnen Netzwerken gibt es aber nicht nur bezüglich der Organisation und den Aktivitäten, sondern auch bei den Leitbildern, den verfolgten Zielen und den Aufnahmekriterien. Bevor Sie sich einer Organisation oder einem Netzwerk anschliessen, sollten Sie deshalb einige Veranstaltungen besuchen. Nur so können Sie herausfinden, ob Ihnen die Organisation, die Stimmung und die Mitglieder sympathisch sind. Und Sie können auch – rein ökonomisch gedacht – besser entscheiden, ob sich der Zeitaufwand für eine regelmässige Teilnahme an den Anlässen lohnt.

Wertvolle Geschäftskontakte entstehen nur, wenn Sie Netzwerke zur intensiven Beziehungspflege nutzen. Das heisst: Sie sollten regelmässig an den Veranstaltungen teilnehmen und sich allenfalls im Vorstand engagieren. Nur so können Sie ein tragfähiges Beziehungsnetz aufbauen, das zu wertvollen Geschäftskontakten und schliesslich zu neuen Aufträgen führt.

Eine Auswahl von Adressen von Unternehmernetzwerken finden Sie auf der CD-ROM.

Aus- und Weiterbildung

Stetige Weiterbildung ist für Unternehmer ein «Muss». Schliesslich ist Ihr Fachwissen die Basis für Ihren Unternehmenserfolg. Besitzen Sie keine fundierten und aktuellen Kenntnisse in Ihrem Spezialgebiet, sind Sie gegenüber Ihren Kunden nicht glaubwürdig. Dies gilt insbesondere in Branchen mit einem rasanten technologischen oder strukturellen Wandel – beispielsweise für die Computer- und Softwarebranche.

Fachwissen allein genügt jedoch nicht, um als Unternehmer Erfolg zu haben. Schulen Sie sich deshalb auch in den entscheidenden Bereichen der Unternehmensführung. Dazu zählen strategisches Management, Rechnungswesen, Buchhaltung, Finanzen, Marketing, Werbung, Verkauf, Unternehmenskommunikation, Mitarbeiterführung, Personalwesen, Produktion, Beschaffung, Steuern, Informatik, Versicherungen, Recht, Forschung und Entwicklung.

Mit regelmässiger, gezielter Weiterbildung reduzieren Sie Ihre Abhängigkeit von Dritten und sichern sich den notwendigen Wissensvorsprung im Markt.

Geeignete Angebote

Am ehesten eignen sich Aus- und Weiterbildungen, die Ihr Berufs- oder Branchenverband organisiert. Diese sind meist speziell auf die Bedürfnisse der Mitglieder ausgerichtet, stehen aber in der Regel auch Nichtmitgliedern offen. Daneben bieten verschiedenste branchenunabhängige Institutionen und insbesondere Fachhochschulen qualitativ hochstehende und bewährte Programme an.

Auf folgende Punkte sollten Sie bei der Wahl einer Weiterbildung achten:

- Die Referenten sollten einen engen Bezug zur Praxis haben – reine Theoretiker bringen Ihnen für den Berufsalltag wenig.
- Streben Sie ein Diplom an, sollten Sie abklären, ob es im Markt anerkannt wird und welchen Stellenwert es hat.

- Unterschätzen Sie den Zeitaufwand für Aus- und Weiterbildung nicht. Wählen Sie nur Programme, die sich mit ihrem Arbeitsalltag vertragen – das kann auch ein spezifisches Eintagesseminar sein.
- Bei einer Weiterbildung müssen Aufwand und Ertrag stimmen. Schliesslich investieren Sie Zeit, Energie und Geld.

Eine Auswahl von Adressen, die Ihnen für Ihre Weiterbildung dienlich sein können, finden Sie auf der CD-ROM.

Mehr Informationen zur Suche nach geeigneter Weiterbildung sowie viele Tipps und Adressen finden Sie im Beobachter-Ratgeber «Lust auf Weiterbildung. So treffen Sie die richtige Wahl» (www.beobachter.ch/buchshop).

Anhang

— 25 wichtige Adressen
— Literatur
— Stichwortverzeichnis

25 wichtige Adressen

Neben den folgenden 25 grundlegenden Adressen gibt es viele weitere Anlaufstellen, wo sich Neuunternehmerinnen und Firmengründer Informationen und Unterstützung holen können. Auf der CD-ROM finden Sie, nach Kapiteln geordnet, alle wichtigen Adressen mit direkten Links auf die jeweilige Homepage.

Beobachter-Beratungszentrum
Das Wissen und der Rat der Fachleute in acht Rechtsgebieten stehen im Internet und am Telefon zur Verfügung:

- HelpOnline: Rund um die Uhr im Internet mit umfassenden Informationen, Antworten zu Rechtsproblemen sowie Hinweisen auf einschlägige Gesetzesartikel www.beobachter.ch/helponline
- Telefon: Montag bis Freitag von 9 bis 13 Uhr, Telefonnummern der Fachbereiche unter 043 444 54 00

Wer den Beobachter abonniert hat, profitiert gratis von der Beratung. Wer kein Abo hat, kann online oder am Telefon eines bestellen und erhält sofort Zugang zu den Dienstleistungen.

Bundesämter und andere Stellen des Bundes

Bundesamt für Sozialversicherungen
Abteilung für AHV, EO, EL
Abteilung für IV
Effingerstrasse 20
3003 Bern
Tel. 031 322 90 11
www.bsv.admin.ch
Aufsichtsbehörde, verweist für allgemeine Fragen an die Ausgleichskassen; Webseite mit vielen Informationen zu den Sozialversicherungen

Bundesamt für Statistik
Espace de l'Europe 10
2010 Neuchâtel
Tel. 032 713 60 11
www.bfs.admin.ch
Gibt jährlich das statistische Jahrbuch mit quantitativen Daten heraus; darin sind jedoch nicht alle Erhebungen publiziert, am besten fragen Sie direkt an.

Eidgenössisches Amt für das Handelsregister
Bundesrain 20
3003 Bern
Tel. 031 322 41 96
www.bj.admin.ch
Unter der Rubrik Handelsregister finden Sie Auskünfte zum Eintrag von Firmen ins Handelsregister sowie den Link zum Schweizerischen Handelsamtsblatt.

Eidgenössisches Institut für Geistiges Eigentum IGE
Stauffacherstrasse 65
3003 Bern
Tel. 031 377 77 77
www.ige.ch
Auskünfte, Gebührentarife; Verzeichnis von Patentanwälten, Informationsdienstleistungen, Schulung; Annahmestelle für europäische und internationale Patentanmeldungen; Pocket Guide zum Thema geistiges Eigentum

Eidgenössische Steuerverwaltung
Informationsstelle für Steuerfragen
Eigerstrasse 65
3003 Bern
Tel. 031 322 71 48
www.estv.admin.ch
Für allgemeine Steuerfragen

Eidgenössische Steuerverwaltung
Hauptabteilung Mehrwertsteuer
Schwarztorstrasse 50
3003 Bern
Tel. 031 322 21 11
www.estv.admin.ch
Verbindliche schriftliche und mündliche Auskunft auf Fragen zur Mehrwertsteuer

Schweizerische Unfallversicherungsanstalt Suva
Hauptsitz
Fluhmattstrasse 1
6002 Luzern
Tel. 041 419 51 11
www.suva.ch
Auskünfte zu Versicherungsfragen bei den regionalen Suva-Agenturen; die Agentur in Ihrer Nähe erreichen Sie unter Tel. 0848 820 820.

Staatssekretariat für Wirtschaft seco
Effingerstrasse 31
3003 Bern
Tel. 031 322 56 56
www.seco.admin.ch
Kompetenzzentrum des Bundes für alle Kernfragen der Wirtschaftspolitik

Stiftung Auffangeinrichtung BVG
Geschäftsstelle
Birmensdorferstrasse 198
8003 Zürich
Tel. 043 333 36 98
www.aeis.ch
Auskünfte zum BVG-Beitritt bei den drei Zweigstellen in Lausanne, Manno und Zürich; Adressen auf der Homepage

www.zefix.admin.ch
Zentraler Firmenindex der im Handelsregister eingetragenen Unternehmen mit Links zu den kantonalen Handelsregisterämtern

Adressen für KMU

Fachhochschule Nordwestschweiz
Hochschule für Wirtschaft
Riggenbachstrasse 16
4600 Olten
www.fhnw.ch/wirtschaft
Tel. 0848 821 011
Anwendungsorientierte Betriebswirtschaft- und Managementausbildung für praxiserprobte Unternehmer und Führungskräfte von Klein- und Mittelbetrieben, Firmengründerkurse

Gründerportal Bund
Task Force KMU
www.kmuadmin.ch
Zusammenstellung der Online-Angebote des Bundes sowie der in seinem Auftrag aufgebauten Informationsportale für KMUs

KMU-HSG
Schweizerisches Institut für Klein- und Mittelunternehmen an der Universität St. Gallen
Dufourstrasse 40a
9000 St. Gallen
Tel. 071 224 71 00
www.kmu.unisg.ch
Das Institut widmet sich der Förderung von KMUs und bietet Zugang zu Studien, Publikationen, Dokumentationen.

KMU Portal
www.kmu.admin.ch
Die Internetseite des Staatssekretariats für Wirtschaft seco bietet eine Fülle von nützlichen Informationen für Unternehmensgründer.

Stiftung KMU Schweiz
Schwarztorstrasse 26
3001 Bern
www.stiftung-kmu.ch
Tel. 031 380 14 36
Günstige Erstberatung (für Mitglieder kostenlos); beim Kauf der Broschüren der Stiftung Gutscheine für Gratisberatung bei einer Treuhand- oder Versicherungsgesellschaft

Wichtige Verbände

ASCO Association of Management Consultants Switzerland
Weinbergstrasse 31
8006 Zürich
Tel. 043 343 94 80
www.asco.ch
Auskunft auf Fragen rund um die Unternehmensberatung; Standesvertreterin der Schweizer Unternehmensberater; repräsentiert rund 1600 Unternehmensberater im Bereich des klassischen Management Consulting und insgesamt rund 2500 Berater; verleiht an in der Schweiz domizilierte Unternehmensberater den weltweit anerkannten Titel «CMC – Certified Management Consultant»

economiesuisse – Verband der Schweizer Unternehmen
Hegibachstrasse 47
8032 Zürich
Tel. 044 421 35 35
www.economiesuisse.ch
Bietet viele Informationen zur Schweizer Wirtschaft, unter anderem einen Terminkalender von wirtschaftlich relevanten Veranstaltungen

Schweizer Franchise Verband
Stockerstrasse 38
8002 Zürich
Tel. 044 208 25 55
www.franchiseverband.ch
Eine Organisation von in der Schweiz tätigen Franchisegebern; fördert und unterstützt Franchising in der Schweiz und ist Anlaufstelle für Fragen rund ums Franchising

Schweizerischer Anwaltsverband (SAV)
Marktgasse 4
3001 Bern
Tel. 031 313 06 06
www.swisslawyers.com
Adressenvermittlung von auf bestimmte Gebiete spezialisierten Anwälten und kantonalen Anwaltsverbänden

Schweizerischer Gewerbeverband SGV
Schwarztorstrasse 26
3001 Bern
Tel. 031 380 14 14
www.sgv-usam.ch
Dachorganisation der KMU; allgemeine Auskünfte; Adressliste der Gewerbeverbände

Schweizerischer Treuhänder-Verband STV/USF
Schwarztorstrasse 26
3001 Bern
www.stv-usf.ch
Tel. 031 382 10 85
Verband mit rund 1500 kleineren und mittleren Treuhandfirmen; Mitgliederverzeichnis, Honorarempfehlungen der Sektionen

SGW Schweizerische Gesellschaft der Wirtschaftsberater
Kirchplatz 4
8400 Winterthur
Tel. 052 212 11 77
www.sgw-berater.ch
Vereinigung von rund 60 unabhängigen Wirtschaftsberatern aus allen Unternehmensbereichen; Informationen, Adressenvermittlung, Tarifempfehlungen; Mitglieder zur Wahrung bestimmter beruflicher und ethischer Standards verpflichtet

Treuhand-Kammer
Limmatquai 120
8001 Zürich
Tel. 044 267 75 75
www.treuhand-kammer.ch
Zusammenschluss von rund 900 grösseren und mittleren Treuhandfirmen; Mitgliederverzeichnis, Honorarordnung

Verein der Schweizer Technoparks und Gründerzentren
Binzstrasse 18
8045 Zürich
Tel. 044 455 60 30
www.swissparks.ch
Nationaler Verband der Technologie- und Gründerzentren; Informationen zu den Standorten der Technoparks und Gründerzentren

Literatur

Beobachter-Ratgeber

Bräunlich Keller, Irmtraud: Arbeitsrecht. Vom Vertrag bis zur Kündigung. 9. Auflage, Beobachter-Buchverlag, Zürich 2006

Dacorogna, Trudy: Die Richtigen finden und fördern. Gezielte Auswahl und erfolgreiches Führen von Personal. Beobachter-Buchverlag, Zürich 2003

Freiburghaus, Markus: Finanzen für Selbständige. So haben Kleinfirmen ihr Geld im Griff. 2. Auflage, Beobachter-Buchverlag, Zürich 2008

Kieser, Ueli; Senn, Jürg: Pensionskasse. Vorsorge, Finanzierung, Sicherheit, Leistung. Beobachter-Buchverlag, Zürich 2005 (mit Gratis-Update zum Herunterladen)

Krampf, Michael: So kommen Sie zu Ihrem Geld. Fordern, betreiben, klagen – wie Gläubiger richtig vorgehen. Beobachter-Buchverlag, Zürich 2006

Lüthy, Heini: Steuern leicht gemacht. Praktische Tipps für Angestellte, Selbständige und Eigenheimbesitzer. 4. Auflage, Beobachter-Buchverlag, Zürich 2008

Rehsche, Guntram; Richle, Thomas: Richtig vorsorgen. Finanziell gesichert in die Pensionierung. Beobachter-Buchverlag, Zürich 2006 (mit Gratis-Update zum Herunterladen)

Ruedin, Philippe; Christen, Urs; Bräunlich Keller, Irmtraud: OR für den Alltag. Kommentierte Ausgabe aus der Beobachter-Beratungspraxis. 7. Auflage, Beobachter-Buchverlag, Zürich 2008

Studer, Benno: Testament, Erbschaft. Wie Sie klare und faire Verhältnisse schaffen. 14. Auflage, Beobachter-Buchverlag, Zürich 2008

Trachsel, Daniel: Scheidung. Alles, was Sie wissen müssen. 14. Auflage, Beobachter-Buchverlag, Zürich 2007

Ursenbacher, Ruedi: Richtig versichert. Haftpflicht-, Hausrat-, Auto- und andere Versicherungen im Überblick. 8. Auflage, Beobachter-Buchverlag, Zürich 2005 (mit Gratis-Update zum Herunterladen)

Von Flüe, Karin; Knellwolf, Peggy A.; Strub, Patrick: ZGB für den Alltag. Kommentierte Ausgabe aus der Beobachter-Beratungspraxis. 8. Auflage, Beobachter-Buchverlag, Zürich 2008

Zellweger, Regula: Lust auf Weiterbildung. So treffen Sie die richtige Wahl. 2. Auflage, Beobachter-Buchverlag, Zürich 2005

Weitere nützliche Bücher

Beeler, Adolf: AG, GmbH oder Einzelfirma. Aktueller Ratgeber für den Unternehmer zur Wahl der richtigen Rechtsform. 4. Auflage, Cosmos 2007

Erlhofer, Sebastian: Suchmaschinen-Optimierung. Grundlagen, Funktionsweisen und Ranking-Optimierung. 3. Auflage, Galileo Computing 2007

Huth, Olaf: Mit einem Web-Shop Geld verdienen. Books and Art 2005

Kundler, Wolfgang; Angeli, Susanne: Der Online-Shop. Handbuch für Existenzgründer. Markt + Technik Verlag 2007

Späth, Norman: Usability von Online-Shops. Eine Untersuchung zu nutzerseitigen Bedürfnissen und Erwartungen. VDM Verlag 2007

Stichwortverzeichnis

C/D

E

V

W

Z